U0317677

热红外探测器

Thermal Infrared Sensors

[德] Helmut Budzier [德] Gerald Gerlach 著

陈世国 刘 伟 译

国防工業出版社

·北京·

著作权合同登记　图字：军—2015—093 号

图书在版编目（CIP）数据

热红外探测器/（德）赫尔穆特·布译尔（Helmut Budzier），（德）杰拉尔德·杰拉赫（Gerald Gerlach）著；陈世国，刘伟译. —北京：国防工业出版社，2021.1

书名原文：Thermal Infrared Sensors

ISBN 978-7-118-12244-2

Ⅰ. ①热…　Ⅱ. ①赫…　②杰…　③陈…　④刘…　Ⅲ. ①红外探测器　Ⅳ. ①TN215

中国版本图书馆 CIP 数据核字（2020）第 272346 号

Thermal Infrared Sensor：Theory, Optimisation and Practice

ISBN: 978-1-119-12646-1

※

国防工业出版社出版发行

（北京市海淀区紫竹院南路 23 号　邮政编码 100048）

三河市腾飞印务有限公司印刷

新华书店经售

*

开本 710×1000　1/16　印张 16　字数 284 千字

2021 年 1 月第 1 版第 1 次印刷　印数 1—2000 册　定价 129.00 元

（本书如有印装错误，我社负责调换）

国防书店：（010）88540777　　书店传真：（010）88540776

发行业务：（010）88540717　　发行传真：（010）88540762

前　言

几十年前，红外技术还主要用于军事技术领域，然而，近年来它已经越来越多地应用于人们的日常生活中，如运动和火灾探测器、耳温计、记录烤面包机褐变程度的传感器、用于非接触式温度测量的手持高温计和热成像设备。红外传感器甚至是技术诊断、无损评价方法、环境监测、气体传感器和遥感等新应用领域的基础。

红外辐射的技术既可以不接触地进行温度测定，也可以用来测定物体是否存在以及物体本身的特性，包括内部结构。

（1）在室温下，黑体的光谱辐射最大值大约处于10μm波长附近，因此这种辐射波长范围对于探测真实物体和确定其特性具有重要意义。

（2）有机分子和无机分子、原子之间的键显示出共振频率几乎总是对应于红外光谱范围内的波长。如果能确定物质和物质混合物的频率或波长相关的反射、发射和吸收特性，那么也能确定材料的原子或分子结构。

红外线辐射在上述领域的技术应用不断增加，这与红外线测量技术的主要发展趋势有关，具体如下：

（1）改进了红外探测器的性能。研究重点是提高传感器的探测能力，提高传感器的温度分辨率，以及向非制冷传感器原理的转变。

（2）高度集成传感器阵列的发展。探测器阵列的大量像素需要元件小型化，从而也需要向半导体技术过渡，以及传感器元件和评估电子元件集成。硅基片上的薄层、评估电子器件的标准电路的使用以及改进电路技术的发展尤为重要。

（3）优化红外测量系统。研究的重点是改进所有系统组件，优化整个系统的特性。

（4）分析和开发新的应用：非接触、与发射率无关的温度测量、光谱应用、微型光谱、多色传感器、识别系统等。

尤其是热红外传感器，对于民用非常重要，因为它们可以不像量子探测器那样须在冷却状态下使用，因此适用于小型和经济高效的解决方案，从而适用于大量应用场合。

目前，不仅有大量的热红外传感器被应用，而且在尺寸、设计、光学条件、热和空间分辨率等许多框架条件方面的技术要求也多样化。这就导致了非常复杂的问题，用户必须在设计、优化测量安排或条件时解决这些问题。测量链每一个单独的部分都会影响红外辐射源和测量系统输出信号之间的关系，因此没有简单的规则，没有对相关问题的基本了解，问题就无法解决。

能够概括这些问题的文献非常有限。本书旨在通过解释热红外探测器的基本原理和各种效应之间的相关性来填补这一空白。通过大量的实例，系统地展示这些基本知识如何应用于解决特定任务。虽然作者从介绍物理基础开始，但只会将内容介绍到对具有特定特征的现实生活中的、可计算的过程所必需的程度。

本书的目标是为用户创建一个基础手册，它旨在为工程师、技术人员、技术管理人员、采购商和设备供应商提供有关使用现代红外探测器和测量系统的实用知识。本书主要研究的是热红外探测器，这样就可以避免超出范围，并将其作为手册使用。作者认为这并不会构成任何严格的限制：一方面，它主要是无须冷却的热传感器，代表了商业销售的最大增长点，并决定了新应用的主要部分；另一方面，可以将本书内容的主要部分应用于量子探测器。

本书基于作者多年来在德国德累斯顿技术大学举办的红外测量技术讲座。为了将这些信息转化为基本的用户手册，本书以一种完全不同的方式进行了设计，意味着本书对我们来说也是一次全新的体验。我们深知这件事不可能一劳永逸，因此将感谢任何提供修改、意见和改进建议的人（Helmut. Budzier@ tu-dresden. de；Gerald. Gerlach@ tu-dresden. de）。

感谢 Volker Krause、Ilonka Pfahl 和出版商，特别是 Simone Taylor 和 Nicky Skinner，他们为快速而简单的出版过程提供了必要的支持。感谢 DörteMüller，他将手稿从德语翻译成英语的工作非常棒。感谢 Volkmar Norkus（TU Dresden/Germany），Norbert Neumann（InfraTec GmbH Dresden/Germany），Günter Hofmann（DIAS Infrared GmbH Dresden/Germany），Jörg Schieferdecker（Heimann Sensor GmbH Dresden/Germany）、Jean-Luc Tissot（ULIS France）的支持、讨论和提供了材料。

德累斯顿，2009 年 6 月

Helmut Budzier，Gerald Gerlach

目　　录

第1章　绪　　论

1.1　红外辐射

1.1.1　技术应用

红外辐射（IR）是一种电磁辐射，其波长范围介于可见光（VIS）辐射（λ =380～780nm）和微波辐射（λ =1mm～1m）之间。红外辐射具有一些独特的物理特性，使其特别适用于许多技术应用领域：

（1）自然界中的每种物体都会发出电磁辐射（见2.3节）。辐射随波长分布，并由物体温度决定。因此，通过测量辐射就可以间接测量温度。这一特性已经广泛用于非接触式温度测量（高温计）。

（2）数千开（K）的温度，其辐射的最大值在可见光范围内；人眼已经将其最高灵敏度调整为$\lambda \approx 550$ nm，与太阳表面温度（约6000K）相对应。与此相反，在环境温度下，物体红外辐射的最大值约为10μm（图3.2.1）。这可以用来检测人的存在和运动（运动检测器、安全系统），或者用红外摄像机（类似于可见光摄像机）记录整个场景。其优点是，部分红外光谱允许辐射在黑暗或雾天传播，这是夜视设备和驾驶员辅助系统的基础。

（3）红外摄像机也可用于记录热图像，显示建筑物的隔热、燃烧过程的温度分布或温度相关过程。目前，商用热像仪的图像分辨率与高分辨率的电视相当。

（4）电磁辐射能在分子的原子中引起振荡。在这种情况下，原子间键的距离和角度周期性地变化。每个键都有一个特定的共振频率，在这个频率下辐射几乎完全被吸收。

辐射的频率ν和波长λ可以通过光速c联系起来：

$$\lambda = \frac{c}{\nu} \tag{1.1.1}$$

化合物吸收特定波长的辐射，其中许多吸收波长都在红外光谱范围内。因此，特定波长的红外辐射可用于测定特定物质的存在和浓度，以及气体分析。如果记录辐照样品的完全反射和透射光谱，则可以利用吸收带的位置来推断它们的化学成分（红外光谱法）。

从上述特点和相应的技术应用来看，红外测量系统的典型结构很明显（表1.1.1）。测量对象可以是红外辐射源本身（高温计、热成像、运动探测器）或影响传播路径的传输（气体分析、光谱学/能谱学）。

表1.1.1　红外探测器和测量系统的典型结构

应　用	辐射源	传播路径	成像系统	探测器/阵列探测器
高温计	测量目标（带背景）	大气，光纤	镜头，滤光片	单元或多元探测器（主要是热探测器或热电探测器）
热成像装置	测量背景中的目标热成像场景	大气	镜头，滤光片	探测器阵列（焦平面阵列（FPA），主要是测辐射热计）
被动运动探测器	测量背景中的目标	大气	菲涅耳光学系统	双元探测器（主要是热电探测器）
气体探测器	热发射体（如辉光发射体、热板）或非热发射体（LED、激光）	存在待测气体的气室或大气	镜头，滤光片	多元探测器（主要是热探测器或热电探测器）
光谱仪	热发射体（如辉光发射体）或可调谐、非热发射体（LED、激光）	化合物	光栅，反射镜	单元或阵列探测器（主要是热探测器或热电探测器）
本书相关章节	第2章	2.1节	第3章，5.5节	2.1节，第4~6章

本书的结构遵循表1.1.1中给出的测量链，这意味着第2章将讨论电磁辐射的起源和传播。辐射源仅限于热发射体，因为它们本身构成高温计、热成像设备和运动探测器中的测量对象，并且完美适用于气体分析和光谱测定。

2.1节讨论电磁辐射在传播路径上的影响因素，特别是对化学物质检测的影响。

第3章介绍光度学的基础知识，包括将辐射源面积映射到探测器或探测器阵列的面积。在大多数应用中，红外辐射是从发射体的表面发射到空间中的；特别强调辐射源和探测器之间的立体角关系。由于种类繁多，经典光学元件如透镜、光栅或滤光片将不包括在内，本书不作介绍。5.5节介绍与探测器阵列有关的重要光学参数。

最小可探测辐射通量或温差分别由噪声物理过程决定，第4章介绍红外探测器的基本原理和最重要的噪声源。第 5 章介绍红外光学探测器和探测器阵列的特点。

第 6 章介绍重要热红外探测器的结构和特点。将讨论范围限制在热红外探测器上，由于它们不需要冷却，因此可以小型化，而且相对便宜（目前具有高清电视分辨率的热成像相机的售价仅为数千至数万欧元）。它们已经明显主导了民用市场。

第 7 章概述表 1.1.1 中所含应用的前几章中介绍的基础知识。

1.1.2　红外辐射的分类

红外辐射是一种高频电磁辐射。对于其在线性光学元件（真空、空气、玻璃、硅）中的传播，频率 ν 保持不变，而波长 λ 可根据电磁波在不同介质中的传播（光）速度 c 而变化：

$$\lambda = \frac{c}{\nu} = \frac{c_0}{n\nu} \tag{1.1.2}$$

式中：c_0 为真空中的光速；n 为折射率。

在光谱学中，波数 σ 通常用做波长的倒数：

$$\sigma = \frac{1}{\lambda} \tag{1.1.3}$$

波长范围可以根据几个标准进行分类。下面将介绍红外测量技术中常用的分类，以及由于空气中的水蒸气（H_2O）和二氧化碳（CO_2）的吸收而导致大气传输的分类（图 1.1.1）。对于大气构成传输路径的所有应用，只能使用选定的波长范围——大气窗口（图 1.1.1 中阴影区域；表 1.1.2）。

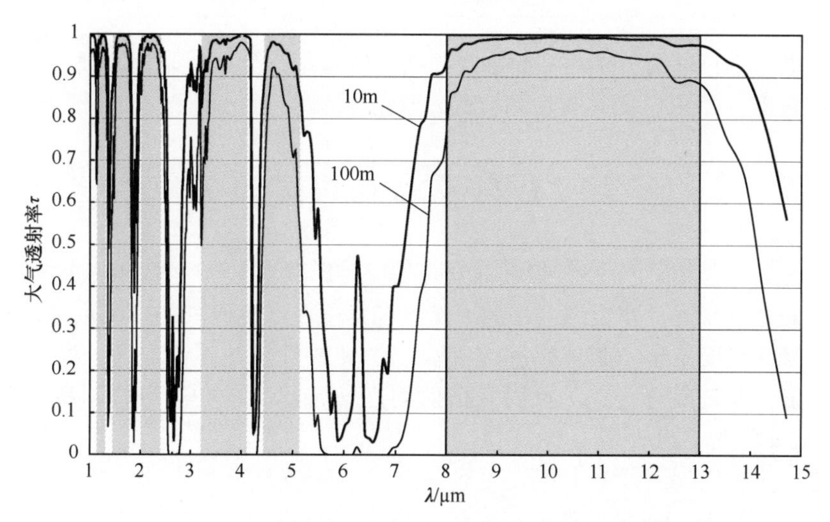

图 1.1.1　中欧地区夏季典型的大气传输特性（参数：传播路径长度）

表 1.1.2 大气窗口

大气窗口	红外区域	波长范围/μm	最大温度范围/K	备注
Ⅰ	近红外（NIR）	1.2～1.3 1.5～1.7 2.1～2.4	2415～2229 1932～1705 1380～1208	高温物体辐射（>1000℃）
Ⅱ	中红外（MIR）	3.2～4.1 4.4～5.2	906～707 659～557	高温物体辐射（>300℃） CO_2和其他气体吸收
Ⅲ	远红外（FIR）	8～13	362～233	室温物体辐射

在理想情况下，辐射源比辐射照度的最大值恰好位于选定的光谱范围内(维恩位移定律，见式（2.3.6）)。

与表 1.1.2 的大气窗口对应，红外辐射光谱范围可分为近红外、中红外、远红外和超远红外（UFIR），如表 1.1.3 所列。

表 1.1.3 红外辐射分类

范围		λ/μm	σ/cm^{-1}	ν/THz	E/eV
可见光		0.38～0.78	26316～12821	789～384	3.27～1.59
红外	近红外	0.78～3	12821～3333	384～100	1.59～0.41
	中红外	3～6	3333～1667	100～50	0.41～0.21
	远红外	6～40	1667～250	50～7.5	0.21～0.03
	超远红外	40～1000	250～10	7.5～0.3	0.03～1.2×10^{-3}

注：$\nu = \frac{299.8\times10^{12}}{\lambda}$(Hz)，$E = \frac{1.241}{\lambda}$(eV)，式中 λ 单位为 μm

这里，单色辐射分别是单频率或单波长的辐射。然而，辐射主要由许多波长（或频率）组成，必须查看相应的光谱范围。

1.2 发展历程

表 1.2.1 总结了红外测量技术的历史发展。1800 年，W. Herschel 发现，对于光的光谱分解，水银温度计最大的温升发生在红色以外的不可见光谱范围内。后来，他又指出，其他热源（如火、烛光或红色热烘箱）也会发出不可见的辐射，其现象符合有关反射和衍射的光学定律。最初这种辐射称为“超红”，后来称为“红外线”。

进一步的发展阶段集中于证明热辐射和电磁波具有相同的性质（19 世纪上半叶）。普朗克 1900 年提出的光量子假说和普朗克辐射定律的推导，以及 1905 年的外光电效应定律的推导和爱因斯坦的受激发射假设，构成了电磁辐射和固态物体之间的电磁学相互作用的量子性质的决定性基础，从而为红外测量技术中红外辐射的技术应用奠定了必要的物理基础。

表 1.2.1　红外测量技术发展的里程碑[1-2]

年份	事件
1800	W. Herschel 发现可见光的红外区域之外存在热辐射现象
1822	T. J. Seebeck 利用锑－铜组合发现热电效应
1830	L. Nobili 利用热敏元件测量热辐射
1833	L. Nobili 和 M. Melloni 利用 10 对同列 Sb－Bi 热偶组成热电堆
1834	珀耳帖发现了电流馈入两种不同导体对的珀耳帖效应
1835	安培发现假定光和电磁辐射具有相同性质的公式
1839	M. Melloni 发现太阳辐射的大气吸收光谱和水蒸气的作用
1840	J. Herschel 发现三个大气窗口
1857	W. Thomson 统一三种热电效应，即塞贝克热效应、珀耳帖热效应和汤姆森热效应
1859	基尔霍夫发现吸收和辐射的关系
1864	麦克斯韦建立电磁辐射理论
1879	斯忒藩建立黑体辐射强度与温度之间的经验关系
1880	S. P. Langley 利用铂辐射热电阻研究大气的吸收特性
1883	Melloni 研究红外透明材料的传输特性
1884	玻耳兹曼对斯忒藩定律进行热力学推导
1894，1900	瑞利和维恩推导黑体辐射与波长的关系
1903	W. W. Coblentz 利用红外辐射和光谱法测量恒星和行星的温度
1914	应用测辐射热计对人和飞机进行远程探测
1930	基于 PbS 量子探测器的红外测向仪，波长范围 1.5～3.0μm，用于军事目的（Gudden、Gorlich 和 Kutscher），第二次世界大战期间将其对舰船的发现距离增加到 30km，对坦克增加到 7km（3～5μm）
1934	首台红外图像转换器问世
1939	美国研制出第一台红外显示装置（狙击手、窥探仪）
1947	M. J. E. Golay 发明气动高灵敏度辐射探测器
1954	首台基于热电堆（每张图像的曝光时间为 20min）和测辐射热计（4min）的成像相机问世
1955	美国红外制导火箭红外导引头量产启动（PbS 和 PbTe 探测器，后来是用于“响尾蛇”火箭的 Sb 探测器）
1965	瑞典民用红外摄像机量产启动（带光机扫描仪的单元探测器：AGA 热记录系统 660）

（续）

年份	事件
1968	红外探测器阵列的生产开始（单片硅阵列（R. A. Soref 1968）、IR - CCD（1970）、肖特基二极管阵列（F. D. Shepherd 和 A. C. Yang（1973））、IR - CMOS（1980）、SPRITE（T. Eliott 1981）
1995	非制冷焦平面阵列红外相机的生产启动（焦平面阵列、微测辐射热计和热电）

1.3 红外测量技术的优势

红外辐射具有许多优点，使其非常适用于非接触式温度测量，特别是红外辐射测量技术。

(1) 它是非接触的，因此几乎无反应。因为辐射能量交换也发生在探测器和辐射源之间，所以完全没有反馈是不正确的。但是，这种对辐射源的反馈通常可以忽略不计（参见 6.1 节和图 6.1.3）。

(2) 它在空间上分离了辐射源和探测器，这意味着也可以测量非常热的或难以接近的物体。

(3) 它能够在以光速传播时进行快速测量，并且由于小型化，测量过程的特征时间常数可以保持得非常小（参见 6.2.2 节和图 6.2.6）。

(4) 它允许测量固态物体表面的温度，而不是周围大气的温度。

这些特性使得以下物体和测量点能够进行非接触式检查或温度测量：

(1) 快速移动的物体。非接触式测量可避免接触温度探测器、旋转或摩擦造成的干扰。

(2) 载流物体。载流部件和装置对测量设备和操作人员都有潜在风险。非接触式遥感可以用来避免这种风险。

(3) 小目标。温度探测器与被测对象的关系越大，温度探测器测量的温度越高。由于红外测量系统的成像系统可调（见表 1.1.1），因此可以大大避免这种干扰。

(4) 在无法接近的测量点进行测量。许多工业测量过程都是在非常恶劣的条件下进行的，如在高温下会破坏接触式温度探测器。基于红外的非接触测量技术为此类测量任务提供了技术解决方案。

(5) 多个测量点的并行测量。对于接触式探测器，在多个点进行测量的过程需要复杂的解决方案。传感测量系统或基于图像的测量程序是此类测量任务（定量热图或热成像）的一个更（合算）高效的解决方案。

1.4 热红外探测器与光子红外探测器的比较

原则上我们区分了两种红外探测器（图 1.4.1），即热探测器和光子或量子探测器。

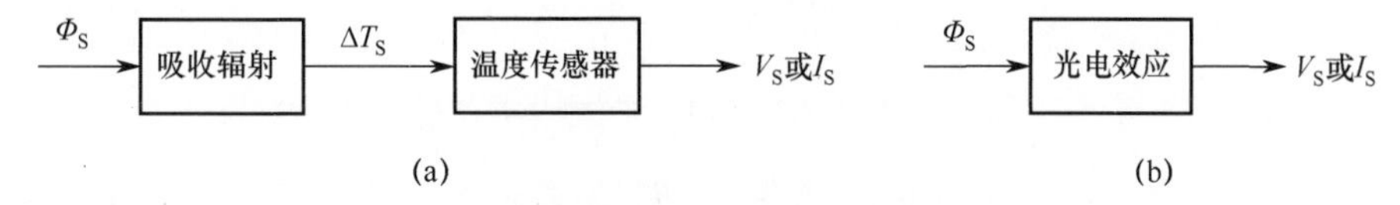

图 1.4.1 热探测器和量子辐射探测器的工作原理

热探测器是一种辐射探测器，由于吸收红外辐射，温度会发生变化，并将其转换为电信号输出（图 1.4.1（a）），因此通常称为辐射温度探测器。在不影响一般性的情况下，对于探测器输出的电流 I_S，电流响应率（指数 I）的关系结果如下：

$$R_I = \frac{\Delta I_S}{\Delta \Phi_S} \tag{1.4.1}$$

随着探测器吸收的辐射通量 $\Delta\Phi_S$ 的变化，电流探测器的 ΔI_S 随之发生变化（见式（5.1.2））。由于能量方面的原因，特定的辐射通量导致探测器中的温度增量 ΔT_S 成比例增加，随后，输出电流 ΔI_S 也成比例增加。理论上，能量的吸收和与之相关的温度增量 ΔT_S 与波长无关，这意味着 R_I 也与波长无关。实际上，辐射吸收表现出一定的波长依赖性。

比探测率 D^* 表示电流响应率 R_I 与噪声电流 $\tilde{i}_{Rn}$ 的有效值之间的关系，从而对探测器输出电流进行了校正。因此，它是信噪比（SNR）的一种测量方法。将 D^* 归一化到探测器表面积的平方根，如下所示：

$$D^* = \frac{\sqrt{A_S}}{\tilde{i}_{Rn}} R_I \tag{1.4.2}$$

除了入射红外辐射的动态性外，结果是探测器输出电流有效值与波长无关，因此热探测器的比探测率与波长无关：

$$D^* \neq D^*(\lambda) \tag{1.4.3}$$

可以很自然地观察到，探测器材料吸收与波长有关，则分别导致热探测器的响应率 R_I 或比探测率 D^* 也与波长有关。

与此相反，辐射通量撞击光子探测器会呈现完全不同的波长依赖性。

探测器上的入射辐射通量（辐射功率）对应于每个时间单位 dt 冲击探测器产生的辐射能量为 dQ（参见 2.2 节）：

$$\Delta\Phi_S = \frac{dQ}{dt} \tag{1.4.4}$$

辐射能量 Q 是 N 个光子能量 $h\nu$ 的代数和：

$$\Delta\Phi_{\mathrm{S}} = \frac{\mathrm{d}Q}{\mathrm{d}t} = \frac{\mathrm{d}(N \cdot h \cdot \nu)}{\mathrm{d}t} = h\nu\frac{\mathrm{d}N}{\mathrm{d}t} \tag{1.4.5}$$

对于量子探测器，每一个光子平均为电流传导贡献 η 个电子，η 为量子效率。因此，探测器电流变为

$$\Delta I_{\mathrm{S}} = \frac{\mathrm{d}(\mathrm{Charge})}{\mathrm{d}t} = \frac{\mathrm{d}(\eta Ne)}{\mathrm{d}t} = \eta e\frac{\mathrm{d}N}{\mathrm{d}t} \tag{1.4.6}$$

根据式（1.4.5）和式（1.4.6），量子探测器的电流响应率为

$$R_{\mathrm{I}} = \frac{\Delta I_{\mathrm{S}}}{\Delta\Phi_{\mathrm{S}}} = \frac{\eta e}{h\nu} = \frac{\eta e}{hc}\lambda \tag{1.4.7}$$

因此，光子探测器的响应率随着波长的增加而增加。如果观察不同波长 λ_1 和 $\lambda_2 = 2\lambda_1$ 下的辐射，就可以说明上述结论：

$$Q = N_1 \cdot h \cdot \nu = N_1\frac{hc}{\lambda_1} = N_2\frac{hc}{\lambda_2} \tag{1.4.8}$$

如果两种情况下辐射能量相同，那么波长 λ_2 的辐射包含的光子数量正好是波长 λ_1 下对应光子数量的 2 倍，即

$$N_2 = N_1\frac{\lambda_2}{\lambda_1} = 2N_1 \tag{1.4.9}$$

因为它的光子能量 $h \cdot \nu_2$ 只有 $h \cdot \nu_1$ 的 1/2，即

$$h \cdot \nu_2 = h\frac{c}{\lambda_2} = h\frac{c}{2\lambda_1} = \frac{1}{2}(h \cdot \nu_1) \tag{1.4.10}$$

如果波长非常大，相应的光子能量太小，能量不足以通过能隙 E_{G} 将电子从价带输运到导带，就会出现问题：

$$h \cdot \nu = \frac{hc}{\lambda} < E_{\mathrm{G}} \tag{1.4.11}$$

或者反过来

$$\lambda > \frac{hc}{E_{\mathrm{G}}} \tag{1.4.12}$$

在这种情况下，不再有传导电子可用，则响应率变为零：

$$R_{\mathrm{I}} = \begin{cases} \dfrac{\eta e}{hc}\lambda & ,\lambda \leqslant \lambda_{\mathrm{C}} = \dfrac{hc}{E_{\mathrm{G}}} \\ 0 & ,\lambda > \lambda_{\mathrm{C}} = \dfrac{hc}{E_{\mathrm{G}}} \end{cases} \tag{1.4.13}$$

式中：λ_{C} 为截止波长。

图 1.4.2（a）示出量子探测器电流响应曲线。原则上，这可以得出以下结论：

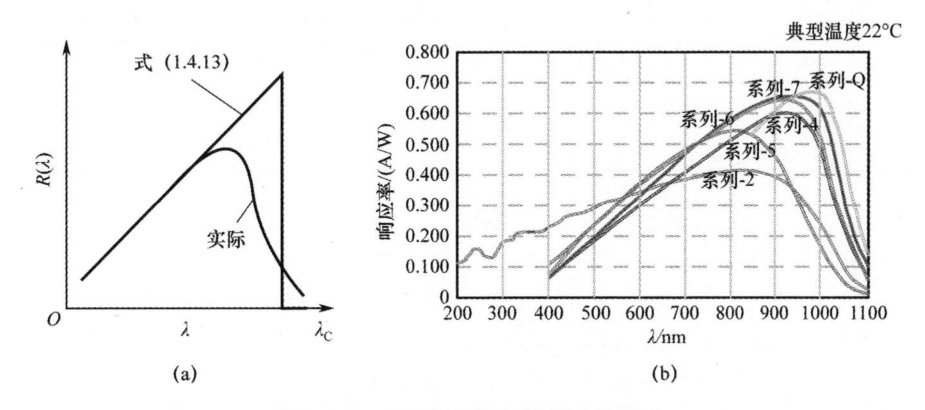

图 1.4.2　光子探测器的波长响应特性

（a）原理图；（b）硅光电二极管（由 Silicon Sensor GmbH 提供），

系列编号描述了具有特定优化特性的光电二极管。

（1）光子探测器的响应率取决于波长。

（2）光子探测器的工作波长范围受到限制，主要取决于能带结构或能隙 E_G。例如，对于具有 $E_G = 1.1$ eV 的硅，截止波长为

$$\lambda = \frac{6.626 \times 10^{34} \times 2.998 \times 10^{8}}{1.1} = 1.11(\mu\text{m})$$

这就是硅只能用于近红外光谱范围的探测器，而 MIR 和 FIR 范围也可以应用其他半导体的原因。

表 1.4.1 总结了热探测器和光子探测器特性的差异。

表 1.4.1　热探测器和光子探测器主要特性比较

参　数	热探测器	光子探测器
响应率	R　O　λ	R　O　λ_C　λ
探测率 D^*	· 只与波长有关，取决于辐射吸收； · 与波长无关； · 温度依赖性作为温度的功率； · 只有通过冷却使 D^* 略有改善	· 波长 λ 成比例关系直到截止波长 λ_C； · 严重依赖波长（图 1.4.1）； · 在近红外范围内可以实现非常大的 D^*； · 主要与温度呈指数关系； · 冷却可以大大增加 D^*

（续）

参　数	热探测器	光子探测器
工作方式	非制冷	制冷
频率范围	最高至数百赫	最高可至吉赫（光二极管、光电池）

例 1.1　热探测器和光子探测器的响应率与探测率。

红外探测器的分辨率极限完全取决于被测辐射的噪声，即被测信号的噪声。对于热探测器，是辐射噪声（4.2.4 节）；对于光子探测器，是光子噪声。由此产生的最大探测能力称为背景限制红外光电探测（BLIP），对于热探测器，背景限制红外探测性能。热探测器的 BLIP 探测率将在 5.3 节中介绍。它相当于

$$D^*_{\mathrm{BLIP,TH}}=\frac{1}{\sqrt{16\varepsilon k_{\mathrm{B}}\sigma T_{\mathrm{S}}^{5}}} \tag{1.4.14}$$

式中：ε 为发射率；k_{B} 为玻耳兹曼常数；σ 为斯忒藩－玻耳兹曼常数；T_{S} 为探测器温度。根据例 5.7，当 $T_{\mathrm{S}}=300\mathrm{K}$ 时，与波长无关的 BLIP 探测率为 $D^*_{\mathrm{BLIP,TH}}=1.81\times10^{8}(\mathrm{m}\cdot\mathrm{Hz}^{\frac{1}{2}}\cdot\mathrm{W}^{-1})$。

对于光子探测器，适用于[1]

$$D^*_{\mathrm{BLIP,PH}}=\frac{\lambda}{hc}\sqrt{\frac{\eta}{2Q_{\mathrm{B}}}} \tag{1.4.15}$$

式中：η 为光子效率；λ 为波长；Q_{B} 为背景的积分光子激发度，且有

$$Q_{\mathrm{B}}=\sin^{2}\frac{\mathrm{FOV}}{2}\int_{0}^{\lambda_{\mathrm{C}}}Q_{\lambda\mathrm{s}}\mathrm{d}\lambda \tag{1.4.16}$$

式中：FOV 为视场（图 5.5.1）。

与黑体热发射体的光谱辐射出射度 $M_{\lambda\mathrm{s}}$ 类似（式（2.3.3）），它适用于光谱光子辐射出射度

$$Q_{\lambda\mathrm{s}}=\frac{c_1'}{\lambda^{4}}\frac{1}{\mathrm{e}^{\frac{c_2}{\lambda T_{\mathrm{B}}}}-1} \tag{1.4.17}$$

式中：c_1'、c_2 为辐射常数；T_{B} 为背景温度。

在近红外光谱范围内，光子探测器的背景限探测率（BLIP）比热探测器大几个数量级。在远红外光谱范围中，即在环境温度范围内的物体的最大辐射范围，二者具有大致相同的幅值（图 1.4.3）。

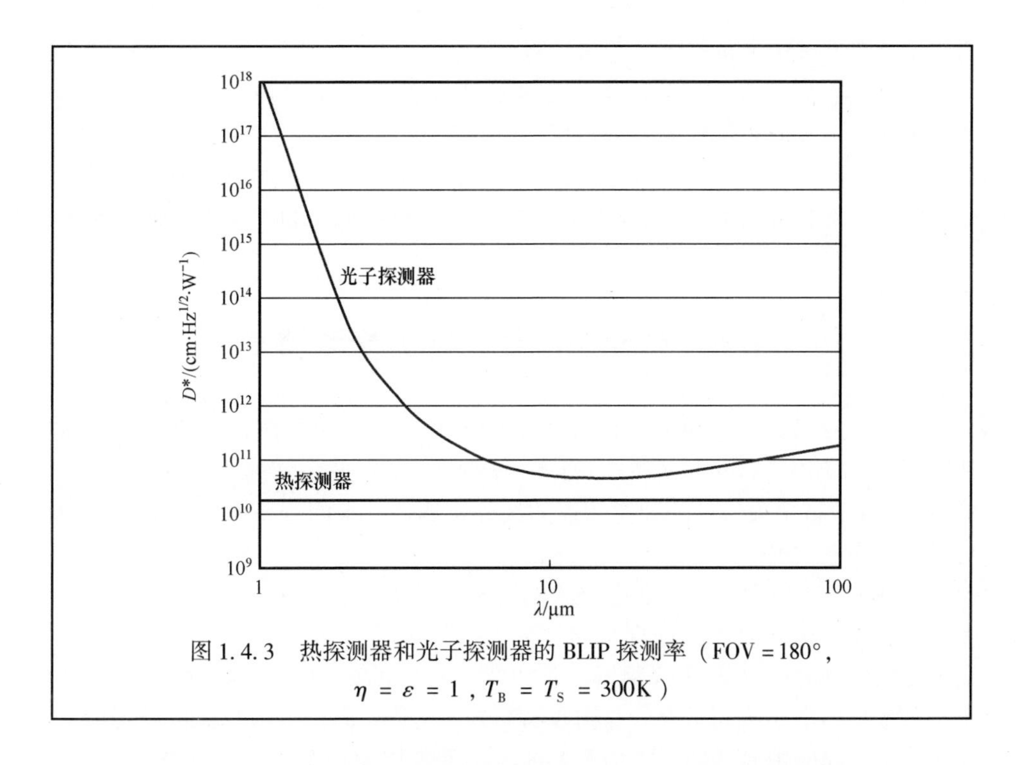

图 1.4.3　热探测器和光子探测器的 BLIP 探测率（FOV = 180°，$\eta = \varepsilon = 1$，$T_B = T_S = 300K$）

1.5　红外探测器的温度分辨率与空间分辨率

表 1.1.1 所列的红外探测器和测量系统的结构表明，受传播路径传输特性影响的测量对象或辐射源的辐射能量可映射到单元探测器或阵列探测器（如焦平面阵列）（FPA）。以下实际问题很重要：

（1）单元探测器能够检测到相对于背景的辐射源或测量对象的最小温差是多少。

（2）阵列探测器仍能检测到具有一定温度差的两点之间的最小空间距离是多少。

温度分辨率由噪声等效温差（NETD）确定（见 5.4 节）。这是物体内部的温差，对于探测器而言，即噪声信号等于测量信号（信噪比 SNR = 1）。NETD 适用于探测器阵列的每个单独像素（探测器单元）。成像系统投射到一个探测器像素上的立体角越小，探测器信号就越小，因此 NETD 也就越小。较小的红外测量系统和较小的成像系统通常会造成较低质量的温度分辨率。

调制传递函数（MTF）描述了最小的可表示结构（见 5.6 节），因此是空间分辨率的度量。原则上，空间分辨率也受到探测器阵列像素之间的热耦合和电耦合的影响。然而可以想象，光学衍射以及像素尺寸和结构尺寸之间的比例具有特别大的影响。特别是对于后者，如果像素大于点源空间周期的一半，那么很快就会发现像素再也无法分辨该点源。

原则上，更好的空间分辨率只能通过更小的像素来实现。然而，如上所述，这导致了较低质量的温度分辨率。

温度分辨率和空间分辨率是两种完全不同的探测器阵列特性。对这两种特性的优化，部分地需要改变相互对立的设计参数，如示例 1－1 所示的像素大小。

1.6 单元探测器与阵列探测器

5.1～5.5 节给出了单元探测器参数的推导，该单元探测器既可以作为单独的探测器使用，也可以作为阵列式探测器（如焦平面阵列）的单个像素。然后，5.6 节将单独讨论阵列探测器的红外探测器的空间分辨率，该分辨率仅与多元探测器相关。

如图 1.6.1 所示，对于非接触式温度测量系统的信号链，理论上可以与温度分辨率完全相同的方式处理具有单元探测器表面（单元探测器）和具有多个单元探测器表面（多元探测器、阵列探测器）的探测器。热成像仪的单个像素测量物体小区域的温度，并构成高温计。然而，高温计和热成像装置中的探测器有不同的边界条件。一个重要的区别是可用的探测器表面（视场），它实际上是由光学系统决定的。对于高温计，视场可能高达几平方毫米，视场等于其探测器面积。热成像设备通常有一个对角线可达 20mm 的视场。在成像系统中，主要是光学畸变和渐晕限制了视场，导致只能使用探测器一个像素其中的一小部分。随着视场的增加，光学设备和探测器也必须设计得更大——这导致了系统总成本的大幅增加。因此，探测器表面积应尽可能小。虽然从探测器的角度来看，它应该尽可能大（式（5.4.7））。

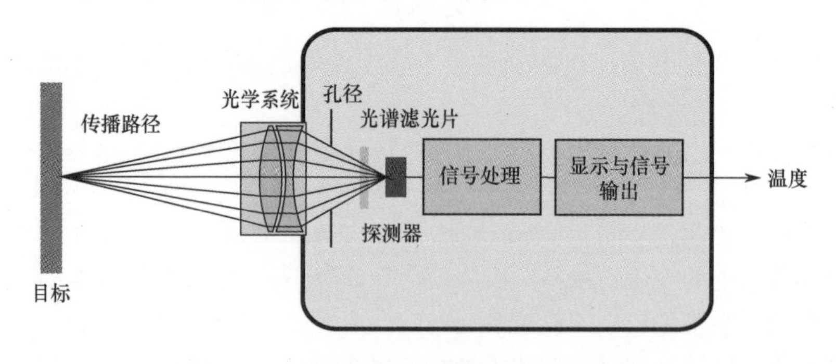

图 1.6.1　非接触式温度测量系统的信号链

本节所提到的所有类型热探测器都可以作为单元或阵列探测器来制造。然而，示例将只包括典型的安排，如热释电双元探测器或微测辐射热计阵列。微电桥技术将在 6.6.3 节“微测辐射热计”一节中介绍，也可用于热释电和热电探测器。

参 考 文 献

[1] Caniou, J. (1999) Passive Infrared Detection, Theory and Application, Kluwer Academic Publishers, Dordrecht.

[2] Herrmann, K. and Walther, L. (1990) Wissensspeicher Infrarottechnik (Store of Knowledge in Infrared Technology), Fachbuchverlag, Leipzig.

第2章　辐射测量基础

热探测器测量入射电磁辐射被吸收部分的能量或功率（单位时间能量）。当吸收的辐射能量转化为热量时，会使探测器变得更热。因此，热探测器具有至少一个辐射吸收器和一个将温度升高转化为电输出信号的探测器元件。热探测器原则上构成一组特殊的温度探测器，即辐射温度探测器。高温测量——人体的非接触式温度测量——在电磁辐射的红外光谱范围内使用人体自身的热辐射。从热探测器的物理过程来看，在讨论热探测器的工作原理之前，必须考虑被测物体与探测器之间的辐射传播以及探测器中辐射的传播和吸收。

2.1　电磁辐射对固体的影响

2.1.1　辐射传输理论

麦克斯韦方程和材料方程描述了辐射的传播（表2.1.1）。

麦克斯韦方程：

$$\mathrm{rot}\boldsymbol{H} = \frac{\partial \boldsymbol{D}}{\partial t} + J(\text{安培定律}) \tag{2.1.1}$$

$$\mathrm{rot}\boldsymbol{E} = -\frac{\partial \boldsymbol{B}}{\partial t}(\text{法拉第}) \tag{2.1.2}$$

$$\mathrm{div}\boldsymbol{D} = \rho(\text{高斯定律}) \tag{2.1.3}$$

$$\mathrm{div}\boldsymbol{B} = 0 \tag{2.1.4}$$

材料方程：

$$\boldsymbol{B} = \mu_0\mu_r\boldsymbol{H} \tag{2.1.5}$$

$$\boldsymbol{J} = \kappa\boldsymbol{E} \tag{2.1.6}$$

$$\boldsymbol{D} = \varepsilon_0\boldsymbol{E} + \boldsymbol{P} \tag{2.1.7}$$

式中

$$\boldsymbol{P} = \chi\varepsilon_0\boldsymbol{E} + d_P T_m + \boldsymbol{\pi}_P \Delta T \tag{2.1.8}$$

$$\chi = \varepsilon_r - 1 \tag{2.1.9}$$

表 2.1.1　麦克斯韦和材料方程中变量的解释（式（2.1.1）~式（2.1.9））

参　数	符　号	单　位
磁场强度	$\boldsymbol{H}$	A/m
电场强度	$\boldsymbol{E}$	V/m
介电位移	$\boldsymbol{D}$	$C/m^2 = A \cdot s/m^2$
极化	$\boldsymbol{P}$	$C/m^2 = A \cdot s/m^2$
磁感应强度	$\boldsymbol{B}$	$V \cdot s/m^2$
电流密度	$\boldsymbol{J}$	A/m^2
电荷密度	ρ	$C/m^3 = A \cdot s/m^3$
真空介电常数	ε_0	$F/m = A \cdot s/(V \cdot m)$
相对介电常数	ε_r	—
电导率	κ	$A/(V \cdot m)$
真空磁导率	μ_0	$H/m = V \cdot s/(A \cdot m)$
相对磁导率	μ_r	—
电极化率	χ	—
机械应力	T_m	N/m^2
压电系数	d_P	$A \cdot s/N$
热释电系数	$\boldsymbol{\pi}_P$	$C/(K \cdot m) = A \cdot s/(K \cdot m)$

四个麦克斯韦方程（式（2.1.1）~式（2.1.4））中的三个不相关，第四个方程源于其他的方程。材料方程（式（2.1.5）~式（2.1.7））常被错误地归入麦克斯韦方程，但它们描述了不同材料中不同场量之间的关系。这些方程通常具有非线性，部分甚至有损耗和滞后的关系，从而构成了一个粗略的估计。对于光的传播，后者往往是可以忽略的。材料中的损耗如耗散，通常用复杂的而不是真实的材料参数来描述。

对于高频电磁辐射在 z 方向的传播，麦克斯韦方程有一个具体的解：

$$E_x(z,t) = E_0 \exp\{j(\omega t - kz)\} \exp\left\{-\frac{\alpha}{2}z\right\} \tag{2.1.10}$$

式中：E_x 为 z 方向的电场强度；k 为波数；α 为吸收率。

波数可以表示为

$$k = \frac{\omega}{c} = \frac{\omega n}{c_0} = \frac{2\pi}{\lambda} \tag{2.1.11}$$

波数是波矢量$\boldsymbol{k}$的模。波矢量的方向与电磁波的传播方向相对应。介质中的光速由真空中的光速和介质的折射率n计算得出：

$$c = \frac{c_0}{n} \tag{2.1.12}$$

材料参数用于计算光速：

$$c = \frac{1}{\sqrt{\mu\varepsilon}} \tag{2.1.13}$$

因此，它适用于折射率：

$$n = c_0\sqrt{\mu\varepsilon} = \sqrt{\mu_r\varepsilon_r} \tag{2.1.14}$$

通过这种方法，介质的光学特性分别由它们的电特性或介电特性决定，反之亦然。利用吸收率α，可以将电磁辐射对物质的穿透深度定义为减小到1/e的值：

$$z_\alpha = \frac{2}{\alpha} \tag{2.1.15}$$

例如，铜的穿透深度约为5 nm，玻璃的穿透深度为10^4m。如果没有吸收（无损介质，$\alpha=0$），则适用于

$$E_x(z,t) = E_0\exp\{\mathrm{j}(\omega t - kz)\} \tag{2.1.16}$$

类似的定义适用于磁场强度。根据麦克斯韦方程（式（2.1.1）~式（2.1.4）），电场和磁场强度矢量的方向是垂直的。因此，对于相同的位置，可以根据电场强度确定磁场分量：

$$E_{0y} = n\sqrt{\frac{\varepsilon_0}{\mu_0}}E_{0x} \tag{2.1.17}$$

然而，热探测器（以及所有光学探测器）不能直接根据场强来确定。可以测量在场中传输的功率，该功率产生于坡印廷矢量[1]：

$$\boldsymbol{S} = \boldsymbol{E}\times\boldsymbol{H} \tag{2.1.18}$$

由于红外光的频率（$\lambda=780$ nm ~ 1mm 相当于$v=c/\lambda=385$ THz ~ 300 GHz的光波频率）远大于探测器的特征频率，因此探测器无法（由于时间常数）跟踪振幅的瞬时值，但随着时间的推移会产生平均值。坡印廷矢量的时间平均值对应于辐射强度为

$$I = S = \overline{|\boldsymbol{E}\times\boldsymbol{H}|} \tag{2.1.19}$$

由于磁场强度和电场强度是垂直的，因此适用于

$$I = S = \overline{\boldsymbol{E}(t)\boldsymbol{H}(t)} = \lim_{T\to\infty}\frac{1}{T}\int_t^{t+T}E_0H_0\cos^2(\omega t)\,\mathrm{d}t \tag{2.1.20}$$

该积分的解为

$$I = \frac{1}{2}E_0H_0 = \frac{1}{2}E_0^2 n\sqrt{\frac{\varepsilon_0}{\mu_0}} \tag{2.1.21}$$

强度单位为 W/m²，强度仅可由一个场分量（电场或磁场强度）确定。因此，只需分析两个场分量中的一个就足够了，如电场强度。

2.1.2　耗散介质中的传播

对于具有辐射吸收率 α 的有损介质，可以定义复波数（传播常数）$\underline{\beta}$ 而不是实波数 k：

$$\underline{\beta} = k - \mathrm{j}\frac{\alpha}{2} \tag{2.1.22}$$

由此，式（2.1.16）可写为

$$E_x(z,t) = E_0\exp\{\mathrm{j}(\omega t - \underline{\beta}z)\} \tag{2.1.23}$$

对于 z 方向的平面波，它是由麦克斯韦方程（式（2.1.1）和式（2.1.2））以及式（2.1.6）和式（2.1.7）导出的：

$$\frac{\partial^2 \boldsymbol{E}_x}{\partial z^2} = \mu\varepsilon\frac{\partial^2 \boldsymbol{E}_x}{\partial t^2} + \mu\kappa\frac{\partial^2 \boldsymbol{E}_x}{\partial t} \tag{2.1.24}$$

将式（2.1.24）转换到图像区域，结果为

$$(\mathrm{j}\underline{\beta})^2E_0\exp(-\mathrm{j}\beta z) = \{\mu\varepsilon(\mathrm{j}\omega)^2 + \mu\kappa\mathrm{j}\omega\}E_0\exp(-\mathrm{j}\underline{\beta}z) \tag{2.1.25}$$

或者

$$\underline{\beta}^2 = \mu\varepsilon\omega^2 - \mu\kappa\mathrm{j}\omega \tag{2.1.26}$$

通过将复方程式（2.1.26）的左、右两边的绝对值和相位以及一个二次曲线方程的后续解相等，可以得到波数为

$$k^2 = \frac{\mu\varepsilon\omega^2}{2}\left\{\sqrt{1+\left(\frac{\kappa}{\omega\varepsilon}\right)^2}+1\right\} \tag{2.1.27}$$

对于吸收率 α

$$\left(\frac{\alpha}{2}\right)^2 = \frac{\mu\varepsilon\omega^2}{2}\left\{\sqrt{1+\left(\frac{\kappa}{\omega\varepsilon}\right)^2}-1\right\} \tag{2.1.28}$$

如果介质的吸收率 α 很小，这意味着

$$\kappa \ll \omega\varepsilon \tag{2.1.29}$$

式（2.1.28）中根号下的表达式近似为 1，因此 $\alpha \approx 0$。对于 $\kappa \approx 0$ 的电介质，式（2.1.28）同样适用。此时由式（2.1.27）导出的波数为

$$k_{\mathrm{Dielectric}}^2 \approx \left(\frac{\omega}{c}\right)^2 \tag{2.1.30}$$

对于良导体，如金属，意味着 $\kappa \gg \omega\varepsilon$ ，因此波数变为

$$k_{\text{Metal}}^2 \approx \frac{\mu\kappa\omega}{2} \tag{2.1.31}$$

随着电导率的增加，传播速度和波长将会减小。

在电介质中，通常采用 $\mu_r = 1$ ，则式（2.1.14）可写为

$$n = \sqrt{\varepsilon_r} \tag{2.1.32}$$

与复波数 $\underline{\beta}$ 类似，可以为耗散介质定义复折射率，即

$$\underline{n} = n - \mathrm{j}n' \tag{2.1.33}$$

式中：n' 为消光系数。

复介电常数为

$$\underline{\varepsilon}_r = \varepsilon'_r - \mathrm{j}\varepsilon''_r \tag{2.1.34}$$

将式（2.1.33）和式（2.1.34）代入式（2.1.32）并平方，可得

$$n^2 + n'^2 - \mathrm{j}2nn' = \varepsilon'_r - \mathrm{j}\varepsilon''_r \tag{2.1.35}$$

这样利用式（2.1.35）可以计算磁导率的实部和虚部：

$$\varepsilon'_r = n^2 + n'^2 \tag{2.1.36}$$

$$\varepsilon''_r = 2nn' \tag{2.1.37}$$

将式（2.1.34）代入式（2.1.26），可得

$$\underline{\beta}^2 = \omega^2\mu\varepsilon' - \mathrm{j}\omega\mu(\kappa + \omega\varepsilon'') = \omega^2\mu\varepsilon' - \mathrm{j}\omega\mu\kappa_\varepsilon \tag{2.1.38}$$

式中：κ_ε 为交流电导率，且有

$$\kappa_\varepsilon = \kappa + \omega\varepsilon'' \tag{2.1.39}$$

将式（2.1.38）与式（2.1.26）进行比较，可以得到如下类比结论：

（1）介电常数 $\varepsilon \Leftrightarrow \varepsilon'$ 是复介电常数的实部。

（2）电导率 $\kappa \Leftrightarrow \kappa_\varepsilon$ 是交流电导率。

如果在式（2.1.27）和式（2.1.28）中使用交流电导率 κ_ε 而不是电导率 κ ，则损失可以很容易考虑在内。

此外，根据式（2.1.11）和式（2.1.22），可以得到如下关系：

$$\underline{\beta} = k - \mathrm{j}\frac{\alpha}{2} = \frac{2\pi n}{\lambda_0} - \mathrm{j}\frac{\alpha}{2} = \frac{2\pi}{\lambda_0}\left(n - \mathrm{j}\frac{\alpha\lambda_0}{4\pi}\right) \tag{2.1.40}$$

或者

$$\underline{\beta} = \frac{2\pi}{\lambda_0}(n - \mathrm{j}n') \tag{2.1.41}$$

因此，它适用于消光系数

$$n' = \frac{\alpha\lambda_0}{4\pi} \tag{2.1.42}$$

如上所述，材料的电学和光学特性再一次变得清晰。因此，可以通过测量材料的磁导率、介电常数和电导率来确定材料的光学参数。

例 2.1　介质中的功率耗散。

对于体积 V_D 中转换的有效功率 P_V，适用于

$$P_V = \frac{\tilde{V}^2}{V_D R} \tag{2.1.43}$$

式中：R 为复电阻率 $\underline{Z}$ 的实部；$\tilde{V}$ 为电压的有效值；R 为

$$R = \mathrm{Re}\{\underline{Z}\} = \mathrm{Re}\left\{\frac{1}{\mathrm{j}\omega\,\underline{C}}\right\} \tag{2.1.44}$$

由于电容是有损耗的，也将其假设为复数，即

$$\underline{C} = \frac{\varepsilon A}{d} \tag{2.1.45}$$

式中：A 为体积 V_D 的表面积；d 为高度。

体积中的场强是由外加电压引起的，即

$$\tilde{V} = \frac{1}{\sqrt{2}}Ed \tag{2.1.46}$$

结果为

$$P_V = \frac{1}{2}E^2\mathrm{Re}\{\mathrm{j}\omega\,\underline{\varepsilon}\} \tag{2.1.47}$$

可以利用复磁化率 $\underline{\chi}$ 得出复磁导率，即

$$\underline{\varepsilon} = \varepsilon_0(1 + \underline{\chi}) \tag{2.1.48}$$

并且

$$\underline{\chi} = \chi' - \mathrm{j}\chi'' = \chi(\cos\theta - \mathrm{j}\sin\theta) \tag{2.1.49}$$

以及

$$\tan\theta = \frac{\chi''}{\chi'} \tag{2.1.50}$$

式中：θ 对应于损耗角度或损耗因子 $\tan\delta$，且有

$$\tan\delta = \frac{\varepsilon''}{\varepsilon'} = \frac{1 + \chi''}{1 + \chi'} \tag{2.1.51}$$

因此，式（2.1.47）的实部变为

$$\mathrm{Re}\{\mathrm{j}\omega\underline{\varepsilon}\} = \omega\varepsilon_0\chi\sin\theta \tag{2.1.52}$$

介质中与体积相关的功率耗散变为

$$P_{\mathrm{V}} = \frac{1}{2}E^2\omega\varepsilon_0\chi\sin\theta \tag{2.1.53}$$

2.1.3 交界面的场

如果电磁波入射到交界面，则部分辐射通过界面，即它被传输，而另一部分辐射被反射（图 2.1.1）。以 i 标记的入射波以折射率 n_i 沿波矢量 $\boldsymbol{k}_i$ 的方向通过该各向同性介质继续传播。电场强度的矢量 $\boldsymbol{E}_i$ 垂直于图 2.1.1 中的纸面向里。入射辐射的功率为

$$P_i = I_i A\cos\varphi_i \tag{2.1.54}$$

式中：$A\cos\varphi_i$ 为波束横截面积。

部分辐射在交界面被反射，其余部分则进入介质。反射功率 P_r 和透射功率 P_t 分别为

$$P_r = I_r A\cos\varphi_r \tag{2.1.55}$$

$$P_t = I_t A\cos\varphi_t \tag{2.1.56}$$

式中：$A\cos\varphi_r$、$A\cos\varphi_t$ 为波束横截面积。

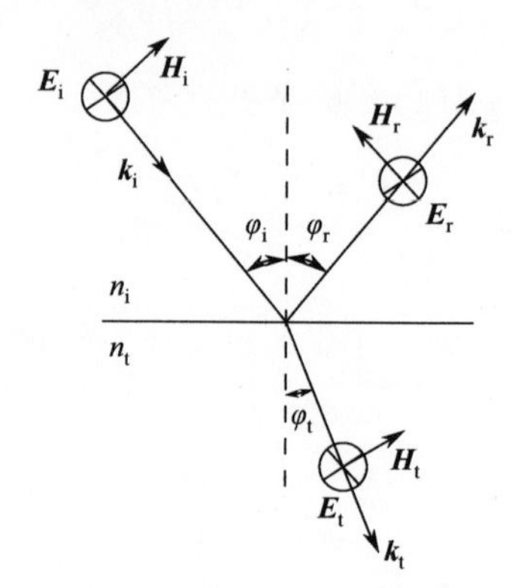

图 2.1.1 不同光学密度介质界面的折射率（折射率 n_i、n_t）

反射率为

$$\rho = r^2 = \frac{P_r}{P_i} = \frac{I_r}{I_i} = \frac{E_{0r}^2}{E_{0i}^2} \tag{2.1.57}$$

考虑反射定律：

$$\varphi_i = \varphi_r \tag{2.1.58}$$

类似地，可以推导出透射率为

$$\tau = \frac{n_t \cos\varphi_t E_{0t}^2}{n_i \cos\varphi_i E_{0i}^2} = \frac{n_t \cos\varphi_t}{n_i \cos\varphi_i} t^2 \tag{2.1.59}$$

斯涅耳折射定律适用于透射波的角度：

$$n_i \cos\varphi_i = n_t \cos\varphi_t \tag{2.1.60}$$

如果该过程不存在吸收，由于能量原因，则必然有

$$\rho + \tau = 1 \tag{2.1.61}$$

2.1.4　薄介电层的传输

下面讨论薄的介电层，如果该层的厚度与辐射的波长相当，即在纳米或微米范围内，则将由于反射波、透射波和入射波的叠加而引起层间的干涉。结果表明，薄膜的透射和吸收不仅与折射率有关，而且与薄膜厚度有关。计算采用传递矩阵法。

对于入射到薄介电层的线性极化波，适用于[2]

$$\begin{bmatrix} E_{\mathrm{I}} \\ H_{\mathrm{I}} \end{bmatrix} = M \begin{bmatrix} E_{\mathrm{II}} \\ H_{\mathrm{II}} \end{bmatrix} \tag{2.1.62}$$

式中：第 1 层（下标 I）、第 2 层（下标 II）分别为该层电场和磁场强度分量；$\boldsymbol{M}$ 为传递矩阵，且有

$$\boldsymbol{M} = \begin{bmatrix} m_{11} & m_{12} \\ m_{21} & m_{22} \end{bmatrix} \tag{2.1.63}$$

在计算反射率和透射率时进行了简化，假设辐射为垂直入射[2]，则有

$$\rho = \left| \frac{G_{\mathrm{I}} m_{11} + G_{\mathrm{I}} G_{\mathrm{II}} m_{12} - m_{21} - G_{\mathrm{II}} m_{22}}{G_{\mathrm{I}} m_{11} + G_{\mathrm{I}} G_{\mathrm{II}} m_{12} + m_{21} + G_{\mathrm{II}} m_{22}} \right|^2 \tag{2.1.64}$$

$$\tau = \left| \frac{2 G_{\mathrm{I}}}{G_{\mathrm{I}} m_{11} + G_{\mathrm{I}} G_{\mathrm{II}} m_{12} + m_{21} + G_{\mathrm{II}} m_{22}} \right|^2 \tag{2.1.65}$$

式中

$$G_{\mathrm{I}} = n_{\mathrm{I}} \sqrt{\frac{\varepsilon_0}{\mu_0}} \tag{2.1.66}$$

$$G_{\mathrm{II}} = n_{\mathrm{II}} \sqrt{\frac{\varepsilon_0}{\mu_0}} \tag{2.1.67}$$

如果有一个具有 i 层的多层系统，当红外辐射穿过空气再通过一个减反射层（$i=3$）而进入探测器体积时，传递矩阵$\boldsymbol{M}$ 将是单层 i 传递矩阵$\boldsymbol{M}_i$的乘积：

$$M = \prod_i M_i \tag{2.1.68}$$

对于每层的传递矩阵，有

$$M_i = \begin{pmatrix} \cos\gamma_i & \mathrm{j}\dfrac{\sin\gamma_i}{G_i} \\ \mathrm{j}G_i\sin\gamma_i & \cos\gamma_i \end{pmatrix} \tag{2.1.69}$$

式中

$$\gamma_i = \frac{2\pi}{\lambda} n_i d_i \tag{2.1.70}$$

$$G_i = n_i \sqrt{\frac{\varepsilon_0}{\mu_0}} \tag{2.1.71}$$

每个单独的传递矩阵M_i表征从第 i 层（厚度 d_i和折射率 n_i）到第 $i+1$ 层的辐射传输。当光线穿越的层数越来越多时，必须按照各层的顺序进行计算。

例 2.2 微测辐射热计电桥的吸收。

微测辐射热计电桥的活动部分包括一个薄层系统，该系统位于反射镜上方约 2.5 μm 处（图 6.6.3 和图 6.6.4）。微测辐射热计电桥在真空中工作。辐射通量来自真空，通过微测辐射热计电桥的层系，非吸收部分通过电桥，进入电桥下的真空，反射到芯片上的反射镜上，返回到微测辐射热计电桥。电桥和反射镜形成一个能够吸收最大的辐射的 $\lambda/4$ 谐振器。

1. 层系的传输率

根据式（2.1.10）的指数项 $\exp\left\{-\dfrac{\alpha}{2}z\right\}$，由于层非常薄，可以忽略层系中的吸收。然后使用式（2.1.64）计算透射率 τ_B。表 2.1.2 示出了相应的折射率 n_i。图 2.1.2 示出了传输率的计算结果。

表 2.1.2 微测辐射热计像素中薄层的折射率

材料	折射率
二氧化硅（SiO_2）	1.47
非晶硅（a-Si）	4.0
氮化硅（Si_3N_4）	2.0
氧化钒（VO_x）	3.3
氮化钛（TiN）	1.6
二氧化钛（TiO_2）	2.12
真空	1.00

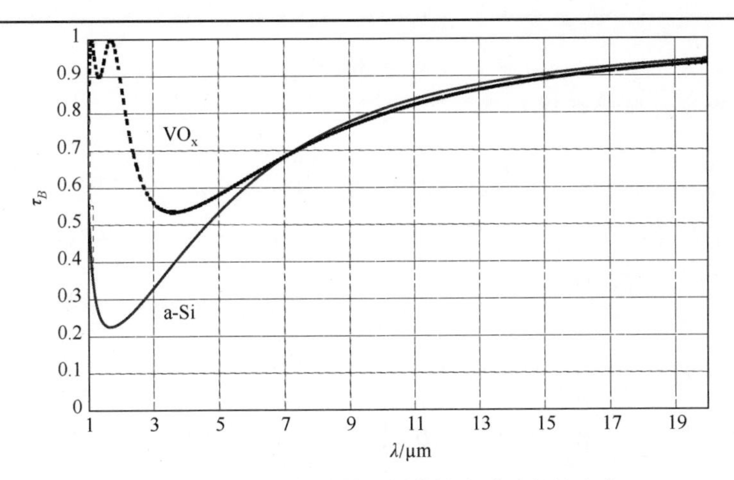

图 2.1.2　微测辐射热计电桥传输率随波长的变化

2. 谐振腔内的吸收

为了吸收辐射，使用 λ/4 的谐振器，如图 2.1.3 所示。

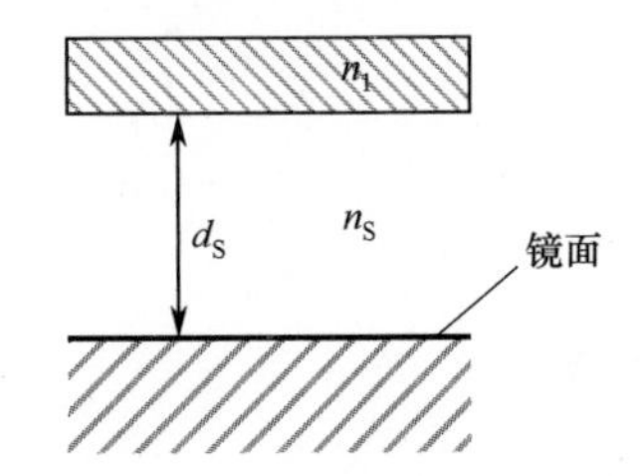

图 2.1.3　λ/4 谐振腔的层结构

它由微桥下方的镜面底板、折射率为 n_S 的 S 层（真空）和折射率为 n_1 的测辐射热层组成，意味着

$$n_1 \neq n_S \tag{2.1.72}$$

该原理是基于强度分别为 I_1 和 I_2 的两个电磁波的叠加，即

$$I = I_1 + I_2 + 2\sqrt{I_1 I_2}\cos\delta \tag{2.1.73}$$

并且二者的相位差为

$$\delta = \frac{2\pi}{\lambda}\Delta \tag{2.1.74}$$

式中：Δ 为路径差，表示为两种电磁波的光学厚度差（折射率乘以路径）。

对于完全反射的垂直入射光束，意味着

$$I_1 = I_2 = I_0 \tag{2.1.75}$$

光束在具有光学厚度（$n_S \cdot d_S$）的 S 层中前后移动，导致路径差为

$$\Delta = 2n_S d_S \tag{2.1.76}$$

反射波的强度变为

$$I = 2I_0\left(1 + \cos\frac{4\pi n_S}{\lambda}d_S\right) \tag{2.1.77}$$

由于能量原因——如果没有传输（$\tau_S = 0$）——反射和吸收辐射的总和必须是恒定的，即

$$\rho_S + \alpha_S = 1 \tag{2.1.78}$$

式中：ρ_S 为反射率；α_S 为吸收率。

对于破坏性干扰（$I=0$，无反射），当 $\cos\frac{4\pi n_S}{\lambda}d_S = -1$ 时，辐射功率的吸收发生，即

$$\frac{4\pi n_S}{\lambda}d_{S,\lambda/4} = (2k+1)\pi \qquad (k = 0,1,\cdots) \tag{2.1.79}$$

对于给定波长，完全吸收的厚度为

$$d_{S,\lambda/4} = \frac{2k+1}{n_S}\frac{\lambda}{4} \tag{2.1.80}$$

为计算吸收系数，将式（2.1.77）归一化为最大强度，即

$$I_{max} = 4I_0 \tag{2.1.81}$$

考虑到式（2.1.57），吸收率为

$$\alpha_{\lambda/4} = 1 - \frac{I}{I_{max}} = \frac{1}{2}\left(1 - \cos\frac{4\pi n_S}{\lambda}d_S\right) \tag{2.1.82}$$

图 2.1.4 给出了一个示例。

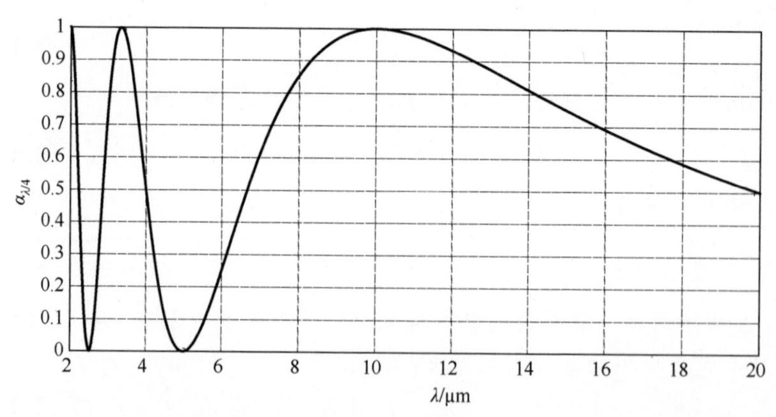

图 2.1.4　λ/4 的谐振器的吸收系数 $\alpha_{\lambda/4}$（S 层：$n_S = 1$（真空）；$d_S = 2.5\mu m$）

3. 总吸收

总吸收由层系的透射率和 $\lambda/4$ 谐振腔的吸收率决定：

$$\alpha = \tau_{B}\alpha_{\lambda/4} \tag{2.1.83}$$

图 2.1.5 为图 2.1.3 和图 2.1.4 中所选示例参数的总吸收情况。对于商用的微测辐射热计，通过探测器窗口传输（光学带通）的吸收率大致限制在 8～14μm 的理想范围内。

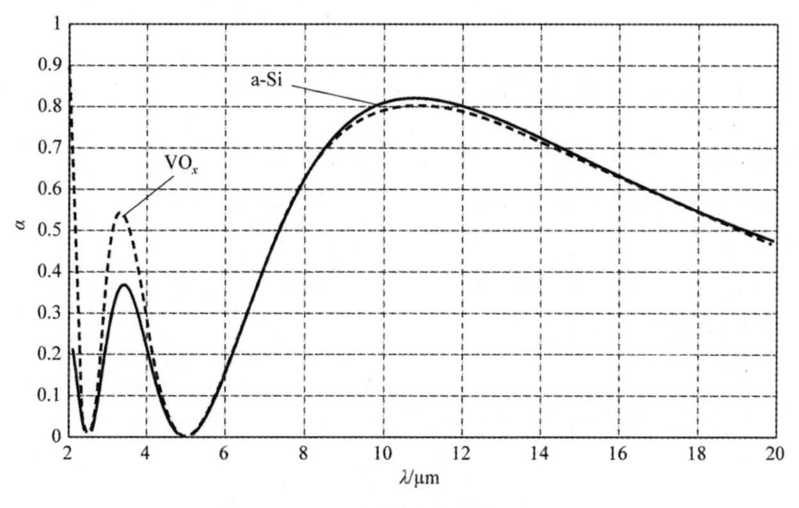

图 2.1.5　微测辐射热计电桥的总吸收

2.2　辐射变量

热探测器定量地确定电磁辐射强度，这个过程也称为辐射测量。表征辐射的不同的辐射变量，如表 2.2.1 所列。

表 2.2.1　辐射变量

变量	名称	符号	单位
辐射场相关变量	辐射能	Q	W · s
	辐射强度	I	W/m^2
	辐射功率	P	W
	辐射通量	Φ	W
发射端相关变量	辐射强度	I	W/sr
	辐射出射度	M_S	W/m^2
	辐射亮度	L	$W/(sr \cdot m^2)$

（续）

变　量	名　称	符　号	单　位
接收方相关变量	辐照度	E	W/m^2
	辐照	H	$W \cdot s/m^2 = J/m^2$
光谱变量	光谱辐射强度	I_λ	$W/(sr \cdot \mu m)$
	光谱辐射亮度	L_λ	$W/(sr \cdot m^2 \cdot \mu m)$
	光谱辐射出射度	$M_{\lambda S}$	$W/(m^2 \cdot \mu m)$

2.2.1　辐射场相关变量

辐射场相关变量一般描述空间中的电磁辐射场或电磁波。

电磁波的能量由电场和磁场能量相等的部分组成。一般来说，适用于

$$Q = \varepsilon E^2 = \mu H^2 \tag{2.2.1}$$

坡印廷矢量描述了单位时间内在单位面积上传输的能量（参见 2.1 节）。坡印廷矢量值的时间均值为强度：

$$I = |\boldsymbol{S}| \tag{2.2.2}$$

每时间单位传输的能量为辐射功率：

$$P = \frac{\mathrm{d}Q}{\mathrm{d}t} \tag{2.2.3}$$

功率或强度与所穿过的面积的关系为辐射通量：

$$\Phi = \frac{\mathrm{d}Q}{\mathrm{d}t} = \int_A I\mathrm{d}A \tag{2.2.4}$$

2.2.2　发射端变量

发射端相关变量是从发射端或辐射端的角度来描述辐射计量学的辐射变量。

辐射强度为单位立体角内发射的辐射通量：

$$I = \frac{\mathrm{d}\Phi}{\mathrm{d}\Omega} \tag{2.2.5}$$

辐射通量与面积的关系为辐射出射度：

$$M_{BB} = \frac{\mathrm{d}\Phi}{\mathrm{d}A} \tag{2.2.6}$$

式中：下标 BB 表示的是黑体的辐射出射度（例 2.3）。

辐射亮度是指在法线方向上单位面积向单位立体角发射的辐射通量：

$$L = \frac{\mathrm{d}^2\Phi}{\mathrm{d}A\cos\gamma\mathrm{d}\Omega} \tag{2.2.7}$$

式中：γ 为表面法线与立体角面元之间的夹角。

2.2.3　接收端变量

接收相关变量从探测器和接收表面的角度来描述辐射计量学中辐射变量。

辐射照度为被辐照表面单位面积内接收的辐射通量：

$$E = \frac{\mathrm{d}\Phi}{\mathrm{d}A} \tag{2.2.8}$$

辐照是辐射照度的时间积分：

$$H = \int E\mathrm{d}t \tag{2.2.9}$$

2.2.4　光谱变量

光谱变量是指波长间隔 $\mathrm{d}\lambda$，用下标 λ 进行标记。所有与辐射场、发射端和接收端相关的变量都可以表示为光谱变量。最重要的物理量包括：

$$I_\lambda = \frac{\mathrm{d}^2\Phi}{\mathrm{d}\Omega\mathrm{d}\lambda} \tag{2.2.10}$$

$$L_\lambda = \frac{\mathrm{d}^3\Phi}{\mathrm{d}A\cos\gamma\mathrm{d}\Omega\mathrm{d}\lambda} \tag{2.2.11}$$

$$M_{\lambda\mathrm{BB}} = \frac{\mathrm{d}^2\Phi}{\mathrm{d}A\mathrm{d}\lambda} \tag{2.2.12}$$

光谱变量也可以与频率间隔 $\mathrm{d}\nu$ 相关（用下标 ν 进行标记）。由于频率与波长不是线性相关的，因此波长间隔 $\mathrm{d}\lambda$ 和频率间隔 $\mathrm{d}\nu$ 也不一样。频率可表示为

$$\nu = \frac{c}{\lambda} \tag{2.2.13}$$

由上式可得

$$\frac{\mathrm{d}\nu}{\mathrm{d}\lambda} = \frac{\mathrm{d}\left(\frac{c}{\lambda}\right)}{\mathrm{d}\lambda} = \frac{c}{\lambda^2} \tag{2.2.14}$$

由此可见

$$\mathrm{d}\nu = \frac{c}{\lambda^2}\mathrm{d}\lambda \tag{2.2.15}$$

可以推导出

$$L = \int_0^\infty L_\lambda(\lambda)\mathrm{d}\lambda = \int_0^\infty L_\nu(\nu)\mathrm{d}\nu \tag{2.2.16}$$

进一步

$$L_\lambda(\lambda)\mathrm{d}\lambda = L_\nu(\nu)\mathrm{d}\nu \tag{2.2.17}$$

由式（2.2.14）可知

$$L_\lambda(\lambda) = \frac{c}{\lambda^2}L_\nu(\nu) \tag{2.2.18}$$

2.2.5　吸收、反射和透射

如果辐射 Φ_0 穿过物体，它可以被吸收（分量 Φ_a）、反射（分量 Φ_r）或透射（分量 Φ_t）（图 2.2.1）。

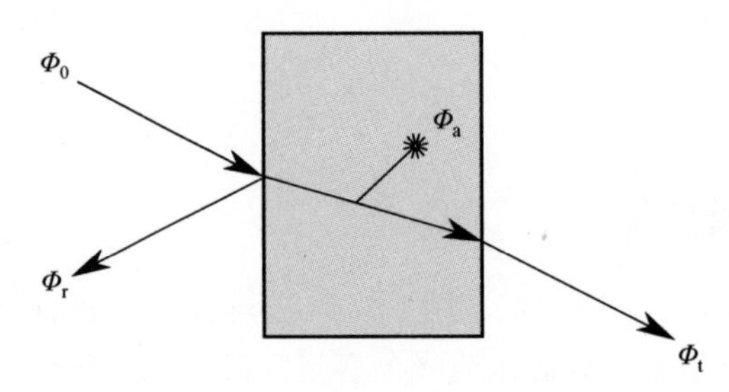

图 2.2.1　物体的吸收、反射和透射

为了确定各个分量，根据入射辐射通量 Φ_0 对各个分量进行归一化。与波长相关的吸收用光谱吸收系数来描述：

$$\alpha_\lambda = \frac{\Phi_a(\lambda)}{\Phi_0(\lambda)} \tag{2.2.19}$$

如果吸收系数指的是波长 $\lambda_1 \sim \lambda_2$ 的，则称为波段吸收系数：

$$\alpha_B = \frac{\int_{\lambda_1}^{\lambda_2}\Phi_a(\lambda)\mathrm{d}\lambda}{\int_{\lambda_1}^{\lambda_2}\Phi_0(\lambda)\mathrm{d}\lambda} \tag{2.2.20}$$

如果要考查从 $\lambda_1 = 0$ 到 $\lambda_2 = \infty$ 的整个波长范围内吸收系数，则称为积分或总吸收：

$$\alpha = \frac{\int_0^\infty\Phi_a(\lambda)\mathrm{d}\lambda}{\int_0^\infty\Phi_0(\lambda)\mathrm{d}\lambda} \tag{2.2.21}$$

相应地，还定义了反射系数和透射系数，并且同样适用于光谱反射系数：

$$\rho_\lambda = \frac{\Phi_r(\lambda)}{\Phi4_0(\lambda)} \tag{2.2.22}$$

波段反射系数为

$$\rho_{\mathrm{B}} = \frac{\int_{\lambda_1}^{\lambda_2} \Phi_{\mathrm{r}}(\lambda)\,\mathrm{d}\lambda}{\int_{\lambda_1}^{\lambda_2} \Phi_0(\lambda)\,\mathrm{d}\lambda} \tag{2.2.23}$$

积分反射系数为

$$\rho = \frac{\int_{0}^{\infty} \Phi_{\mathrm{r}}(\lambda)\,\mathrm{d}\lambda}{\int_{0}^{\infty} \Phi_0(\lambda)\,\mathrm{d}\lambda} \tag{2.2.24}$$

光谱透射系数为

$$\tau_{\lambda} = \frac{\Phi_{\mathrm{t}}(\lambda)}{\Phi_0(\lambda)} \tag{2.2.25}$$

波段反射系数为

$$\tau_{\mathrm{B}} = \frac{\int_{\lambda_1}^{\lambda_2} \Phi_{\mathrm{t}}(\lambda)\,\mathrm{d}\lambda}{\int_{\lambda_1}^{\lambda_2} \Phi_0(\lambda)\,\mathrm{d}\lambda} \tag{2.2.26}$$

积分反射系数为

$$\tau = \frac{\int_{0}^{\infty} \Phi_{\mathrm{t}}(\lambda)\,\mathrm{d}\lambda}{\int_{0}^{\infty} \Phi_0(\lambda)\,\mathrm{d}\lambda} \tag{2.2.27}$$

物体的吸收、反射和透射系数除其他因素外，还取决于物体的温度、化学成分、表面特征以及辐射的极化。一般来说，它们必须通过测量来确定。它们通常也依赖于时间，如当物体表面氧化时。从能量守恒原理出发，得出如下结论：

$$\alpha_{\lambda} + \rho_{\lambda} + \tau_{\lambda} = 1 \tag{2.2.28}$$

并且

$$\alpha + \rho + \tau = 1 \tag{2.2.29}$$

因此，对于不透明的物体（$\tau_{\lambda} = 0$），可得

$$\alpha_{\lambda} = 1 - \rho_{\lambda} \tag{2.2.30}$$

2.2.6 发射率

光谱发射率是在一定温度和波长下的物体光谱辐射出射度与黑体光谱辐射出射度之间的比值：

$$\varepsilon_\lambda(T) = \frac{M_\lambda(\lambda,T)}{M_{\lambda BB}(\lambda,T)} \tag{2.2.31}$$

光谱发射率也与方向有关，可表示为辐射亮度的比值：

$$\varepsilon_\lambda(T,\vartheta,\varphi) = \frac{L_\lambda(\lambda,T,\vartheta,\varphi)}{L_{\lambda BB}(\lambda,T)} \tag{2.2.32}$$

式中：L_λ 、$L_{\lambda BB}$ 分别为处于方位角 ϑ 和俯仰角 φ 的物体的辐射亮度和黑体的辐射亮度。

发射系数也可以表示为波段发射系数，即

$$\varepsilon_B(T,\vartheta,\varphi) = \frac{\int_{\lambda_1}^{\lambda_2} L_\lambda(\lambda,T,\vartheta,\varphi)\,d\lambda}{\int_{\lambda_1}^{\lambda_2} L_{\lambda BB}(\lambda,T)\,d\lambda} \tag{2.2.33}$$

总发射系数为

$$\varepsilon(T,\vartheta,\varphi) = \frac{\int_0^\infty L_\lambda(\lambda,T,\vartheta,\varphi)\,d\lambda}{\int_0^\infty L_{\lambda BB}(\lambda,T)\,d\lambda} = \frac{\int_0^\infty L_\lambda(\lambda,T,\vartheta,\varphi)\,d\lambda}{\frac{\sigma T^4}{\pi}} \tag{2.2.34}$$

例 2.3 黑体。

黑体非常重要，它是热辐射的理想辐射源，能够发射出每个波长下最大的热辐射。其光谱辐射亮度正好符合普朗克辐射定律（2.3 节）：

$$L_{\lambda BB} = \frac{M_{\lambda BB}}{\pi} = \frac{c_1}{\pi\lambda^5}\frac{1}{e^{\frac{c_2}{\lambda T}}-1} \tag{2.2.35}$$

式中：c_1 、c_2 分别为第一和第二辐射常数。

朗伯辐射体具有与波长无关的发射率和均匀的吸收系数。朗伯辐射体具有与方向无关的辐射（3.2 节）：

$$L_S(\vartheta,\varphi) = \text{常数} \tag{2.2.36}$$

由此可以导出辐射强度为

$$I(\vartheta) = I_0\cos\vartheta \tag{2.2.37}$$

式中：I_0为沿法线方向的辐射强度。

这意味着，黑体总是具有相同的“亮度”，与朝向黑体的视线无关。可以用斯忒藩－玻耳兹曼定律（2.3 节）计算其总辐射：

$$L_S = \int_0^\infty L_\lambda(T)\,d\lambda = \frac{\sigma T^4}{\pi} \tag{2.2.38}$$

由于存在上述特性，因此它被称为“黑色发射体”或“黑体”。它不反射任何辐射，当黑色发射体温度低于 400℃ 时，其可见光波长范围内的本底辐射变得太小而不可见。因此，它的表面呈现哑光黑色。

由于很难在技术上实现发射率为 1 的黑体，通常也使用“灰体”的概念。它们与黑体具有相同的特性，只是发射率小于 1。

2.3 辐射定律

表 2.3.1 总结了最重要的辐射定律。3.2 节详细描述了光度学基础。附录 B 给出了普朗克辐射定律的推导和由此得出的定律。

表 2.3.1 重要的辐射定律

名称	公式
光度定律	$d^2\Phi_{12} = L_1 \frac{dA_1\cos\beta_1 dA_2\cos\beta_2}{r^2}$ (2.3.1)
普朗克辐射定律	$M_{\nu BB} = 2\pi\frac{h\nu^3}{c^2}\frac{1}{e^{\frac{h\nu}{k_B T}}-1}$ (2.3.2) $M_{\lambda BB} = \frac{c_1}{\lambda^5}\frac{1}{e^{\frac{c_2}{\lambda T}}-1}$ (2.3.3)
斯忒藩－玻耳兹曼定律	$M_{BB} = \sigma T^4$ (2.3.4)
维恩位移定律	$\nu_{max} = 5.878\times10^{10}\frac{Hz}{K}T$ (2.3.5) $\lambda_{max} = \frac{2.898\times10^{-3}K\cdot m}{T}$ (2.3.6)

注：$d^2\Phi_{12}$ —源于面元 dA_1 发射，由面元 dA_2 接收的辐射通量；r—面元 dA_1 和 dA_2 之间的距离；β_1、β_2 —面元 dA_1 和 dA_2 相对于其连线 r 的夹角；L_1 —面元 dA_1 的辐亮度

普朗克辐射定律描述了一个面积为 dA 的微元黑体在光谱范围 $\lambda + d\lambda$ 内向半球空间发出的光谱辐射出射强度 $M_{\lambda BB}$。图 2.3.1（a）和（b）分别提供辐

射出射度的线性和双对数曲线。图 2. 3. 2 给出频率上存在的不同寻常的表示。图 2. 3. 1 和图 2. 3. 2 标记辐射出射度达到最大值的波长或频率（维恩位移定律）。

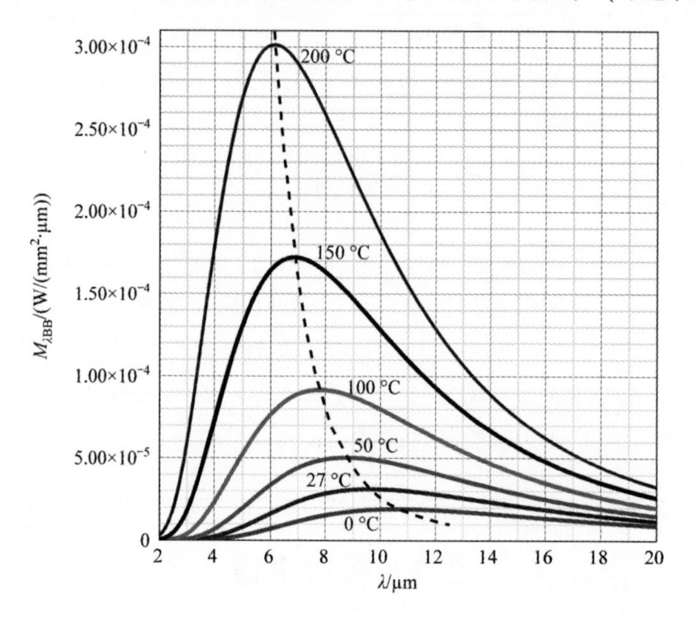

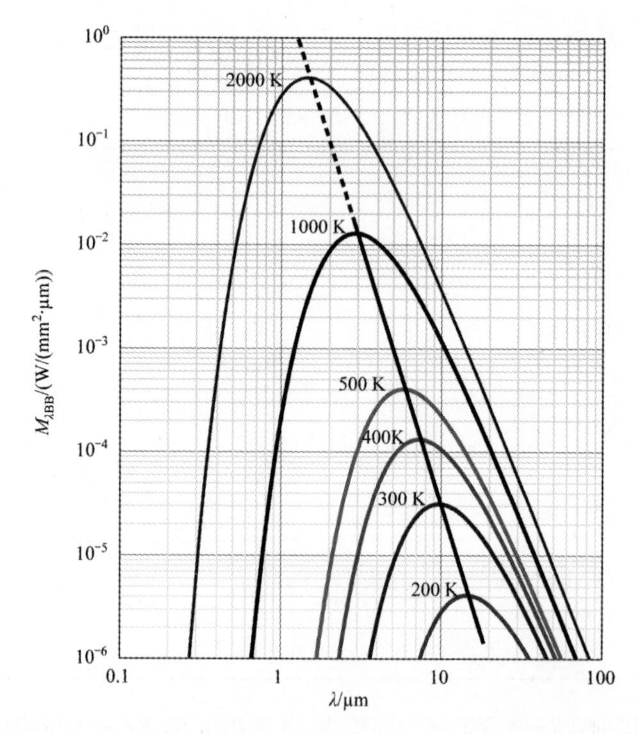

图 2. 3. 1 普朗克辐射定律线性表示和双对数表示（虚线标出了维恩位移定律）

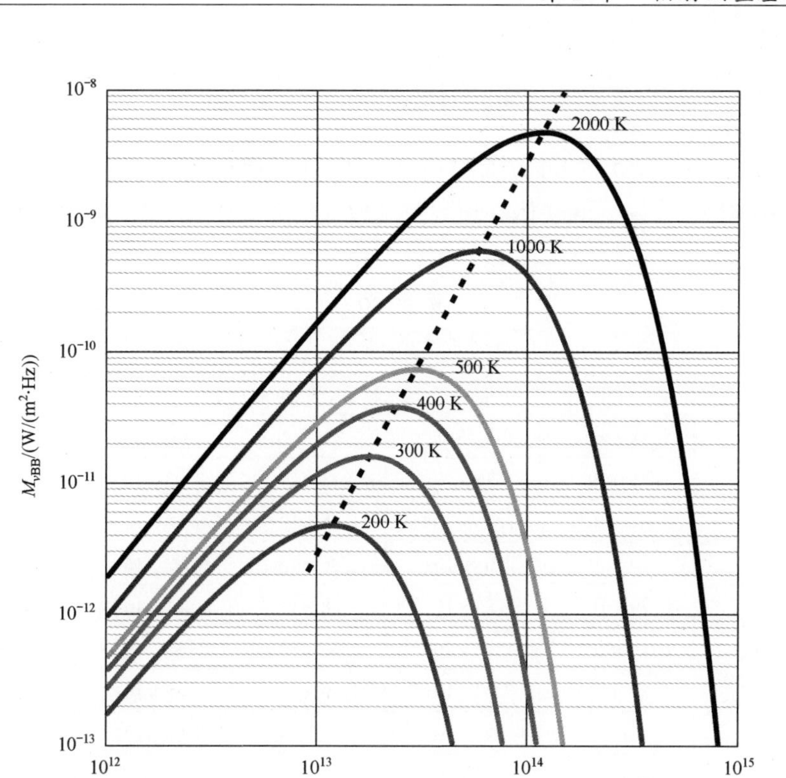

图 2. 3. 2　普朗克辐射定律与频率（虚线表示维恩位移定律）

对普朗克辐射定律进行积分，并代入光谱发射率 ε_λ，可以得到在规定的波长 $\lambda_1 \sim \lambda_2$（图 2. 3. 3 和表 2. 3. 2）任何辐射体的辐射出射度：

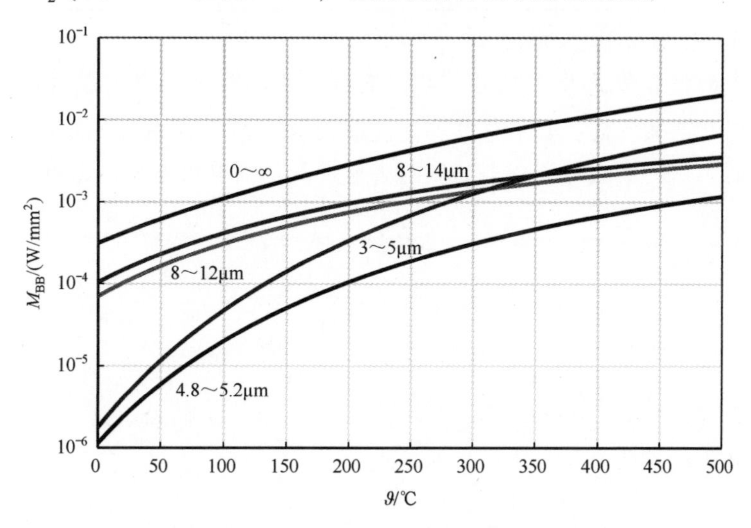

图 2. 3. 3　不同波长范围内黑体的辐射出射度

$$M = \int_{\lambda_1}^{\lambda_2} \varepsilon_\lambda \frac{c_1}{\lambda^5} \frac{1}{e^{\frac{c_2}{\lambda T}} - 1} d\lambda \qquad (2.3.7)$$

利用式（2.3.7），可以在任何波长范围内进行数值求解。对于总辐射（λ_1 =0 至 λ_2 = ∞）和灰体（斯忒藩－玻耳兹曼定律），有一种已知的独立的求解方法：

$$M = \varepsilon \sigma T^4 \qquad (2.3.8)$$

表 2.3.2　不同波长范围内黑体的辐射出射度

ϑ/℃	M_{BB}/(W/mm²)				
	0 ~ ∞	3 ~ 5μm	4.8 ~ 5.2μm	8 ~ 12μm	8 ~ 14μm
0	3.16×10^{-4}	1.76×10^{-6}	1.13×10^{-6}	7.03×10^{-5}	1.04×10^{-4}
10	3.64×10^{-4}	2.70×10^{-6}	1.65×10^{-6}	8.53×10^{-5}	1.25×10^{-4}
20	4.19×10^{-4}	4.03×10^{-6}	2.36×10^{-6}	1.02×10^{-4}	1.47×10^{-4}
30	4.79×10^{-4}	5.86×10^{-6}	3.28×10^{-6}	1.21×10^{-4}	1.73×10^{-4}
50	6.18×10^{-4}	1.16×10^{-5}	5.96×10^{-6}	1.65×10^{-4}	2.30×10^{-4}
80	8.82×10^{-4}	2.82×10^{-5}	1.29×10^{-5}	2.45×10^{-4}	3.34×10^{-4}
100	1.10×10^{-3}	4.73×10^{-5}	2.01×10^{-5}	3.09×10^{-4}	4.16×10^{-4}
200	2.84×10^{-3}	3.37×10^{-4}	1.05×10^{-4}	7.45×10^{-4}	9.58×10^{-4}
300	6.12×10^{-3}	1.26×10^{-3}	3.09×10^{-4}	1.35×10^{-3}	1.69×10^{-3}
400	1.16×10^{-2}	3.23×10^{-3}	6.62×10^{-4}	2.08×10^{-3}	2.56×10^{-3}
500	2.03×10^{-2}	6.60×10^{-3}	1.17×10^{-3}	2.90×10^{-3}	3.54×10^{-3}

例 2.4　辐射出射度曲线。

下面将分析波长 λ 从 $0 \sim \lambda_{max}$ 范围内的辐射出射度到底占多少比例。这个问题是相关的，如果计算特定波长的探测器元件中可见光或有效红外辐射的比例。探测器检测到的辐射出射度与总辐射出射度之比为

$$R = \frac{\int_0^{\lambda_{max}} \frac{c_1}{\lambda^5} \frac{1}{e^{\frac{c_2}{\lambda T}} - 1} d\lambda}{\int_0^{\infty} \frac{c_1}{\lambda^5} \frac{1}{e^{\frac{c_2}{\lambda T}} - 1} d\lambda} \qquad (2.3.9)$$

式（2.3.9）中分母的解对应于式（2.3.8）中的斯忒藩－玻耳兹曼定律。只能近似地计算分子。代入下式

$$x = \frac{c_2}{\lambda T} \qquad (2.3.10)$$

并且使用

$$\mathrm{d}\lambda = -\frac{c_2}{\lambda^2 T}\mathrm{d}x \tag{2.3.11}$$

由此可得分子的积分为

$$\int_0^{\lambda_{\max}} \frac{c_1}{\lambda^5} \frac{1}{\mathrm{e}^{\frac{c_2}{\lambda T}} - 1}\mathrm{d}\lambda = -\frac{c_1 T^4}{c_2^4}\int_{x_1}^{x_2} \frac{x^3}{\mathrm{e}^x - 1}\mathrm{d}x \tag{2.3.12}$$

对于积分的极限，它意味着

$$x_1 = \infty \tag{2.3.13}$$

并且根据式（B.62），可得

$$x_2 = \frac{c_2}{\lambda_{\max} T} = 4.965 \tag{2.3.14}$$

应用式（2.3.10）和式（2.3.8）的斯忒藩－玻耳兹曼定律，可使式(2.3.9）写为

$$R = \frac{15}{\pi^4}\int_{x_2}^{x_1} \frac{x^3}{\mathrm{e}^x - 1}\mathrm{d}x \tag{2.3.15}$$

由于 x 总是大于 x_2，所以可以忽略分母中的 1：

$$\int_{x_2}^{x_1} \frac{x^3}{\mathrm{e}^x - 1}\mathrm{d}x \approx \int_{x_2}^{x_1} x^3 \mathrm{e}^{-x}\mathrm{d}x \tag{2.3.16}$$

由此产生的偏差小于1%。式（2.3.16）中积分的解则可以在合适的积分表[3]中直接查到：

$$\int x^3 \mathrm{e}^{-x}\mathrm{d}x = -\mathrm{e}^{-x}(x^3 + 3x^2 + 6x + 6) \tag{2.3.17}$$

对于上限 $x_1 = \infty$，导致积分结果为零。因此，计算结果变为

$$R = 0.250 \tag{2.3.18}$$

这意味着25%的发射功率低于最大波长，75%的发射功率高于最大波长，如图 2.3.4 所示。此值与发射体的温度无关。

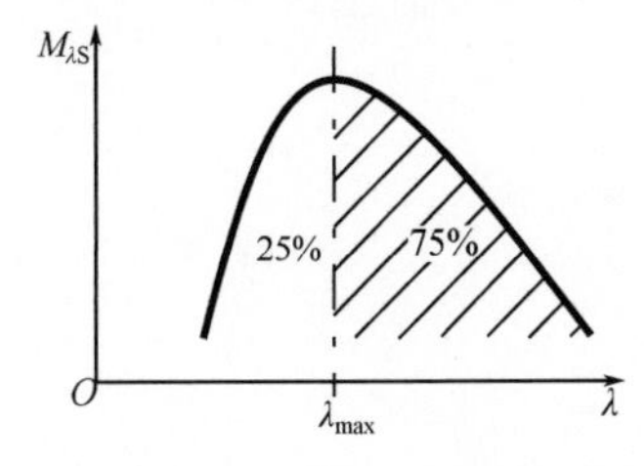

图 2.3.4　发射功率与最大辐射波长的关系

参考文献

[1]Glaser, W. (1997) Photonik f€ur Ingenieure (Photonics for Engineers), Verlag Technik, Berlin.

[2] Hecht, E. (2003) Optics, Addison - Wesley, Reading.

[3] Bronstein, I. N. , Semendyayev, K. A. , musiol, G. and Muehlig, H. (2002) Handbook of Mathematics, Springer - Verlag, Berlin.

第 3 章　光度学基础

热红外探测器的输入信号是物体发出的辐射。探测器接收的辐射功率取决于光学几何成像关系。下面将介绍描述这些成像关系的立体角和光度学定律。

3.1　立体角

3.1.1　定义

立体角提供了点源的精确描述，因此是对辐射传播的适当描述。它被定义为球面面积 A_S 与该球体半径 r 平方的关系，因为它限制了传播空间（图3.1.1）：

$$\Omega = \frac{A_S}{r^2}\Omega_0 \tag{3.1.1}$$

立体角的单位制为球面度（sr）

$$\Omega_0 = 1\text{sr} = \frac{1\text{m}^2}{1\text{m}^2} \tag{3.1.2}$$

一个球面度表示从单位球面（$r = 1\text{m}$）上画出 1m^2的面积。面积的形式可以是任意的。相同的面积，不同的形式，立体角总是相同。立体角的单位（sr 或 Ω_0）是 1，原则上可以去掉。然而，提供该单位以保存物理引用之便是合理的。

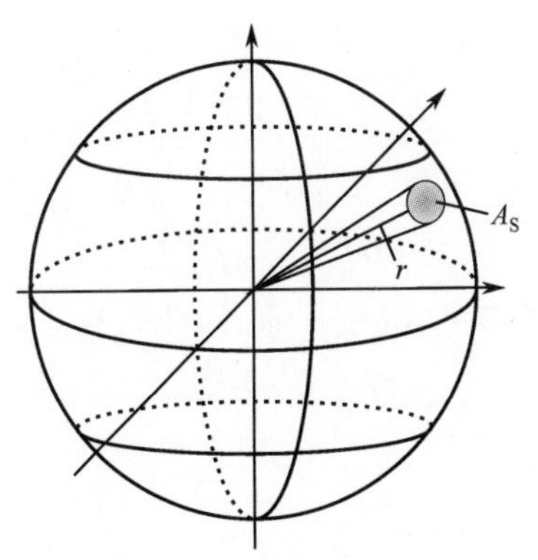

图 3.1.1　立体角的定义

应用式（3.1.1），可使用以下公式计算整个球体的最大立体角：

$$A_{\mathrm{Sfullsphere}} = 4\pi r^2 \tag{3.1.3}$$

因此

$$\Omega_{\max} = 4\pi \mathrm{sr} = 4\pi\Omega_0 \tag{3.1.4}$$

这样对于半球空间，立体角为

$$\Omega_{\mathrm{HS}} = 2\pi\Omega_0 \tag{3.1.5}$$

3.1.2 立体角的计算

3.1.2.1 直角圆锥

在直角圆锥上切割出一个高度 h 和面积 A_{CC} 的球冠，与球体一致（图 3.1.2）。右侧圆锥的立体角 Ω_{CC} 计算如下：

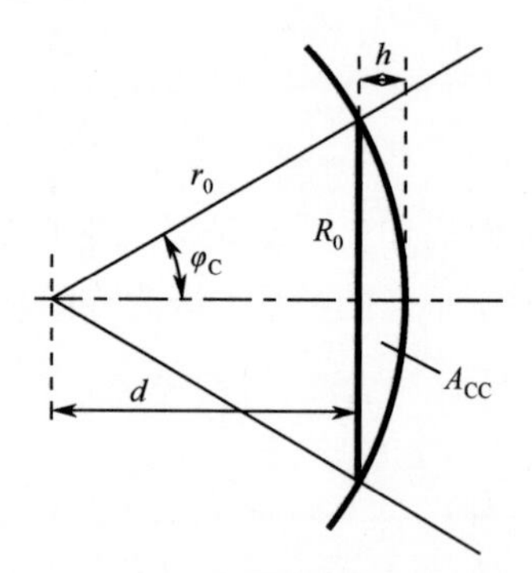

图 3.1.2 直接圆锥的立体角

$$A_{\mathrm{CC}} = 2\pi r_0 h \tag{3.1.6}$$

$$h = r_0(1 - \cos\varphi_{\mathrm{C}}) \tag{3.1.7}$$

$$\Omega_{\mathrm{CC}} = 2\pi(1 - \cos\varphi_{\mathrm{C}})\Omega_0 \tag{3.1.8}$$

或者

$$\Omega_{\mathrm{CC}} = 4\pi \sin^2 \frac{\varphi_{\mathrm{C}}}{2}\Omega_0 \tag{3.1.9}$$

例如，当视场为 120°，即 $\varphi_{\mathrm{C}} = 60°$ 时，立体角的计算结果为

$$\Omega_{\mathrm{CC}} = \pi\Omega_0 \tag{3.1.10}$$

对于更小的角度，意味着 $\sin\varphi_{\mathrm{C}} \approx \varphi_{\mathrm{C}}$，此时有

$$\Omega_{\mathrm{CC}} = \pi\varphi_{\mathrm{C}}^2\Omega_0 \tag{3.1.11}$$

代入

$$\cos\varphi_{\mathrm{C}} = \sqrt{1 - \sin^2\varphi_{\mathrm{C}}} \tag{3.1.12}$$

并且

$$\sin\varphi_C = \frac{R_0}{r_0} \tag{3.1.13}$$

在式（3.1.8）中，得到直角圆锥的立体角为

$$\Omega_{CC} = 2\pi\left[1 - \sqrt{1 - \left(\frac{R_0}{r_0}\right)^2}\right] \tag{3.1.14}$$

因此，直角圆锥的立体角也称为标准立体角。

许多计算场合要求使用微分立体角 $\frac{d\Omega_{CC}}{d\varphi_C}$，利用式（3.1.8）推导其计算公式：

$$d\Omega_{CC} = 2\pi\sin\varphi_C d\varphi_C \Omega_0 \tag{3.1.15}$$

3.1.2.2　任意面积

空间中任意面积 A 的立体角 Ω 为：A 在单位球面上的中心投影面积，除以单位半径（图 3.1.3）：

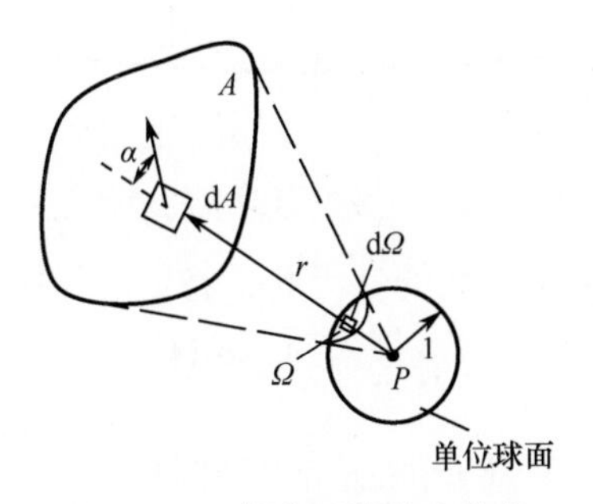

图 3.1.3　任意面积的立体角

$$\frac{dA\cos\alpha}{d\Omega} = \frac{r^2}{1^2} \tag{3.1.16}$$

或者

$$d\Omega = \frac{dA\cos\alpha}{r^2} \tag{3.1.17}$$

这样就可以推导出立体角：

在球面坐标系中

$$\Omega = \int_A \frac{\cos\alpha}{r^2} dA \tag{3.1.18}$$

在笛卡儿坐标系中

$$\Omega = \iint \frac{\cos\alpha}{r^2(x,y)} dx dy \tag{3.1.19}$$

在极坐标系中

$$\Omega = \iint \sin\gamma \mathrm{d}\gamma \mathrm{d}\varphi \tag{3.1.20}$$

式中：γ 为面元相对于 $+z$ 轴的角度；φ 为面元相对于 $+x$ 轴的角度（图 3.1.4）。

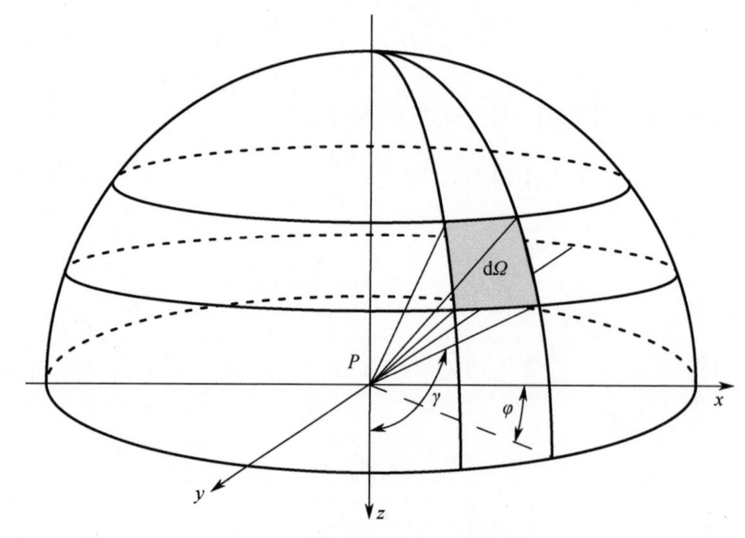

图 3.1.4　极坐标系中的立体角

将立体角表示为矢量是有利的。因此，将 r 代入式（3.1.18），可得

$$\Omega = \int_A \frac{r\cos\alpha \mathrm{d}A}{r^3} \tag{3.1.21}$$

在分子中，可以求出矢量 $\boldsymbol{r}$ 和 $\mathrm{d}\boldsymbol{A}$ 的标量积：

$$\Omega = \int_A \frac{\boldsymbol{r}\mathrm{d}\boldsymbol{A}}{r^3} \tag{3.1.22}$$

或者

$$\Omega = \int_A \frac{\boldsymbol{e}_{\mathrm{N}}\mathrm{d}\boldsymbol{A}}{r^2} \tag{3.1.23}$$

式中：$\boldsymbol{e}_{\mathrm{N}}$ 为 $\boldsymbol{r}$ 方向上的单位矢量。

它适用于任何坐标系的原点（图 3.1.5）

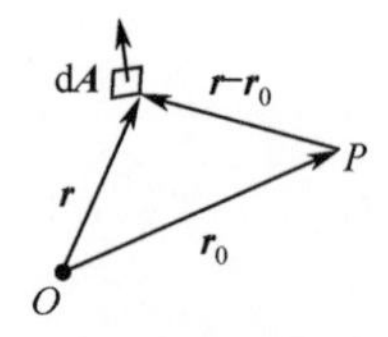

图 3.1.5　任意坐标系原点的向量

$$\Omega = \int_A \frac{(\boldsymbol{r} - \boldsymbol{r}_0)\mathrm{d}\boldsymbol{A}}{|\boldsymbol{r} - \boldsymbol{r}_0|^3} \tag{3.1.24}$$

立体 Ω 的范围为 $4\pi \sim -4\pi$，当表面法向指向空间点 P 时，立体角为负值。

对于垂直于空间轴的较小区域 A，简单的近似值通常足够：

$$\Omega \approx \frac{A}{r^2} \tag{3.1.25}$$

3.1.2.3　以距离矢量为中心的圆形区域

圆形区域的半径为 R_0，到空间点 P 的距离为 r_0，如图 3.1.6 所示。

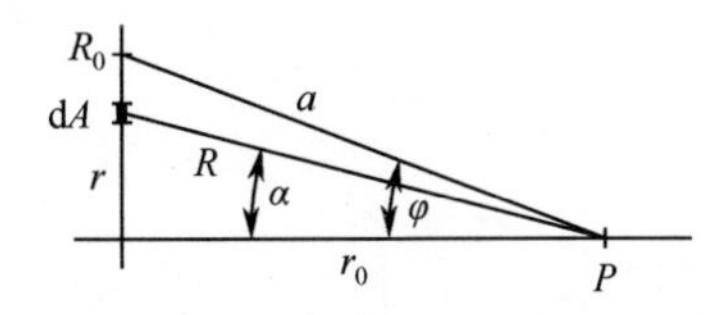

图 3.1.6　以距离矢量为中心的圆形区域

因此，对于立体角

$$\Omega = \int_A \frac{\cos\alpha \mathrm{d}A}{R^2} \tag{3.1.26}$$

并且

$$\cos\alpha = \frac{r_0}{R} \tag{3.1.27}$$

$$\cos\varphi = \frac{r_0}{a} \tag{3.1.28}$$

$$R^2 = r^2 + r_0^2 \tag{3.1.29}$$

$$a^2 = R_0^2 + r_0^2 \tag{3.1.30}$$

又有

$$\mathrm{d}A = 2\pi r \mathrm{d}r, 0 \leqslant r \leqslant R_0 \tag{3.1.31}$$

立体角可写为

$$\Omega = 2\pi \int_0^{R_0} \frac{r_0}{R^3} r \mathrm{d}r \tag{3.1.32}$$

$$\Omega = 2\pi r_0 \int_0^{R_0} \frac{r}{(r^2 + r_0^2)^{\frac{3}{2}}} \mathrm{d}r = -2\pi r_0 \left. \frac{1}{(r^2 + r_0^2)^{\frac{1}{2}}} \right|_0^{R_0} \tag{3.1.33}$$

$$\begin{aligned} \Omega &= 2\pi\left(1 - \frac{r_0}{(R_0^2 + r_0^2)^{\frac{1}{2}}}\right) = 2\pi\left(1 - \frac{r_0}{a}\right) \\ &= 2\pi(1 - \cos\varphi) = 4\pi\sin^2\frac{\varphi}{2} \end{aligned} \tag{3.1.34}$$

上述计算结果与直角圆锥的结果相对应（式（3.1.9））。将其投影到球体上后，假定圆形区域为已计算的球冠。计算一个区域到一个单位球体的投影通常比较容易，一个明显的例子是一个位于空间中的三角形。

3.1.2.4　空间任意位置的三角形区域

任意一个位于空间中的三角形投影到一个单位球体上，总是在球面上形成一个球面三角形（图3.1.7）。

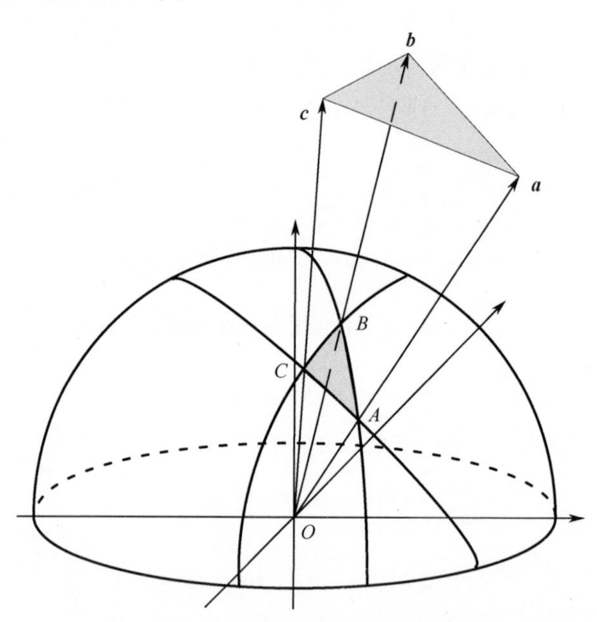

图3.1.7　平面三角形到单位球面的投影

对于球面半径为1的情况，球面三角形的面积等于要寻找的立体角：

$$\Omega_{\mathrm{DE}} = \alpha + \beta + \gamma - \pi \tag{3.1.35}$$

式中：α、β 和 γ 分别对应于球面三角形中顶点 A、B 和 C 处的角度。这些角度可以使用构成三角形的矢量 $\boldsymbol{a}$、$\boldsymbol{b}$ 和 $\boldsymbol{c}$ 来计算[1]。这使得立体角 Ω_{DE} 的关系简化如下：

$$\Omega_{\mathrm{DE}} = 2\arctan\frac{|\boldsymbol{abc}|}{abc + (\boldsymbol{ab})c + (\boldsymbol{ac})b + (\boldsymbol{bc})a} \tag{3.1.36}$$

三角计算的重要性在于，式（3.1.36）可以很容易地用数值方法进行计算，并且所有区域都可以用三角形之和来近似。

例3.1　三角形区域的立体角。

式（3.1.36）中的关系可以用一个简单的例子很容易地检验。如果构成三角形的矢量位于坐标轴上，它们在球面上切出半个球面的1/4，所以其立体角 $\Omega_{\mathrm{Quarter}} = 1/2\pi\Omega_0$。用式（3.1.36）计算如下：

$$\boldsymbol{a} = \begin{pmatrix} x_1 \\ 0 \\ 0 \end{pmatrix} \tag{3.1.37}$$

$$\boldsymbol{b} = \begin{pmatrix} 0 \\ y_1 \\ 0 \end{pmatrix} \tag{3.1.38}$$

$$\boldsymbol{c} = \begin{pmatrix} 0 \\ 0 \\ z_1 \end{pmatrix} \tag{3.1.39}$$

这三个矢量互相垂直，因此它们的标量积为零：

$$\Omega_{\text{Quarter}} = 2\arctan\left|\frac{\boldsymbol{abc}}{x_1 y_1 z_1}\right| \tag{3.1.40}$$

对于分子，可以求出矢量的行列式：

$$|\boldsymbol{abc}| = \begin{vmatrix} x_1 & 0 & 0 \\ 0 & y_1 & 0 \\ 0 & 0 & z_1 \end{vmatrix} = x_1 y_1 z_1 \tag{3.1.41}$$

这样，所要求的立体角为

$$\Omega_{\text{Quarter}} = 2\arctan 1 = \frac{\pi}{2}\Omega_0 \tag{3.1.42}$$

3.1.2.5 矩形区域

矩形区域 A 位于 xy 平面内，如图 3.1.8 所示。矩形的边长分别为 X_0 和 Y_0。点 P 位于 z 轴上，角 φ_{x0} 和 φ_{y0} 表示点 P 相对于 X_0 和 Y_0 的角度。附录 C 提供了立体角的详细计算过程。

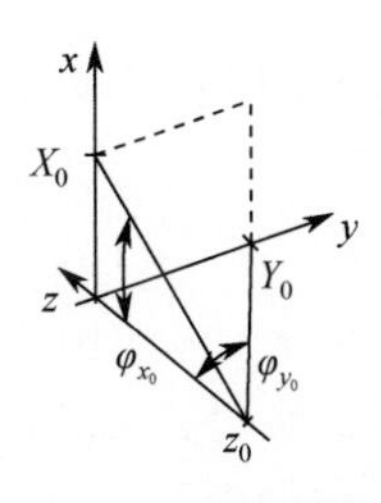

图 3.1.8 矩形区域的位置

该区域的立体角为

$$\Omega_{\text{RE}} = \arcsin\frac{X_0 Y_0}{A_X A_Y} \tag{3.1.43}$$

且

$$A_X^2 = z_0^2 + X_0^2 \tag{3.1.44}$$

$$A_Y^2 = z_0^2 + Y_0^2 \tag{3.1.45}$$

或者

$$\Omega_{\mathrm{RE}} = \arcsin\lfloor \sin\varphi_{x0}\sin\varphi_{y0} \rfloor \tag{3.1.46}$$

3.2 光度学基本定律

3.2.1 定义

对于彼此正对的面元 $\mathrm{d}A_1$ 和 $\mathrm{d}A_2$，如图 3.2.1（a）所示。

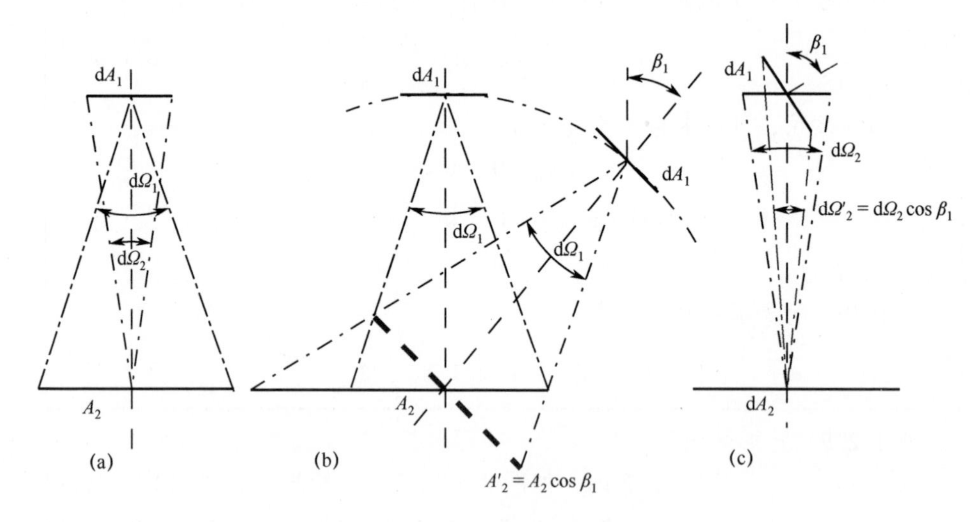

图 3.2.1 朗伯余弦定律的几何排列

（a）接收端布置；（b）接收端在单位球面上旋转；（c）发射端布置。

面元 $\mathrm{d}A_2$（发射端）发射并通过面元 $\mathrm{d}A_1$（接收端）的辐射通量 Φ_{21} 与差分立体角 $\mathrm{d}\Omega_2$ 成正比关系：

$$\mathrm{d}^2\Phi_{21} = L_2\mathrm{d}A_2\mathrm{d}\Omega_2 \tag{3.2.1}$$

如果两个区域相互平行，则微分立体角由式（3.1.15）给出：

$$\mathrm{d}^2\Phi_{21} = 2\pi\Omega_0 L_2\mathrm{d}A_2\sin\varphi\mathrm{d}\varphi \tag{3.2.2}$$

通过旋转角度 β_1 或倾斜具有恒定立体角 $\mathrm{d}\Omega_1$ 的面元 $\mathrm{d}A_1$，就可以得到一个发射端和一个接收端演绎方法（图 3.2.1（b）和（c））。从接收面元 $\mathrm{d}A_1$ 到发射端，随着角度 β_1 的增加，感知面积 A_2 变大（图 3.2.1（b））。对于与 $\mathrm{d}A_1$ 平行且距离相同的当前感知面积 A'_2，它适用于

$$A'_2 = A_2\cos\beta_1 \tag{3.2.3}$$

将上述关系代入式（3.2.1），结果为

$$d^2\Phi_{21} = L_2 dA_2 \cos\beta_1 d\Omega_2 \tag{3.2.4}$$

对于 dA_1 的旋转，发射端感知到的接收端面积越来越小，就导致接收端的立体角 Ω_2 越来越小（图 3.2.1c）：

$$\Omega'_2 = \Omega_2 \cos\beta_1 \tag{3.2.5}$$

将式（3.2.5）代入式（3.2.1），又得到式（3.2.4）。对于强度 I，它适用于

$$I = \frac{d\Phi_{21}}{d\Omega_2} = L_2 dA_2 \cos\beta_1 \tag{3.2.6}$$

式（3.2.6）也称为朗伯余弦定律。朗伯余弦定律指出，一个具有恒定辐射的面元从各个角度看起来都具有相同的“亮度”。当从上面的角度在接收端观察时，会看到发射端的更多面元，它们的强度是随视角的余弦值减小的。具有恒定辐射亮度 L 的表面，以及根据余弦定律运动的辐射，称为朗伯表面或朗伯辐射体。

例 3.2　红外探测器与角度有关的响应率。

为了测量红外探测器的响应率，它们被置于黑体前面。如果能够知道发射体温度和探测器的敏感区域以及二者之间的距离，就可以确定辐射强度。红外探测器具有由其设计决定的视场（FOV）。如果探测器和发射器表面彼此正对，则电压响应率计算结果如下（5.1 节）：

$$R_V = \frac{V_{out}}{I_0 \Omega_{FOV}} \tag{3.2.7}$$

式中：V_{out} 为探测器输出电压；I_0 为辐射强度。

如果辐射沿着角度 β_1 到达探测器，那么辐射强度变化的和响应率都将可以确定。以 I_0 为基准对辐射强度进行归一化，其变化情况如图 3.2.2 所示。

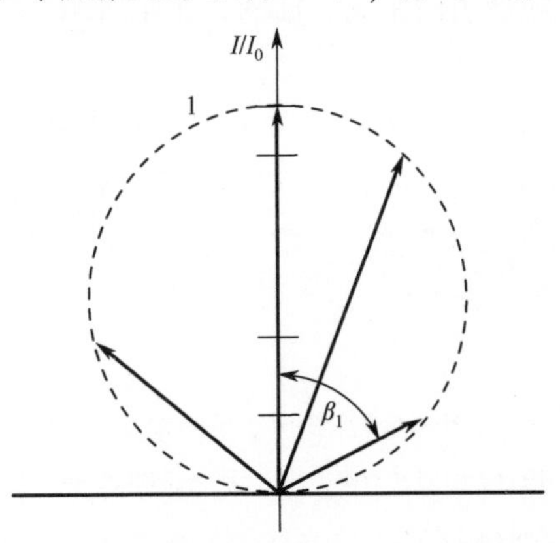

图 3.2.2　辐射强度随着倾斜角度 β_1 的变化情况

$$\frac{I}{I_0} = \cos\beta_1 \tag{3.2.8}$$

这样随着角度 β_1 的增加，所测定的响应率是随之减小的。

例 3.3 理想漫反射。

实现理想漫反射的朗伯体表面。这意味着，反射辐射的最大值总是朝表面法向，与辐射的入射角无关。反射辐射的强度再次取决于和表面法向相关的角余弦（图 3.2.3）。

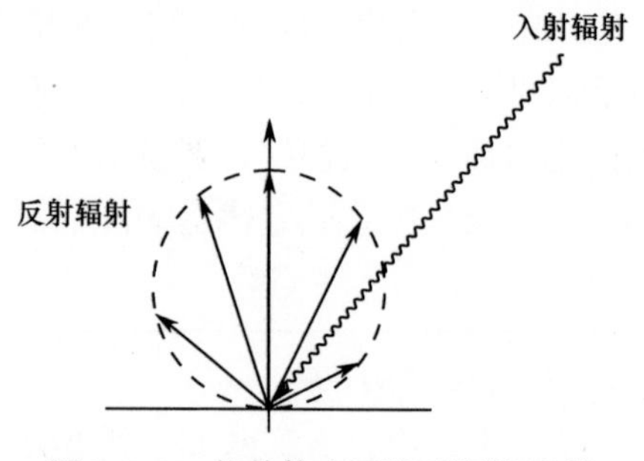

图 3.2.3 朗伯体表面的理想漫反射

如果现在允许面元 dA_2 旋转，由式（3.1.17）和式（3.2.4）可以得出光度测定的基本定律：

$$d^2\Phi_{12} = L_1 \frac{dA_1\cos\beta_1 dA_2\cos\beta_2}{r^2} \tag{3.2.9}$$

或者

$$d^2\Phi_{21} = L_2 \frac{dA_1\cos\beta_1 dA_2\cos\beta_2}{r^2} \tag{3.2.10}$$

式中：r 为两个面元之间最短的距离，如图 3.2.4 所示。

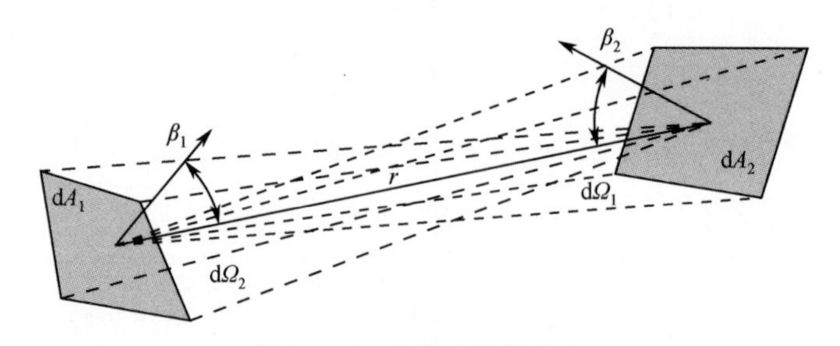

图 3.2.4 几何变量的定义

dA_1、dA_2—面元；r—两面元间距离；β_1、β_2—两面元与距离矢量的夹角。

光度学基本定律分别描述了从面元 dA_1 到面元 dA_2 的微分辐射通量 $d\Phi_{12}$ 和从面元 dA_2 到面元 dA_1 的微分辐射通量 $d\Phi_{21}$。

两面元间交换的辐射通量为

$$d^2\Phi_1 = d^2\Phi_{12} - d^2\Phi_{21} = \frac{dA_1\cos\beta_1 dA_2\cos\beta_2}{r^2}(L_1 - L_2) \qquad (3.2.11)$$

应用微分立体角的概念，式（3.2.9）和式（3.2.10）可表示为

$$d^2\Phi_{12} = L_1 dA_1\cos\beta_1 d\Omega_1 \qquad (3.2.12)$$

式中

$$d\Omega_1 = \frac{\cos\beta_2}{r^2}dA_2 \qquad (3.2.13)$$

$$d^2\Phi_{21} = L_2 dA_2\cos\beta_2 d\Omega_2 \qquad (3.2.14)$$

其中

$$d\Omega_2 = \frac{\cos\beta_1}{r^2}dA_1 \qquad (3.2.15)$$

光度学基本定律方程的基本结构如下：

$$d^2\Phi_{12} = L_1 dA_1 d\omega_1 \qquad (3.2.16)$$

式中：ω_1 为投影立体角（也称为有效立体角或加权立体角），且有

$$\omega_1 = \int_A \frac{\cos\beta_1\cos\beta_2}{r^2}dA_2 \qquad (3.2.17)$$

相应地

$$\omega_{12} = \frac{1}{A_1}\iint_{A_1 A_2} \frac{\cos\beta_1\cos\beta_2}{r^2}dA_2 dA_1 \qquad (3.2.18)$$

或者

$$\omega_1 = \int_\Omega \cos\beta_1 d\Omega_1 \qquad (3.2.19)$$

相应地

$$\omega_{12} = \frac{1}{A_1}\iint_{A_1 \Omega} \cos\beta_1 d\Omega_1 dA_1 \qquad (3.2.20)$$

投影立体角 ω_{12} 和 ω_{21} 可以相互转换：

$$\omega_{12}A_1 = \omega_{21}A_2 \qquad (3.2.21)$$

因此，交换的辐射通量变为

$$\Phi_1 = \Phi_{12} - \Phi_{21} = (L_1 - L_2)\omega_{12}A_1 = (L_1 - L_2)\omega_{21}A_2 \qquad (3.2.22)$$

式中：ω_{21} 为面元 dA_2 到面元 dA_1 上的投影立体角。

因此，形状因子通常也可表示为[2]

$$F_{12} = \frac{\omega_{12}}{\pi} \qquad (3.2.23)$$

形状因子也称为角度或交换系数，当不关心表面的辐射，而是关注其温度

时，这是非常有用的。例如，式（3.2.22）变为

$$\mathrm{d}\Phi_1 = \mathrm{d}\Phi_{12} - \mathrm{d}\Phi_{21} = \sigma(T_1^4 - T_2^4)F_{12}\mathrm{d}A_1 = \sigma(T_1^4 - T_2^4)F_{21}\mathrm{d}A_2 \tag{3.2.24}$$

例 3.4 黑体辐射亮度。

黑体的辐射出射度定义为（图 3.2.5）

$$M_{BB} = \frac{\mathrm{d}\Phi_{12}}{\mathrm{d}A_1} = L_1\omega_1 = L_1\int_\Omega \cos\beta_1 \mathrm{d}\Omega_1 \tag{3.2.25}$$

当发射端平面和接收端平面平行时，角度 β_1 、β_2 是一致的：

$$\beta = \beta_1 = \beta_2 \tag{3.2.26}$$

由式（3.1.15）定义的微分立体角可得

$$M_{BB} = 2\pi L_1 \Omega_0 \int_0^\varphi \cos\beta \sin\beta \mathrm{d}\beta \tag{3.2.27}$$

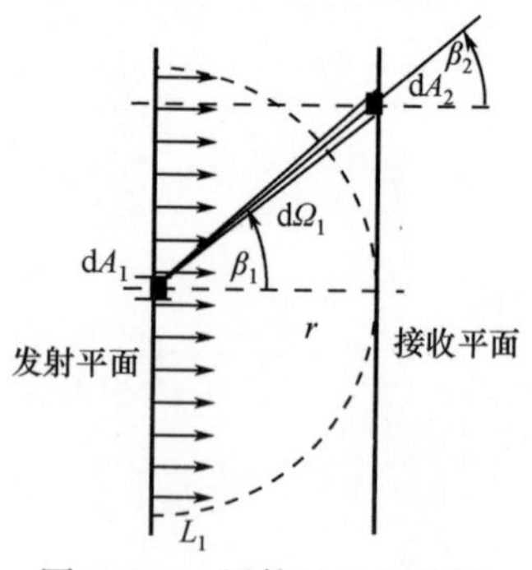

图 3.2.5 黑体的几何变量

求解上述积分，辐射出射度变为

$$M_{BB} = \pi L_1 \Omega_0 \sin^2\varphi \tag{3.2.28}$$

黑体向整个半球空间发射其辐射，即

$$\varphi = \frac{\pi}{2} \tag{3.2.29}$$

因此，可以进一步算得辐射出射度为

$$M_{BB} = \pi L_1 \Omega_0 \tag{3.2.30}$$

在此基础上，应用斯忒藩－玻耳兹曼定律

$$M_{BB} = \sigma T^4 \tag{3.2.31}$$

因此，黑体辐射亮度可以表示为温度的函数，即

$$L_1 = \frac{\sigma T^4}{\pi \Omega_0} \tag{3.2.32}$$

例 3.5　探测器像元接收的辐照度。

定义面元 dA_2 接收到的辐射照度（图 3.2.6）为

$$E = \frac{d\Phi_{12}}{dA_2} = L_1\omega_2 = L_1\int_{\Omega}\cos\beta_2 d\Omega_2 \tag{3.2.33}$$

当发射端平面和接收端平面平行时，角度 β_1、β_2 是一致的：

$$\beta = \beta_1 = \beta_2 \tag{3.2.34}$$

由式（3.1.15）定义的微分立体角可得

$$E = 2\pi L_1\Omega_0\int_0^{\varphi}\cos\beta\sin\beta d\beta \tag{3.2.35}$$

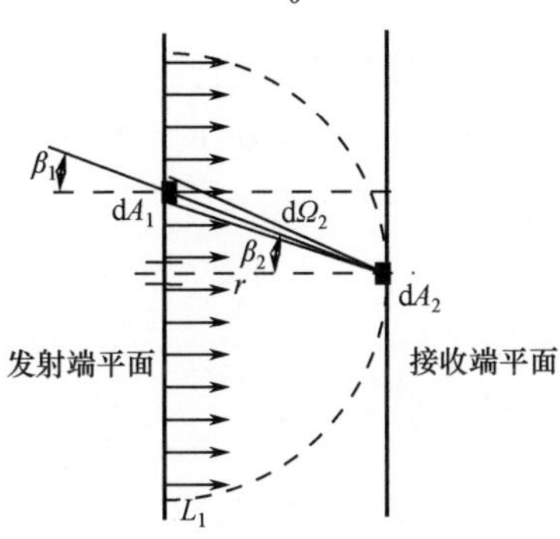

图 3.2.6　探测器像元的几何变量

求解上述积分可得

$$E = \pi L_1\Omega_0 \sin^2\varphi \tag{3.2.36}$$

或者采用辐射出射度表示为

$$E = M_S \sin^2\varphi = \sigma T^4 \sin^2\varphi \tag{3.2.37}$$

必须考虑到 φ 是探测器像元视场的一半（FOV/2）。

通过例 3.4 和例 3.5 的比较可以看出，辐射亮度和辐照度的计算结果是一致的。对于光学计算情形，一般来说，互易原理是适用的。从接收端和发射端都可以计算出投影立体角。

3.2.2　计算方法与案例

3.2.2.1　投影立体角

投影立体角的计算比立体角的计算复杂得多，因为方程中包含了一个额外的三角函数 $\cos\beta_1$。除了式（3.2.9）或式（2.3.10）的直接解外，还可以使用斯托克斯积分定理将式（3.2.9）的表面积分转化为轮廓积分[3]：

$$\omega_{12} = \frac{1}{2A_1}\oint_{C_2}\oint_{C_1}(\ln r\mathrm{d}x_1\mathrm{d}x_2 + \ln r\mathrm{d}y_1\mathrm{d}y_2 + \ln r\mathrm{d}z_1\mathrm{d}z_2) \tag{3.2.38}$$

式中：C_1、C_2分别为区域1和2的边界曲线；r为边界曲线的距离。

在文献［2］中有许多计算方法和形状因子，其中3.3节描述了不同的数值计算程序。复杂区域可以计算为不重叠的单个区域之和：

$$\omega_{12} = \sum_n \omega_{12,n} \tag{3.2.39}$$

式中：$\omega_{12,n}$ 为任意区域的投影立体角。

下面将深入研究一些对探测器技术非常重要的投影立体角。

3.2.2.2 面元与圆盘

探测器技术中的许多计算，如NETD的计算（见5.4节）都是基于图3.2.7所示的简单模型。它代表一个由黑色表面（黑体或光学设备的入口瞳孔）照亮的微小的探测器像元 $\mathrm{d}A_1$。

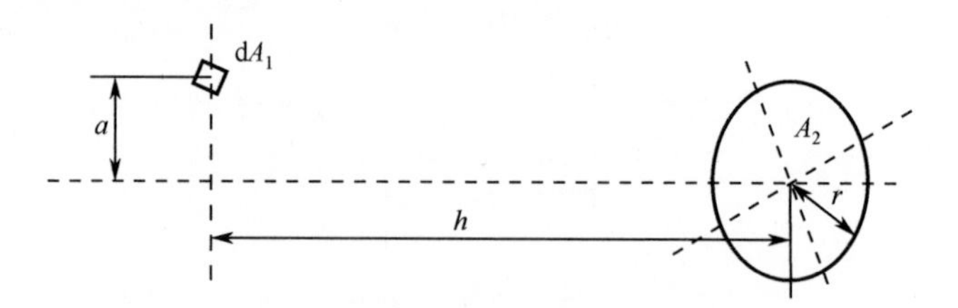

图3.2.7 面元 $\mathrm{d}A_1$ 和圆盘的相对位置关系

投影立体角为[2]

$$\omega_1 = \frac{\pi}{2}\left[1 - \frac{a^2 + h^2 - r^2}{\sqrt{(a^2 + h^2 + r^2)^2 - 4r^2a^2}}\right] \tag{3.2.40}$$

探测器像元位于圆盘中心（$a = 0$）的情况尤其重要：

$$\omega_1 = \frac{\pi r^2}{h^2 + r^2} = \pi\sin^2\varphi \tag{3.2.41}$$

3.2.3节已经计算了这一重要关系。如图3.2.8所示，如果面元看到整个半空间（$\varphi = 90°$），则投影立体角 $\omega_1 = \pi$。对于真实的装置，如透镜，通常给出 f 数 F：

$$F = \frac{h}{2r} \tag{3.2.42}$$

因此，式（3.2.41）可变为

$$\omega_1 = \frac{\pi}{4F^2 + 1} \tag{3.2.43}$$

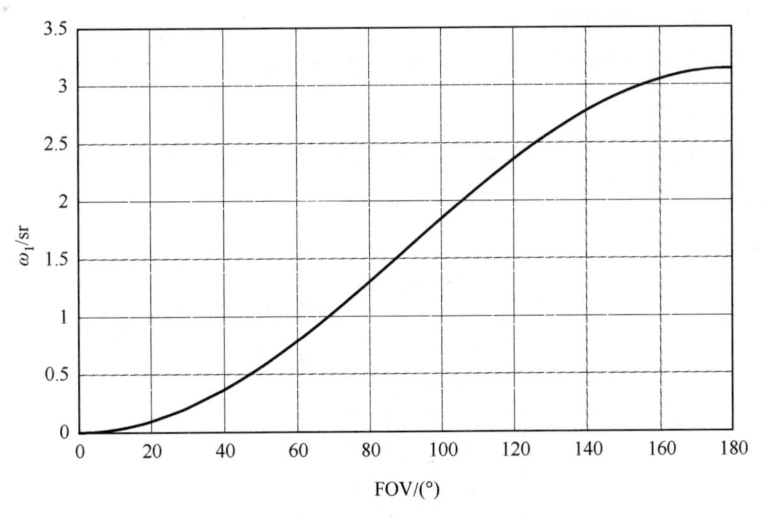

图 3.2.8　面元的投影立体角

例 3.6　测辐射热计阵列像素的投影立体角。

在探测器阵列中，除了中心像素外，所有像素都位于光轴之外。图 3.2.9 为投影立体角与阵列中心距离 a 的关系。最大偏差出现在阵列对角线上（表 6.6.8）：

（1）测辐射热计阵列 384×288 像素，像素间距为 35 μm：阵列尺寸为 13.44mm×10.08mm；对角线长度 $2a$ = 6.8mm；

（2）测辐射热计阵列 640×480 像素，像素间距为 25 μm：阵列尺寸为 16.0mm×12.0mm；对角线长度 $2a$ = 20.0mm。

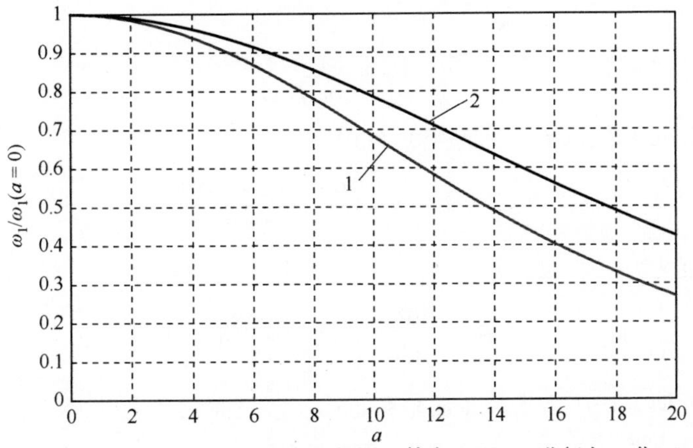

图 3.2.9　面元相对于阵列中心距离的投影立体角，以 ω_1 进行归一化（a = 0）

1—r = 9mm，h = 18mm（F = 1）；2—r = 9mm，h = 25mm（F = 1.4）

3.2.2.3 自然渐晕

在光学中，自然渐晕是指减少图像边缘的辐照度。在光度测定中，用4次余弦定律进行描述。

图3.2.10为需要计算的空间关系。面元 $\mathrm{d}A_2$ 位于与面元 $\mathrm{d}A_1$ 距离 r_0 处。角度 β_1 、β_2 是一致的：

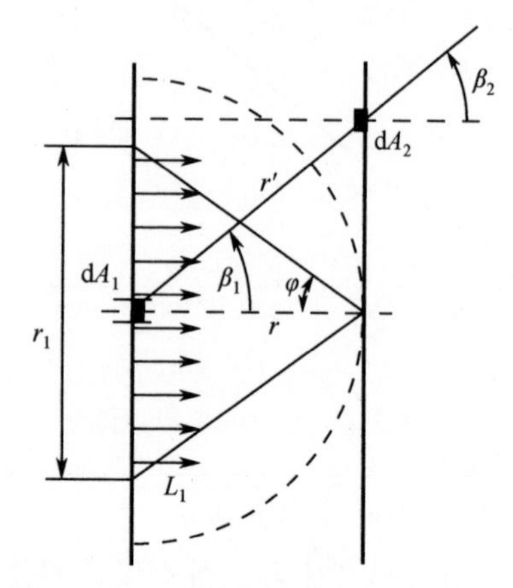

图3.2.10 计算自然渐晕的几何关系

$$\beta = \beta_1 = \beta_2 \tag{3.2.44}$$

因此，光度学基本定律可以写为

$$\mathrm{d}^2\Phi_{12} = L_1 \frac{\mathrm{d}A_1 \mathrm{d}A_2 \cos^2\beta}{r'^2} \tag{3.2.45}$$

由于

$$r = \frac{r'}{\cos\beta} \tag{3.2.46}$$

将式（3.2.46）代入式（3.2.45）可得

$$\mathrm{d}^2\Phi_{12} = L_1 \frac{\mathrm{d}A_1 \mathrm{d}A_2 \cos^4\beta}{r^2} \tag{3.2.47}$$

辐照度为

$$E = \frac{\mathrm{d}\Phi_{12}}{\mathrm{d}A_2} = L_1 \int_{A_1} \frac{\cos^4\beta}{r^2} \mathrm{d}A_1 \tag{3.2.48}$$

多种近似方法用于求解4次余弦定律。假设面元 A_2 是半径为 r 的圆形，并且与角度 β 无关：

$$A_1 = \pi r_1^2 \tag{3.2.49}$$

因此，辐照度可写为

$$E = \pi L_1 \Phi_0 \frac{r_1^2}{r^2} \cos^4\beta \approx \pi L_1 \Phi_0 \sin^2\varphi \cos^4\beta \tag{3.2.50}$$

式中：φ 为面元 A_2 在 $\beta=0$ 处的半视场。

4 次余弦定律只适用于小视场角 φ 。将式（3.2.40）应用于例 3.5，可以得到精确的公式。

3.2.2.4　两平行圆盘

图 3.2.11 为两个平行圆盘的布置示意，其中心位于同一个轴上。

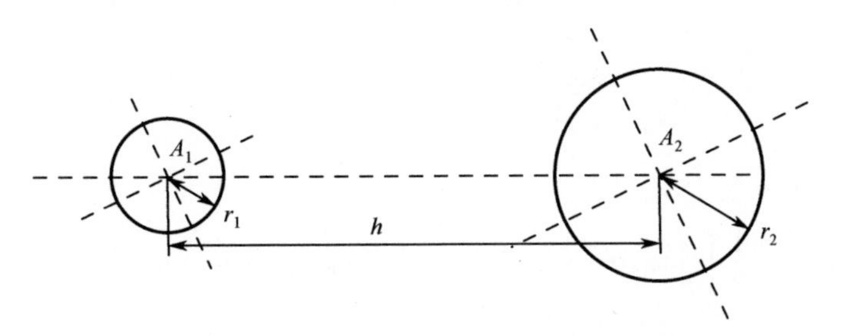

图 3.2.11　同一轴上两个平行圆盘的模型

投影立体角为[2]

$$\omega_{12} = \frac{\pi}{2}\left[X - \sqrt{X^2 - 4\left(\frac{r_2}{r_1}\right)^2}\right] \tag{3.2.51}$$

式中

$$X = 1 + \frac{h^2 + r_2^2}{r_1^2} \tag{3.2.52}$$

图 3.2.12 给出了一个案例。3.2.3 节提供了另一个案例。

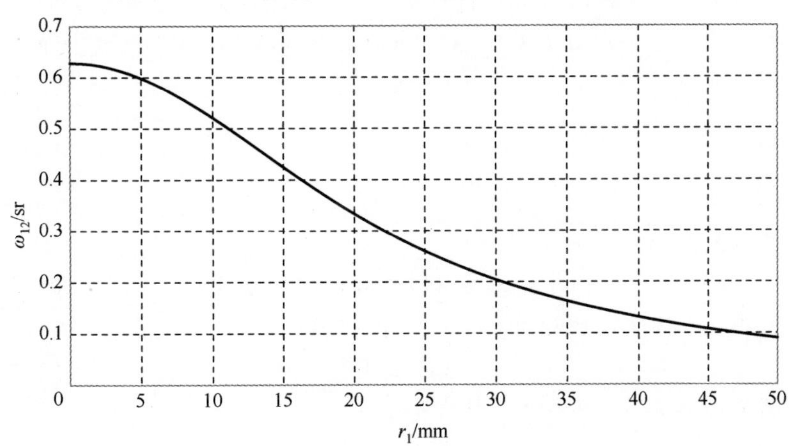

图 3.2.12　两平行圆盘的投影立体角 $r_2 = 9$mm；$h = 18$mm（$F = 1$）；对于 $r_1 = 0$，可得 $\omega_{12} = \omega_1$

3.2.2.5 面元和矩形

图3.2.13给出了面元A_1和矩形的空间位置关系。矩形的一个角位于与面元A_1（距离h）的连线上。

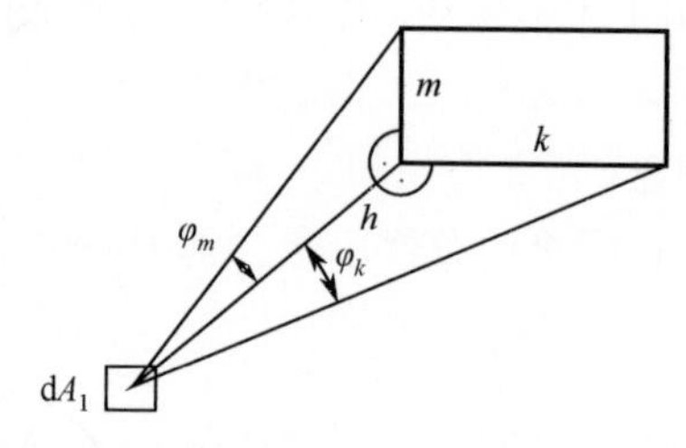

图3.2.13　面元A_1和矩形的空间位置关系

因此，投影立体角符合[4]：

$$\omega_1 = \frac{1}{2}\left[\sin\varphi_k \cdot \arctan\left(\frac{m}{k}\sin\varphi_k\right) + \sin\varphi_m \cdot \arctan\left(\frac{k}{m}\sin\varphi_m\right)\right] \tag{3.2.53}$$

式中

$$\sin\varphi_k = \frac{k}{\sqrt{k^2 + h^2}} \tag{3.2.54}$$

$$\sin\varphi_m = \frac{m}{\sqrt{m^2 + h^2}} \tag{3.2.55}$$

例3.7　正方形和圆形光栅的投影立体角。

下面将研究同样面积的矩形孔和圆形孔的投影立体角之间的差异。圆形孔的投影立体角由式（3.2.41）给出。对于光轴上带有面元A_1的方形光圈，投影立体角必须由图3.2.13所示的四个相同的正方形组成，即

$$a = m = k \tag{3.2.56}$$

和

$$\sin\varphi_a = \frac{a}{\sqrt{a^2 + h^2}} \tag{3.2.57}$$

式（3.2.35）变为

$$\omega_{1,\mathrm{Quadrat}} = 4\sin\varphi_a \arctan(\sin\varphi_a) \tag{3.2.58}$$

矩形孔和圆孔面积相同：

$$\pi r^2 = 4a^2 \tag{3.2.59}$$

将F代入式（3.2.41），则结果变为

$$\sin\varphi_a = \frac{1}{\sqrt{\frac{16}{\pi}F^2 + 1}} \tag{3.2.60}$$

图 3.2.14 显示了两个投影立体角，二者完全正对。投影立体角不取决于面积的形状，而只取决于可以从另一个面积或另一个面元（类似于立体角）看到的表面积。

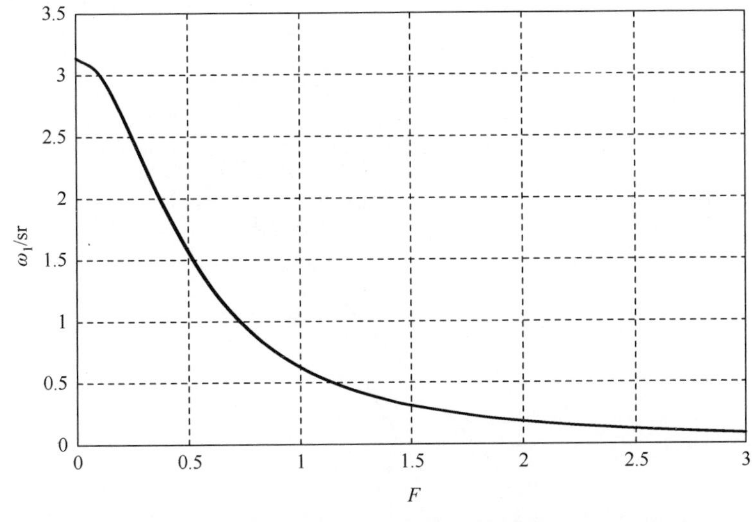

图 3.2.14　面元相对于矩形或圆形面的投影立体角（两条曲线重合）

3.2.3　投影立体角的数值计算

简单空间位置关系的投影立体角的计算，如矩形面积与错位布置的矩形面积的关系，已经产生了无法用解析方法求解的复杂积分。在传感技术中，经常需要计算探测器和发射体面积或光学器件的入口瞳孔的圆形或矩形布置。这些区域不相互接触、交叉或覆盖，并且是独立的。在这里，有限元的原理可以作为这种布置的简单数值解[3]。

微分面元 $\mathrm{d}A_{1,i}$ 相对于面元 A_2 的投影立体角可以分解为 n 个有限面元 $\Delta A_{2,j}$（图 3.2.15）：

$$\omega_{1,i} = \sum_{j=1}^{n} V_j \frac{\cos\beta_{1,ij}\cos\beta_{2,ij}}{r_{ij}^2}\Delta A_{2,j} \tag{3.2.61}$$

因子 V_j 说明面积元素 $\Delta A_{2,j}$ 是否属于面元 A_2（$V_j = 1$）或不属于（$V_j = 0$）。其优点是面元 A_2 可以有任何形式，并且整个区域可以分解为方形有限面积单元，这意味着：

列数 i = 行数 j，即有

$$n = i \cdot j \tag{3.2.62}$$

并且

$$\Delta A_{2,j} = \frac{A_2}{n'} \tag{3.2.63}$$

对于所有j，所有面元的数量为n'，并且$V_j = 1$。

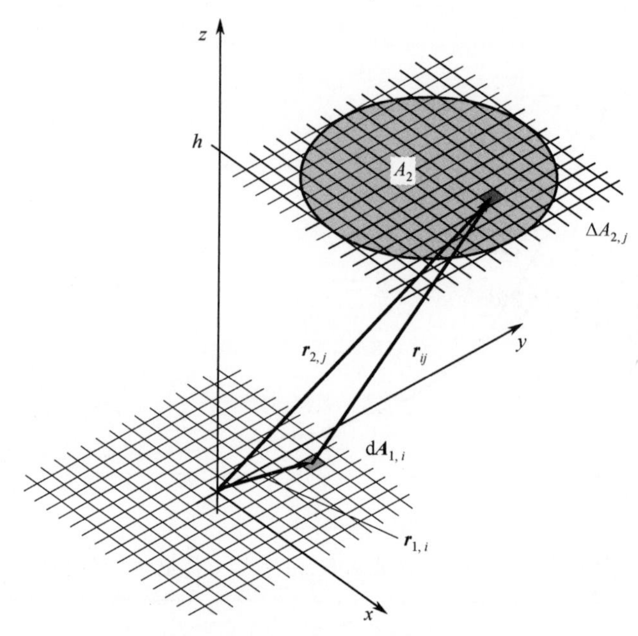

图 3.2.15　投影立体角数值解的几何关系

用矢量计算距离r_{ij}和角度β_1、β_2：

$$\boldsymbol{r}_{ij} = \boldsymbol{r}_{2,j} - \boldsymbol{r}_{1,j} \tag{3.2.64}$$

式中：$\boldsymbol{r}_{1,i}$、$\boldsymbol{r}_{2,j}$分别为面元$\mathrm{d}A_{1,i}$和$\Delta A_{2,j}$的矢量。

此外，它还适用于

$$\cos\beta_{1,ij} = \frac{\boldsymbol{r}_{ij} \cdot \boldsymbol{e}_{A,1i}}{r_{ij}} \tag{3.2.65}$$

并且

$$\cos\beta_{2,ij} = \frac{-\boldsymbol{r}_{ij} \cdot \boldsymbol{e}_{A,2j}}{r_{ij}} \tag{3.2.66}$$

式中：$\boldsymbol{e}_{A,1i}$和$\boldsymbol{e}_{A,2j}$分别为两个面元的表面法线。

如果将面元$\mathrm{d}A_{1,i}$和A_2定位在$x-y$平面上（$\mathrm{d}A_{1,i}$表示$z=0$，A_2表示$z=h$），计算就会得到简化：

$$\boldsymbol{r}_{1,i} = \begin{pmatrix} x_{1,i} \\ y_{1,i} \\ 0 \end{pmatrix} \tag{3.2.67}$$

$$\boldsymbol{r}_{2,j} = \begin{pmatrix} x_{2,j} \\ y_{2,j} \\ 0 \end{pmatrix} \tag{3.2.68}$$

$$\boldsymbol{e}_{A,1i} = \boldsymbol{e}_z \tag{3.2.69}$$

$$\boldsymbol{e}_{A,2j} = -\boldsymbol{e}_z \tag{3.2.70}$$

那么，$\beta_{1i,k}$ 和 $\beta_{2j,k}$ 也具有相同的值（平行线上的交变角），这意味着：

$$\omega_{1,i} = \frac{A_2}{n'}\sum_{j=1}^{n} V_j \frac{h^2}{[(x_{2,j}-x_{1,i})^2+(y_{2,j}-y_{1,i})^2+h^2]^2} \tag{3.2.71}$$

或者

$$\omega_{1,i} = \frac{A_2}{h^2}\frac{1}{n'}\sum_{j=1}^{n} V_j \frac{1}{\left(\frac{r_{ij}^2}{h^2}+1\right)^2} \tag{3.2.72}$$

图 3.2.16 给出了圆形区域 A_2 的面元 dA_1 相对于面元 n 的投影立体角。为了进行比较，还提供了式（3.2.43）中的精确值。对于 $n=1$，可以使用式（3.1.25）中的近似值。采用 Matlab 进行计算，所需的面元数量较低。采用目前的计算技术，对 10000 个单元的计算时间小于 1s。

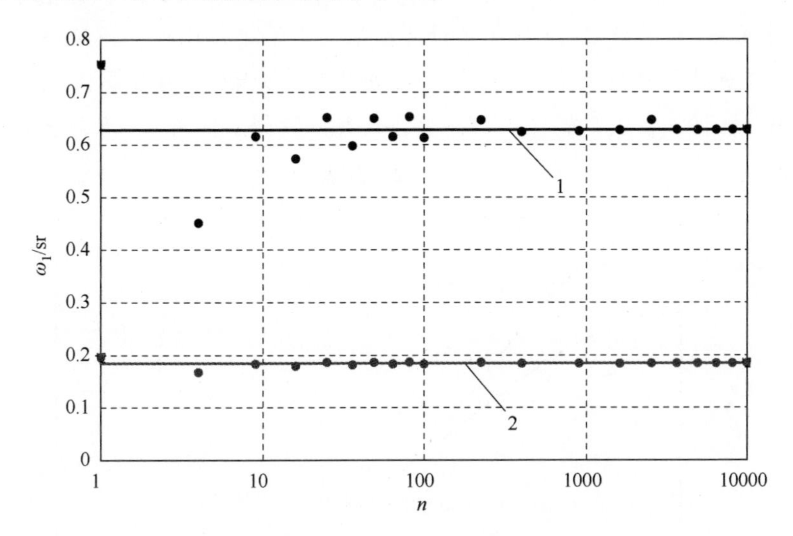

图 3.2.16　面元 dA_1 相对于圆形区域 A_2 的投影立体角

实线—精确计算；点—数值解 $x_{1,i}=y_{1,i}=0$；1—h =18mm，r = 9mm（F=1）；2—h =36mm，r = 9mm（F=2）。

面元 A_1 相对于面元 A_2 的投影立体角也可以通过将面元 A_1 分解为 m 个有限面元，并对每个面元使用上述公式进行计算：

$$\omega_{12}=\frac{1}{A_1}\sum_{i=1}^{m}\sum_{j=1}^{n}W_iV_j\frac{\cos\beta_{1,ij}\cos\beta_{2,ij}}{r_{ij}^2}\Delta A_{1,i}\Delta A_{2,j} \tag{3.2.73}$$

因子 W_i 说明面元 $\Delta A_{1,i}$ 是否属于面元 A_1（$W_i=1$）或不属于属于面元 A_1（$W_i=0$）。考虑上述条件（两面元平行），以及

$$A_1=m'\Delta A_{1,i} \tag{3.2.74}$$

式中：m' 为当 $W_i=1$ 时所有面元的数量。

因此 ω_{12} 可写为

$$\omega_{12}=\frac{A_2}{m'n'}\sum_{i=1}^{m}\sum_{j=1}^{n}W_iV_j\frac{h^2}{[(x_{2,j}-x_{1,i})^2+(y_{2,j}-y_{1,i})^2+h^2]^2} \tag{3.2.75}$$

面元 A_1 相对于面元 A_2 的投影立体角 ω_{12} 也相当于面元 $\Delta A_{1,i}$ 相对于面元 A_2 的投影立体角 $\omega_{1,i}$ 的平均值：

$$\omega_{12}=\frac{1}{m'}\sum_{i=1}^{m}W_i\omega_{1,i} \tag{3.2.76}$$

例 3.8 两平行圆盘间的投影立体角。

半径 $r_1=r_2=1\text{mm}$ 的两个圆盘彼此相对放置（图 3.2.11），二者之间的距离 $h=1\text{mm}$。使用式（3.2.73）计算与面元中心距离为 x 的相关的投影立体角 ω_{12}，图 3.2.17 给出了计算结果。为了进行比较，还提供了根据 3.2.2.2 节计算的投影立体角 ω_1。此处，假定面积 A_1 为计算面元。对于 $x=0$，根据 3.2.2.4 节（平行圆盘）计算的投影立体角 ω_{12} 推导出：

$$\omega_{12}=1.20\Omega_0 \tag{3.2.77}$$

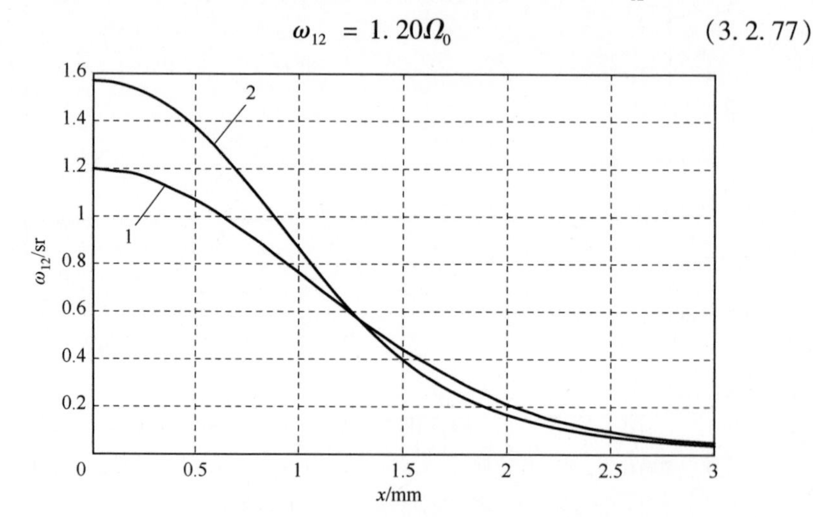

图 3.2.17 两个平行圆盘间的投影立体角 ω_{12} 随错位距离 x 的变化关系

（圆盘半径 $r_1=r_2=1\text{mm}$；$h=1\text{mm}$）

1—数值解；2—根据 3.2.2.2 节的近似值（与圆盘相关的面元 dA_1）。

参 考 文 献

[1] van Oosterom, A. and Strackee, J. (1983) The solid angle of a plane triangle. IEEE Transactions on Biomedical Engineering, BME - 30(2), 125 - 126.

[2] Siegel, R., Howell, J. R. and Lohrengel, J. (1991) W€arme€ubertragung durch Strahlung, in Teil 2: Strahlungsaustausch zwischen Oberfl€achen und in Umh€ullungen (Heat Transfer by Radiation: Radiation Exchange between Surfaces and in Covers), Springer - Verlag, Berlin.

[3] Cohen, M. F. and Wallace, J. R. (1993) Radiosity and Realistic Image Synthesis, Morgan Kaufmann Publishers, San Francisco, California.

[4] Vincent, J. D. (1989) Fundamentals of Infrared Detector Operation and Testing, JohnWiley&Sons Ltd, Chichester.

第4章 噪　　声

红外探测器的测量不确定度及其对测量参数（如辐射通量、温度等）的分辨率基本上由噪声过程决定。下面将介绍热红外探测器噪声过程的数学和物理基础。

4.1 数学基础

4.1.1 引言

当谈论噪声时，实际上是指信号的小的随机变化。它有一个不规则的、随机的时间模式，无法预测。噪声是一种随机过程。在数学上，概率分布函数和概率密度函数可以用来描述随机过程，因此噪声可以用期望值 E 和方差 σ^2 或分布 σ 来描述。将测量的噪声值插入柱状图中，可以得到一个频率分布(图4.1.1和图4.1.2)，从而用来区分连续（稳定）和离散噪声过程。

离散过程只能采用物理参数如电流噪声的整数倍的特定值，在这种情况下会出现波动，即电荷的随机产生和消失，该过程的频率遵循泊松分布(图4.1.2)。

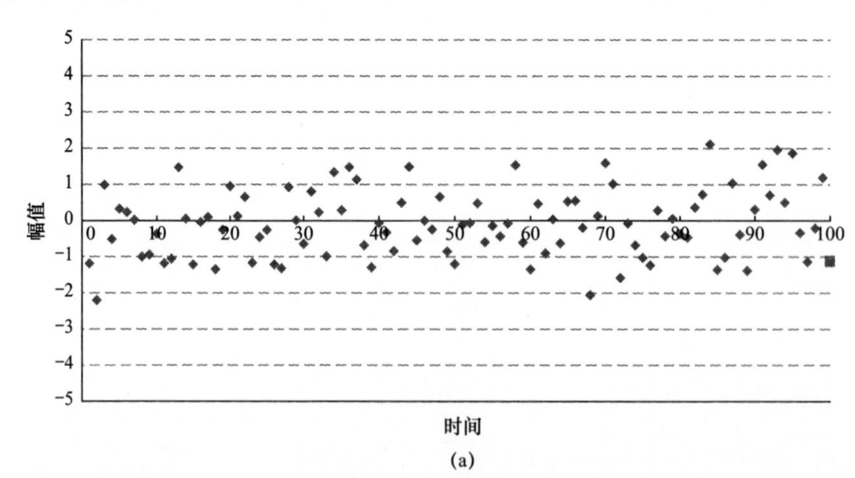

(a)

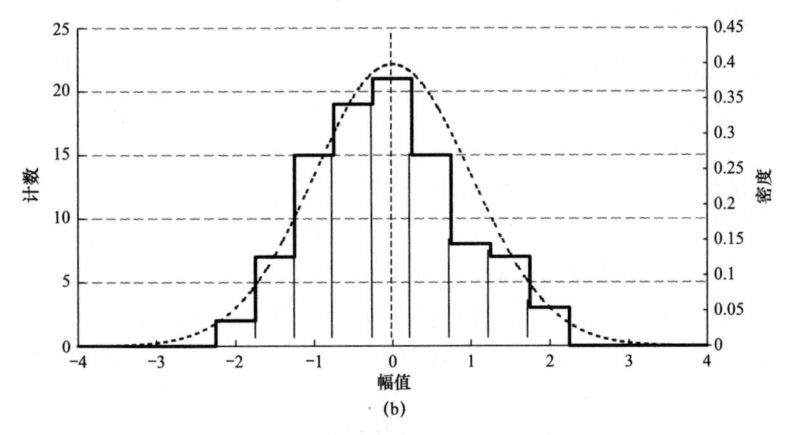

图 4.1.1 连续噪声（正态分布）

（a）100 个被测参数振幅的正态分布测量值；（b）来自图（a）的测量值的直方图（实线）和理论密度（虚线）的期望值 $E=0$，方差 $\sigma^2=1$（正态分布）。

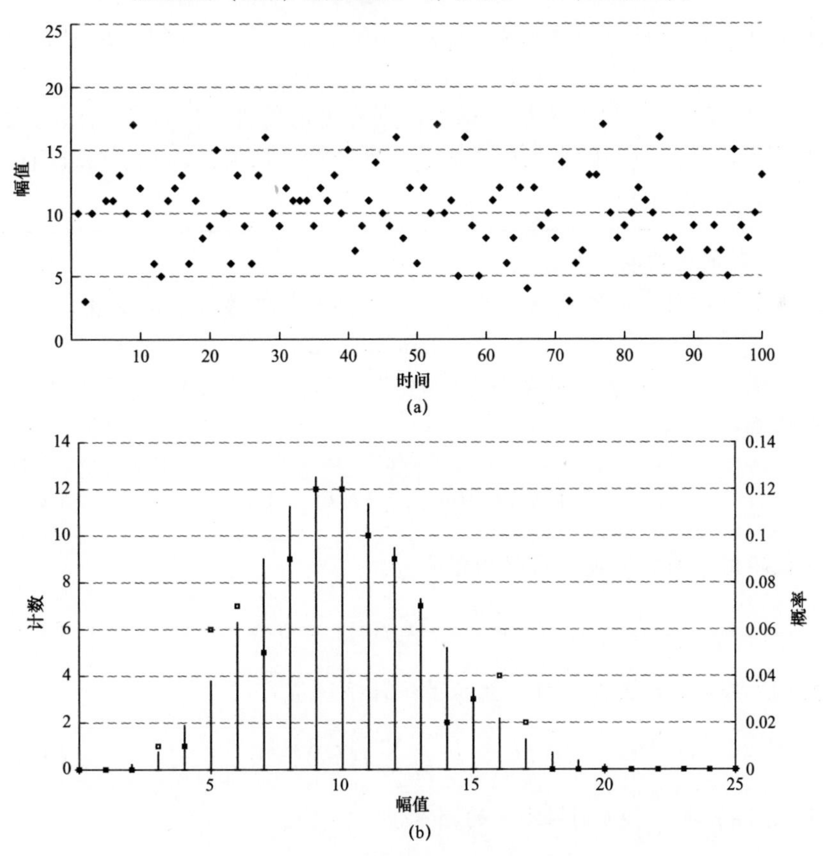

图 4.1.2 离散噪声（泊松分布）

（a）100 个泊松分布的测量值，测量参数的振幅具有离散值；

（b）来自图（a）的测量值的柱状图（方块）和理论密度函数（线），期望值 $E=10$。

当使用模/数转换器（ADC）测量噪声电压时，可得到时间和振幅离散值（数字值）。如果选择正确的ADC分辨率，则可以忽略由测量引起的振幅离散化。需要注意的是，对于测量的离散时间间隔，中间值是未知的，也就是说，两个测量点之间的振幅响应是不确定的。因此，无法连接测量点。图4.1.1和图4.1.2将测量值显示为点而不是曲线。正态分布是一个连续分布，因此图4.1.1将密度表示为一条闭合曲线。任何振幅值都是可能的，即使它没有被测量过。对于离散泊松分布，只有特定的振幅。仅为这些值标记频率（图4.1.2），没有中间值。如果使用数字值来计算连续噪声，则将采用离散分布的方法，然后将结果解释为连续现象。离散分布可以看作连续分布的一种特殊情况。

对于所有进一步的考虑，分别假定过程或信号的两个重要条件：

（1）平稳性：在测量时，如果信号的平均值是独立的，且其自相关函数仅取决于位移时间 τ ，则信号是平稳的。通过随时重复测量平均值，可以很容易地检查平稳性，且其结果必须相同。非平稳信号的例子包括接通和瞬态过程，以及随运行参数变化的过程，如温度、工作点等。

（2）遍历性：如果系统是平稳的，则称为遍历性。时间平均值与大量不同过程实现的特定时间的平均值相对应，即统计平均值，因此，检查遍历性需要大量的设备和时间。

例4.1 时间平均与统计平均。

一个随时间变化的正弦信号 $f(t)$ ，其随机振幅为 A ，随机相位为 φ ：

$$f(t) = A\sin(\omega t + \varphi) \tag{4.1.1}$$

振幅 A 和相位 φ 服从某种分布规律（$E=0, \sigma=1$）。对于时间平均，这意味着：

$$\overline{f(t)} = \lim_{T\to\infty} \frac{1}{2T}\int_{-T}^{T} f(t)\,\mathrm{d}t = 0 \tag{4.1.2}$$

对于数字信号而言，离散采样均值为

$$\overline{f(t)} = \frac{1}{N}\sum_{n=1}^{N} f(t_n) = 0 \tag{4.1.3}$$

此处，N 必须非常大。同样，意味着统计平均值为

$$\langle f_{t_x}(k) \rangle = \frac{1}{M}\sum_{m=1}^{M} f(k_m) = 0 \tag{4.1.4}$$

式中：$f_{t_x}(k)$ 为 t_x 和 k 时函数 f 的测量值。

图4.1.3说明了这种情况，可以测量从任何选定时间 t_0 开始的任何进程的时间平均值。统计平均值也可以通过在任意时刻 t_x 测量 M 次过程进行

计算，M 必须很大。

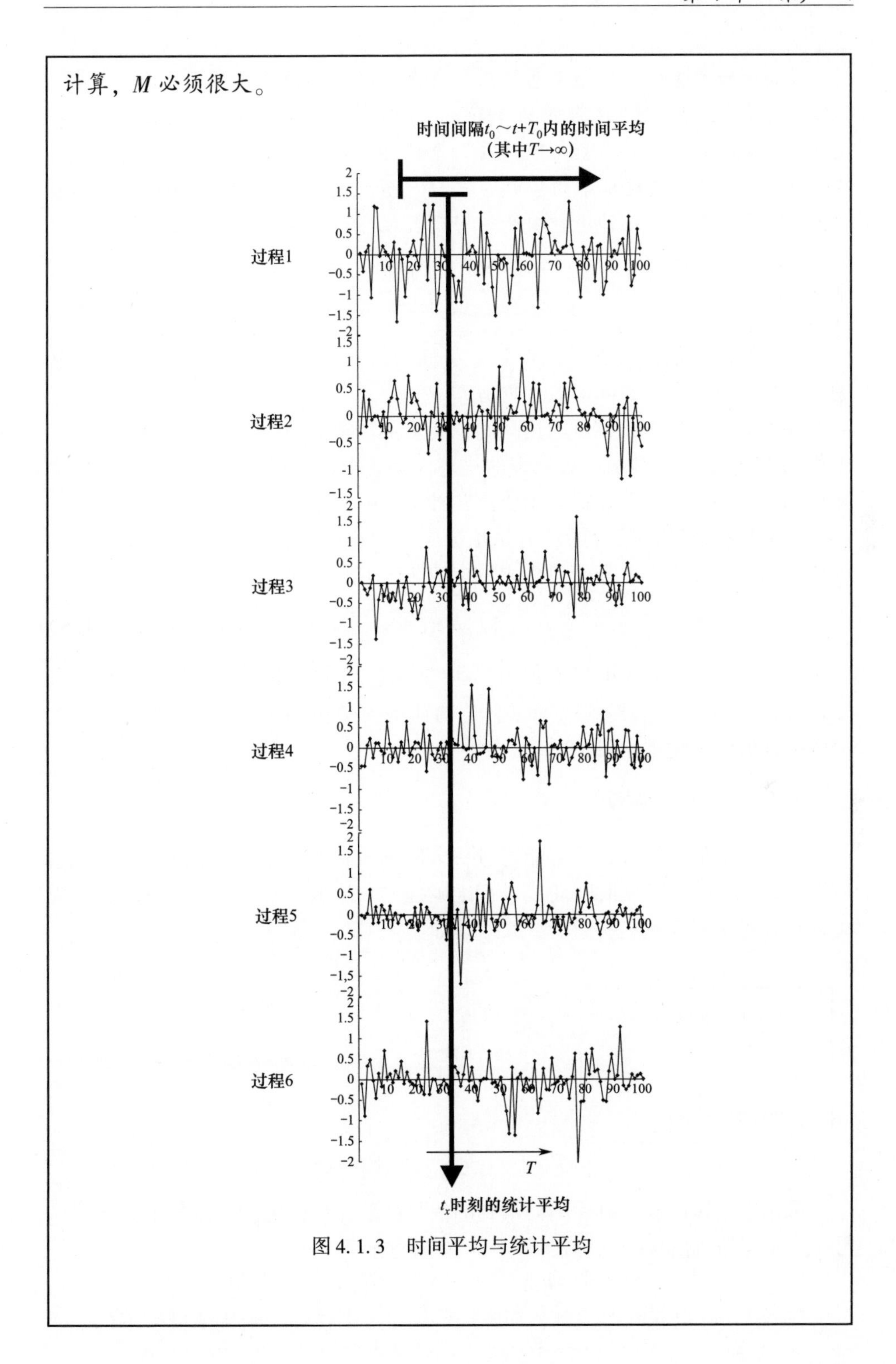

图 4.1.3　时间平均与统计平均

如下面测量电阻的噪声电压示例所示，确定统计平均值需要大量的设备。对于小波段测量（带宽为 1Hz），可以根据式（4.1.1）获得测量信号，如图 4.1.3 所示。现在可以在一个电阻上根据式（4.1.3）测量时间平均值。为了确定统计平均值，需要 M 个类似的电阻，如 $M=1000$。使用 M 个测量装置，现在将同时测量 t_x 时的振幅。图 4.1.3 显示了 6 次测量结果。现在可以用式（4.1.4）计算统计平均值，统计平均值和时间平均值应该相同。

需要注意的是，对于平稳性和遍历性的检验，上述平均值的检验是不够的，还必须分析高阶瞬间参数，如方差。

除了概率函数外，还可以用时间、相关函数和谱函数来描述噪声。在电气工程/电子技术中，谱函数对噪声的描述尤为重要，因为它是计算和模拟电子元件和电路的基础。下面将介绍所有四种可能的信号描述。

功率是描述随机信号的所有选项的中心。在电阻 R 中转换的功率 P 是由施加在电阻上的电压 V 和流过电阻的电流 I 产生的，其可表示为

$$P = VI = RI^2 = \frac{V^2}{R} \tag{4.1.5}$$

实际上，通常只用电流 I^2 或电压 V^2 来描述功率。由此定义的功率单位分别是 V^2 或者 A^2。为了得到物理意义上的功率（单位为 W），可以将电压和电流的平方值归一化到电阻 1Ω。

4.1.2 时间函数

对于一个随机信号，不可能通过一个确定的时间函数进行描述，只有在事后进行测量，才能对其时间曲线进行准确描述。认识到这一点非常重要的，因为这正是传统测量系统所做的，其原理如图 4.1.4 所示。

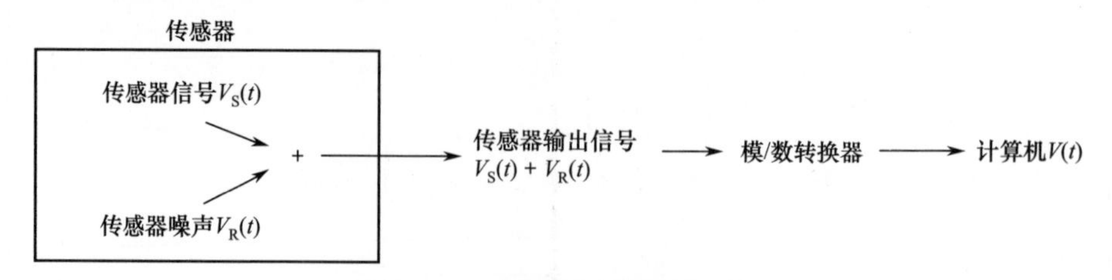

图 4.1.4 典型探测器测量系统

采用模数转换器可将探测器得到的信号读取计算机中，该信号由探测器信号 $V_S(t)$ 与随机信号（探测器噪声）$V_R(t)$ 叠加而成：

$$V(t) = V_S(t) + V_R(t) \tag{4.1.6}$$

信号 $V_S(t)$ 是正在寻找的，而噪声电压 $V_R(t)$ 是一个干扰变量，不包含任

何测量信息，因此必须消除。计算机提供数字化的测量信号为

$$V(t) = \sum_{n=1}^{N}[V_S(t_n) + V_R(t_n)] \tag{4.1.7}$$

由于只研究噪声，因此假设信号 $V_S(t)$ 是确定、已知的，因此可以从测量值中减去噪声，其结果就是要研究的噪声电压：

$$V_R(t) = V(t) - V_S(t) \tag{4.1.8}$$

下面将描述用于描述随机信号的参数。对于一般的信号函数 f，可以分别采用电压 V 和电流 I 描述。

4.1.2.1　均值

时间均值描述信号的偏移量，对应的是期望值：

$$\overline{f(t)} = \lim_{T\to\infty}\frac{1}{2T}\int_{-T}^{T}f(t)\,\mathrm{d}t = 0 \tag{4.1.9}$$

或者

$$\overline{f(t)} = \frac{1}{N}\sum_{n=1}^{N}f_n \tag{4.1.10}$$

式中：f_n 为相应采样时间 t_n 时的函数，且有

$$f_n = f(t_n) \tag{4.1.11}$$

4.1.2.2　均方值

根据式（4.1.5），均方值对应于信号的功率：

$$\overline{f^2(t)} = \lim_{T\to\infty}\frac{1}{2T}\int_{-T}^{T}f^2(t)\,\mathrm{d}t \tag{4.1.12}$$

或者

$$\overline{f^2(t)} = \frac{1}{N}\sum_{n=1}^{N}f_n^2 \tag{4.1.13}$$

在电气工程中，均方值的平方根，即均方根（RMS）尤为重要，因为该参数可用于比较噪声信号和探测器信号：

$$\tilde{f} = f_{\text{rms}} = \sqrt{\overline{f^2(t)}} \tag{4.1.14}$$

4.1.2.3　方差

方差是对偏离平均值的度量：

$$\sigma^2 = \overline{f^2(t)} - \overline{f(t)}^2 = \overline{(f(t) - \overline{f(t)})^2} \tag{4.1.15}$$

或者

$$\sigma^2 = \frac{1}{N}\sum_{n=1}^{N}(f_n - \overline{f(t)})^2 \tag{4.1.16}$$

由于差异具有二次性，较大的偏差对方差的影响比较小的偏差大得多。方

差的平方根是一种分布。对于均值为零的情况，方差对应于均方根，从而对应于噪声信号的功率。对于测量信号，方差的计算公式如下：

$$\sigma^2 = \frac{1}{N}\sum_{n=1}^{N} f_n^2 - \left(\frac{1}{N}\sum_{n=1}^{N} f_n\right)^2 \tag{4.1.17}$$

式（4.1.17）的优点是它不需要保存所有单独的测量值，只需要保存当前测量值及其平方值的和。

4.1.3 概率函数

无法准确预测随机信号的函数值，但可以在特定的区间（$x_0;x_1$）和特定时间内描述其函数值出现的概率：

$$P(x_0 \leqslant x \leqslant x_1) = \int_{x_0}^{x_1} w(x)\,\mathrm{d}x \tag{4.1.18}$$

概率密度函数 $w(x)$ 描述了函数值 x 的概率分布。此处，所有事件100%发生，即最大概率 $w(x)$ 的必要条件为

$$\int_{-\infty}^{+\infty} w(x)\,\mathrm{d}x = 1 \tag{4.1.19}$$

概率密度可用于计算概率分布函数：

$$W(x) = P(x \leqslant x_0) = \int_{-\infty}^{x_0} w(x)\,\mathrm{d}x \tag{4.1.20}$$

对于离散随机变量，概率分布函数同样适用：

$$W(x) = P(x \leqslant x_0) = \sum_{k=1}^{x_0} p_k \tag{4.1.21}$$

考虑条件

$$\sum_k p_k = 1 \tag{4.1.22}$$

独立概率为

$$p_k = P(x_k) \tag{4.1.23}$$

期望值 E 和方差 σ^2 是描述概率分布和概率密度函数的两个非常重要的特性参数：

$$E = \int_{-\infty}^{+\infty} x\ w(x)\,\mathrm{d}x \tag{4.1.24}$$

或者

$$E = \sum_{k=1}^{\infty} x_k p_k \tag{4.1.25}$$

方差 σ^2 也可用来描述变量围绕期望值的变化幅度：

$$\sigma^2 = \int_{-\infty}^{+\infty} (x - E)^2 w(x)\mathrm{d}x \tag{4.1.26}$$

或者

$$\sigma^2 = \sum_{k=1}^{\infty} (x_k - E)^2 p_k \tag{4.1.27}$$

方差的平方根是均方差σ。在实践中，期望值E和均方差σ是根据测量值计算得到的，也就是说，由于测量存在着不确定性，它们是估计出来的。因此，E和σ相应的估计值分别为均值μ和标准差s。

对于实际计算，下列关系证明是有用的：

$$E(ax + b) = aE(x) + b \tag{4.1.28}$$

式中：a、b为常数。

如果E_1和E_2是两个独立随机函数的期望值，则有

$$E(E_1 + E_2) = E_1 + E_2 \tag{4.1.29}$$

$$E(E_1E_2) = E_1E_2 \tag{4.1.30}$$

如果x和y是两个独立随机变量，则有

$$\sigma^2(ax + b) = a^2\sigma^2(x) \tag{4.1.31}$$

$$\sigma^2(x + y) = \sigma^2(x) + \sigma^2(y) \tag{4.1.32}$$

将使用以下两个例子来展示两个重要的分布函数，它们通常与噪声过程有关。

4.1.3.1 正态分布

正态分布或高斯分布是常见的分布函数，这是由于概率计算的中心极限定理：独立于一个随机变量的分布，n个相同分布的和，对于独立变量$n \to \infty$时为正态分布。

由于许多噪声机制是建立在几个自然过程叠加的基础上的，因此它们通常是正态分布的。两个叠加的正态分布的随机变量依然服从正态分布。

正态分布的密度函数是著名的高斯钟形曲线：

$$w(x) = \frac{1}{\sigma\sqrt{2\pi}}\mathrm{e}^{-\frac{(x-E)2}{2\sigma2}} \tag{4.1.33}$$

标准偏差σ是钟形曲线拐点与期望值之间的距离。图4.1.5给出了概率密度和概率密度分布函数（图4.1.1）。当$E=0$，$\sigma^2=1$时，正态分布称为标准正态分布。

密度函数以期望值为中心呈对称分布，这使得关于函数值在期望值周围$\pm v$范围内的统计确定性的描述得以实现：

$$P(|x - E| \leqslant v) = 2\int_{E}^{v} w(x)\mathrm{d}x \tag{4.1.34}$$

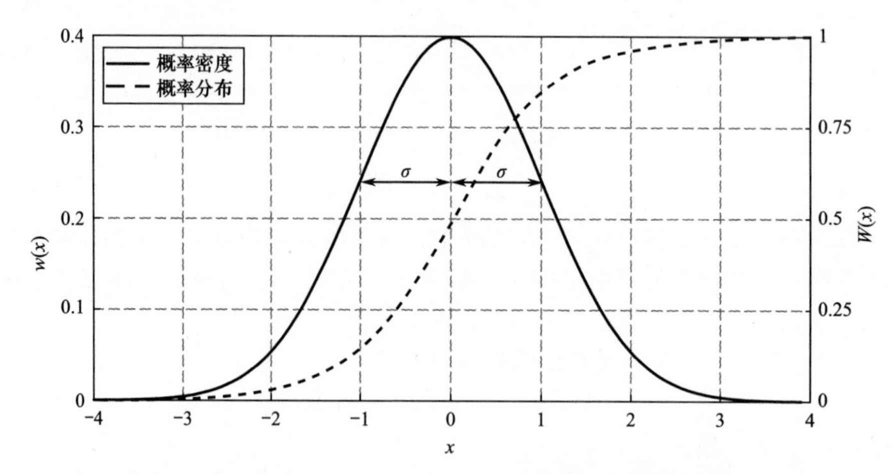

图4.1.5 标准正态分布（$E=0, \sigma^2=1$）的概率分布函数和概率密度函数

表4.1.1总结了式（4.1.34）的部分解。此外，应该指出的是，虽然与期望值可能会有很大的偏差，但是函数值 $E\pm 10\sigma$ 的概率所对应的不确定度可以小至 7.8×10^{-23}。

表4.1.1 函数值的统计似然性

范围	值在此范围内的可能性	值超出此范围的可能性
$E\pm 0.67\sigma$	0.500	0.500
$E\pm \sigma$	0.683	0.317
$E\pm 2\sigma$	0.953	0.047
$E\pm 3\sigma$	0.997	0.003

4.1.3.2 泊松分布

对于随机实验，其结果只能采用特定的值进行描述（如“是”或“否”；或者“状态0”，“状态1”，…，“状态 k”），存在离散的概率分布。此外，如果某些离散事件的概率非常小，泊松分布可以很好地近似于相应的概率分布。因此，泊松分布甚至被称为罕见事件的分布。

许多离散的物理过程，如光量子的发射都遵循泊松分布。例如，如果一个辐射发射过程，每毫秒产生一个光量子，但是接收到辐射的探测器每10ms才读取一次（光量子每10ms才计算一次），期望每次测量的平均值如下：

$$\lambda = 1\ \text{个光量子/ms} \times 10\text{ms} = 10\ \text{个光子}$$

离散状态 k 的分布函数 $W(k)$ 或概率密度函数 $P(k)$ 由参数 λ 确定，也称为发生率（$\lambda>0$）：

$$P(k) = p_k = \frac{\lambda^k}{k!}e^{-\lambda} \tag{4.1.35}$$

状态0和状态 k 之间的状态发生概率的分布函数为

$$W(k) = \sum_{k=0}^{N} p_k = \sum_{k=0}^{k} \frac{\lambda^k}{k!}e^{-\lambda} \tag{4.1.36}$$

泊松分布的特殊性在于期望值等于方差：

$$E = \sigma^2 = \lambda \tag{4.1.37}$$

图4.1.6给出了泊松分布的示例（图4.1.2）。参数分别为 λ_1 和 λ_2 的泊松分布叠加，其随机变量也服从泊松分布。参数 λ 为

$$\lambda = \lambda_1 + \lambda_2 \tag{4.1.38}$$

对于大量 n 个概率为 p 的独立事件，泊松分布由二项分布得出：

$$\lambda = np \tag{4.1.39}$$

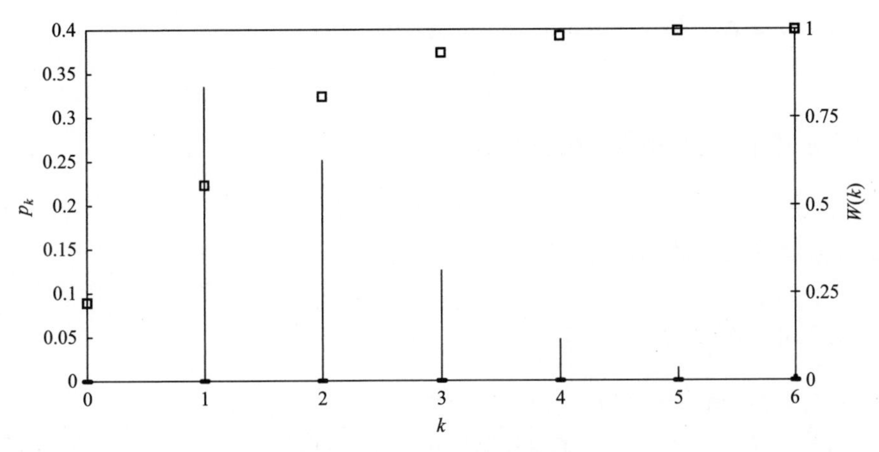

图4.1.6 $\lambda=1.5$ 的泊松分布

方块—分布函数 $W(k)$；实线—独立概率 p_k。

例4.2 电流噪声。

如4.2.2节所述，电流噪声是一个典型的泊松分布过程，电流均值可表示为

$$I_0 = \overline{N}\frac{q}{\tau} \tag{4.1.40}$$

式中：$\overline{N}$ 为每单位时间 τ 内载流子 q 的数量。

电流的瞬时值为

$$I = N\frac{q}{\tau} \tag{4.1.41}$$

式中：N 为每单位时间 τ 内载流子 q 的数量。

对于方差意味着

$$\sigma^2 = \overline{(I - I_0)^2} = \frac{q^2}{\tau^2}\overline{(N - \overline{N})^2} \tag{4.1.42}$$

对于泊松分布，与平均值相对应的期望值等于方差，即

$$\overline{(N - \overline{N})^2} = \overline{N} \tag{4.1.43}$$

平均载流子数由式（4.1.40）计算可得

$$\overline{N} = I_0 \frac{\tau}{q} \tag{4.1.44}$$

将方差代入式（4.1.44），可得

$$\sigma^2 = \frac{q}{\tau} I_0 \tag{4.1.45}$$

等效噪声带宽（式（4.1.82））为

$$B_{\mathrm{eq}} = \frac{1}{2\tau} \tag{4.1.46}$$

由此可以得出电流噪声的噪声功率为

$$\tilde{i}^{\,2}_{\mathrm{R,I}} = \sigma^2 = 2qI_0B_{\mathrm{eq}} \tag{4.1.47}$$

式中：噪声功率的单位为 A^2。

4.1.4 相关函数

4.1.4.1 自相关函数

自相关函数（ACF）表示信号的内部关系，即其与自身的关系。在 t_1 和 t_2 时间点上观察偏移距离为 τ 的信号，联合概率密度函数 $w(x_1,x_2) = w(x,\tau)$ 表示 t_1 时刻 x_1 的概率等于 t_2 时刻 x_2 的概率：

$$\mathrm{ACF} = \int_{-\infty}^{+\infty}\int_{-\infty}^{+\infty} x_1x_2w(x_1,x_2,\tau)\,\mathrm{d}x_1\mathrm{d}x_2 \tag{4.1.48}$$

此处，概率密度函数

$$w(x_1,x_2,\tau) = \lim_{\substack{\Delta x_1\to 0\\ \Delta x_2\to 0}} \frac{P[x_1 < x < (x_1 + \Delta x_1);x_2 < x < (x_2 + \Delta x_2)]}{\Delta x_1\Delta x_2} \tag{4.1.49}$$

表示信号处于 t_1 时刻变量区间为 $(x_1 + \Delta x_1)$ 和 t_2 时刻变量区间为 $(x_2 + \Delta x_2)$ 时的概率 P。使用时间函数，可以计算 ACF 为

$$\mathrm{ACF} = \lim_{T\to\infty}\frac{1}{2T}\int_{-T}^{T} f(t)f(t+\tau)\,\mathrm{d}t \tag{4.1.50}$$

对于离散采样，有

$$\mathrm{ACF}(\tau) = \frac{1}{N}\sum_{n=1}^{N} f(n)f(n+\tau) \tag{4.1.51}$$

ACF是偶函数，也就是说，它适用于

$$\mathrm{ACF}(\tau) = \mathrm{ACF}(-\tau) \tag{4.1.52}$$

ACF的最大值总是出现在$\tau = 0$，这是因为此时函数完全是自身的映射。如式（4.1.12）和式（4.1.50）的比较所示，在$\tau = 0$时ACF的值等于方差：

$$\sigma^2 = \mathrm{ACF}(\tau = 0) \tag{4.1.53}$$

$x(t)$的周期性在ACF中有很明显的反映。此外，它通常适用于

$$\mathrm{ACF}(\tau \to \infty) = 0 \tag{4.1.54}$$

自相关函数是一个连续函数，也适用于离散的$f(t)$。唯一的例外发生在当时间$\tau = 0$时，ACF是一个狄拉克脉冲。

例4.3 随机信号的ACF。

对于纯随机信号，单个函数值之间没有内在关系，ACF为

$$\mathrm{ACF}(\tau) = \sigma^2\delta(\tau) \tag{4.1.55}$$

并且因此

$$\mathrm{ACF}(\tau \neq 0) = 0 \tag{4.1.56}$$

ACF =0表示在任何时候都不可能从时间τ的值中派生出其他任何时间的函数值。

4.1.4.2 互相关函数

互相关函数（CCF）描述了两个信号$x(t)$和$y(t)$之间的统计相关性：

$$\mathrm{CCF}_{xy}(\tau) = \lim_{T\to\infty}\frac{1}{2T}\int_{-T}^{T} x(t)y(t+\tau)\mathrm{d}t \tag{4.1.57}$$

这代表着

$$\mathrm{CCF}_{xy} = \mathrm{CCF}_{yx} \tag{4.1.58}$$

通常

$$\mathrm{CCF}_{xy}(\tau) \neq \mathrm{CCF}_{xy}(-\tau) \tag{4.1.59}$$

如果

$$\mathrm{CCF}_{xy}(\tau) = 0$$

则表明两个变量之间是统计无关的。

互相关函数与协方差函数有着密切的关系：如果统计信号x和y的均值为零，则协方差等于互相关函数；如果随机信号x和y相等，则结果为自相关函数。

4.1.5 频谱函数

在电气与电子工程中，通常采用确定性函数的傅里叶表达式来描述信号。

相应的统计类比是使用功率谱密度 $s(f)$ 表示平稳信号的频谱。这是频率 f 下每赫带宽的平均功率，在负载电阻为 1Ω 的情况下转换。然后，总功率由在 $-\infty \leqslant f \leqslant +\infty$ 范围内的全部功率贡献产生：

$$P = \int_{-\infty}^{+\infty} S(f)\,\mathrm{d}f = \frac{1}{2\pi}\int_{-\infty}^{+\infty} S(\omega)\,\mathrm{d}\omega \tag{4.1.60}$$

式（4.1.60）中负的频率范围是由一般数学方向的表示得出的，该表示总是假定函数范围为 $-\infty \sim +\infty$（双边谱）。但是，只有正的频率 $0 \sim +\infty$（单边谱）在物理上是合理的。许多理论计算，如傅里叶变换需要一个双边谱。

必须认识到，即使在无限的时间间隔内，信号的功率 P 也是有限的。在实践中，这必须成立，因为所用频段由于采样时间 $t_A(f_0 = 1/(2t_A))$ 的限制而具有上限，而由于观测间隔或测量时间 $t_B(f_u = 1/t_B)$ 的限制而具有下限。式（4.1.60）（电压或电流平方值）中"功率"的平方根为均方根：

$$\tilde{v} = \sqrt{P}\,(\mathrm{V}^2/\mathrm{Hz}) \tag{4.1.61a}$$

或者

$$\tilde{i} = \sqrt{P}\,(\mathrm{A}^2/\mathrm{Hz}) \tag{4.1.61b}$$

通常不直接使用频谱功率密度，而是使用频谱功率密度的平方根，即频谱噪声电压或频谱噪声电流。它适用于

$$\tilde{v}_{\mathrm{Rn}} = \sqrt{S(f)}\,(\mathrm{V}/\sqrt{\mathrm{Hz}}) \tag{4.1.62}$$

或者

$$\tilde{i}_{\mathrm{Rn}} = \sqrt{S(f)}\,(\mathrm{A}/\sqrt{\mathrm{Hz}}) \tag{4.1.63}$$

意味着，均方根值可以表示为

$$\tilde{v} = \sqrt{\int_{-\infty}^{+\infty} \tilde{v}_{\mathrm{Rn}}^2(f)\,\mathrm{d}f} \tag{4.1.64}$$

使用维纳－辛钦定理计算功率谱密度：

$$S(\omega) = \frac{1}{2\pi}\int_{-\infty}^{+\infty} \mathrm{ACF}(\tau)\,\mathrm{e}^{-\mathrm{j}\omega\tau}\,\mathrm{d}\tau \tag{4.1.65}$$

对于反向变换，相应的结果为

$$\mathrm{ACF}(\tau) = \int_{-\infty}^{+\infty} S(\omega)\,\mathrm{e}^{\mathrm{j}\omega\tau}\,\mathrm{d}\omega \tag{4.1.66}$$

这样，自相关函数的傅里叶变换就可以用功率谱密度表示。

例 4.4 白噪声的自相关函数。

白噪声是指功率谱密度在整个频域内是常数的噪声：

$$S(\omega) = P_0 \tag{4.1.67}$$

式中：P_0 为常数。

为了得到ACF，必须对恒定功率密度进行傅里叶变换，应用傅里叶对应关系：

$$1 \Leftrightarrow \delta(\tau) \tag{4.1.68}$$

因此，ACF变为

$$\mathrm{ACF}(\tau) = P_0\delta(\tau) \tag{4.1.69}$$

图4.1.7示出了白噪声的ACF和功率谱密度。很明显，白噪声是完全不相关的：

$$\mathrm{ACF}(\tau \neq 0) = 0$$

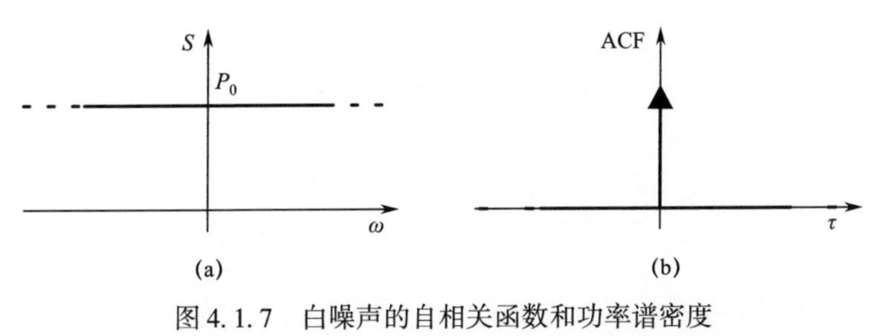

图4.1.7 白噪声的自相关函数和功率谱密度

对于 $-\infty \sim +\infty$ 的频率范围，恒定的功率密度需要无限的能量，因此这是不可能的。实际上，所有系统和探测器的白噪声的带宽都是有限的。

例4.5 有限带宽白噪声的噪声功率。

由于带宽受限，假设在频率范围 $f_1 \sim f_2$ 之间有一个通频带。对于输出信号的噪声功率密度，意味着

$$S(f) = P_{0n}(f_1 \leqslant f \leqslant f_2, -f_1 \leqslant f \leqslant -f_2) \tag{4.1.70}$$

否则

$$S(f) = 0 \tag{4.1.71}$$

或应用矩形函数：

$$S(f) = P_{0n}\left[\mathrm{rect}\left(\frac{f-f_0}{B}\right) + \mathrm{rect}\left(\frac{f+f_0}{B}\right)\right] \tag{4.1.72}$$

式中：B 为带宽，$B = f_2 - f_1$；f_0 为中心频率，$f_0 = \dfrac{f_1 + f_2}{2}$。

计算自相关函数时需要下列傅里叶对应关系：

$$\mathrm{rect}\left(\frac{f}{B}\right) \Leftrightarrow B\sin(\pi B\tau) \tag{4.1.73}$$

并且有

$$g(f-f_0) \Leftrightarrow g(f)\mathrm{e}^{-\mathrm{j}2\pi f_0\tau} \tag{4.1.74}$$

因此，ACF 变为

$$\mathrm{ACF}(\tau) = P_{0n}[B\sin(\pi B\tau)\mathrm{e}^{-\mathrm{j}2\pi f_0\tau} + B\sin(\pi B\tau)\mathrm{e}^{\mathrm{j}2\pi f_0\tau}] \quad (4.1.75)$$

该指数函数可以概括为

$$\mathrm{ACF}(\tau) = 2P_{0n}B\sin(\pi B\tau)\cos(2\pi f_0\tau) = P_0\sin(\pi B\tau)\cos(2\pi f_0\tau) \quad (4.1.76)$$

式中

$$P_0 = 2P_{0n}B \quad (4.1.77)$$

如图 4.1.8 所示，在 $\tau = 0$ 之外 ACF 是不同的，这意味着带宽的限制导致随机噪声信号内部相互依赖，噪声电压不能采用任何阶跃值。

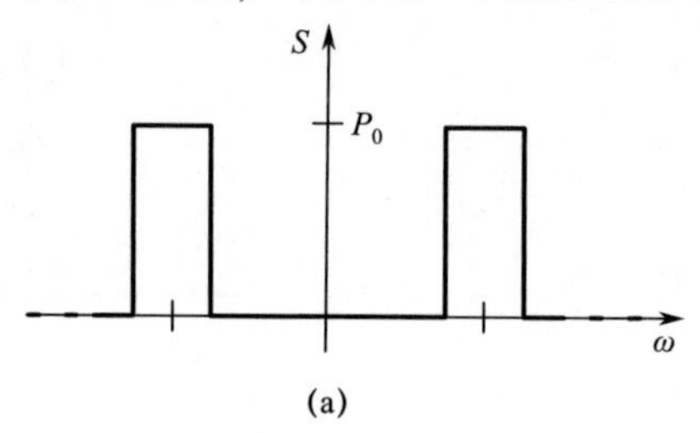

(a)

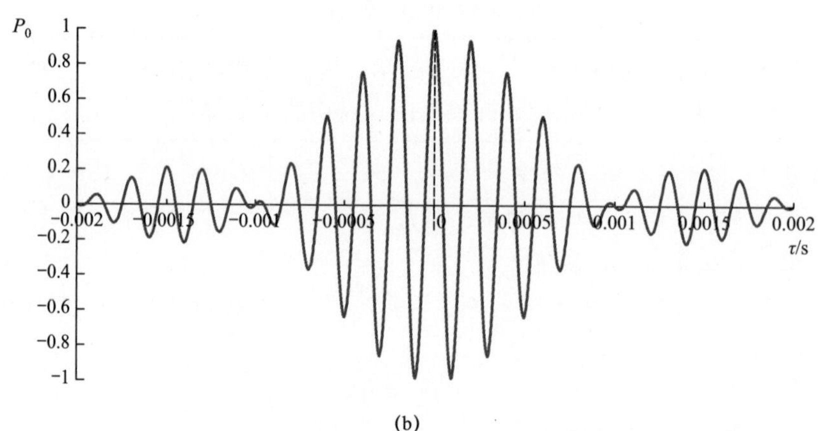

(b)

图 4.1.8 带宽有限白噪声的自相关函数

(a) 带宽有限功率密度；(b) 图 (a) 的自相关函数。

根据式 (4.1.53)，带宽受限噪声的噪声功率与 $\tau = 0$ 点处的 ACF 精确对应：

$$P = P_0 = 2P_{0n}B \quad (4.1.78)$$

需要注意的是，因子 2 是由于噪声分布到正、负频率范围 (双边谱) 而引出的。几乎所有对噪声的物理描述都假定为单边谱。式 (4.1.78) 需要做相应的修正 (应去掉因子 2)。

对于白噪声，噪声功率仅仅是理想矩形滤波器的频谱噪声功率密度与带宽的乘积。将实际滤波器转换为矩形滤波器已被证明是非常有利的。定义了等效噪声带宽 B_{eq}，使实际滤波器的噪声功率等于理想矩形滤波器的噪声功率：

$$B_{eq} = \frac{1}{2\pi\,|H_{max}|^2}\int_{-\infty}^{+\infty} |H(j\omega)|^2 d\omega \tag{4.1.79}$$

式中：传递函数为 $H(j\omega)$ 和实际滤波器传递函数的最大值为 H_{max}。因此，下式适用于任意滤波器：

$$P = S_0 B_{eq} \tag{4.1.80}$$

例 4.6　一阶低通滤波器的等效噪声带宽。

一阶低通滤波器的传递函数为

$$H(j\omega) = \frac{1}{1 + j\omega\tau} \tag{4.1.81}$$

因此，噪声等效带宽为

$$B_{eq} = \frac{1}{2\pi}\int_{-\infty}^{+\infty} \frac{d\omega}{1 + \omega^2\tau^2} = \frac{1}{2\tau} \tag{4.1.82}$$

对于单边功率谱，需要对式（4.1.82）从 0 ~ ∞进行积分，从而得到

$$B_{eq} = \frac{1}{4\tau} \tag{4.1.83}$$

积分器通常用于评估探测器信号。积分时间为 t_0 的积分器具有传递函数

$$H(j\omega) = \frac{\sin(t_0\omega)}{t_0\omega} \tag{4.1.84}$$

由此，可以计算出等效噪声带宽，即

$$B_{eq} = \frac{1}{2\pi}\int_{-\infty}^{+\infty} \frac{\sin^2(t_0\omega)}{t_0^2\omega^2} d\omega = \frac{1}{2t_0} \tag{4.1.85}$$

如果计算方差，并且必须对功率谱密度（平均值）进行积分，也可以使用这个关系。

可以用卡森定理计算泊松分布脉冲序列的功率谱。它表示一个脉冲序列是由 K 个相同形式的独立脉冲的叠加而成的：

$$x(t) = \sum_{k=1}^{K} a_k f(t - t_k) \tag{4.1.86}$$

式中：a_k 为在随机时刻 t_k 的第 k 次脉冲的随机振幅；$f(t)$ 描述了脉冲的函数形式。

平均脉冲速率为

$$v = \lim_{T \to \infty} \frac{K}{T} \tag{4.1.87}$$

平均脉冲幅度和均方值分别为

$$\bar{a} = \lim_{T \to \infty} \frac{1}{K} \sum_{k=1}^{K} a_k \tag{4.1.88}$$

$$\overline{a^2} = \lim_{T \to \infty} \frac{1}{K} \sum_{k=1}^{K} a_k^2 \tag{4.1.89}$$

$x(t)$ 的平均值为

$$\overline{x(t)} = va \int_{-\infty}^{+\infty} f(t)\,\mathrm{d}t \tag{4.1.90}$$

如果随机时间 t_k 遵循泊松分布，根据式（4.1.86），它适用于单边容量谱：

$$S(\omega) = 2v\,\overline{a^2}\,|F(\omega)|^2 + 4\pi\,\overline{x(t)}^2\delta(\omega) \tag{4.1.91}$$

$f(t)$ 的傅里叶变换形式是 $F(\omega)$ 。此处，可以假设振幅 a_k 的分布与脉冲时间 t_k 的分布无关。根据文献［1］，已经为不遵循泊松分布的随机过程提供了卡森定理的一般形式。式（4.1.91）等号右侧项对应于脉冲序列的偏移量，因此对应于期望值（以点 $\omega = 0$ 处的狄拉克脉冲为特征）。然而，遍历过程的期望值是恒定的，因此，在分析噪声时单边容量谱可以省略。

4.1.6 电路噪声分析

在探测器中，常有数个噪声源相互叠加。对于探测器的输出，通常只能测量包含所有噪声成分的单个噪声电压或噪声电流。为了从单个噪声贡献中计算这些噪声变量的参数，采用了电子电路的小信号分析方法。

如果噪声源干扰测量系统，即使没有输入信号，也会有输出噪声信号。如果已知测量系统的传递函数 $H(\mathrm{j}\omega)$ ，就可以通过将无噪声系统和噪声等效输入信号 $\tilde{v}_{\mathrm{nx}}$ 和 $\tilde{i}_{\mathrm{nx}}$（图4.1.9（a）和（b））互连来解释受噪声污染的系统。如果输入信号本身有噪声，就可以使用噪声等效输入值进行相应的求和。随着噪声功率的增加，则可以推导出噪声电压，例如

$$\tilde{v}_{\mathrm{nx,ges}} = \sqrt{\tilde{v}_{\mathrm{nx1}}^2 + \tilde{v}_{\mathrm{nx2}}^2} \tag{4.1.92}$$

如果 $H(\mathrm{j}\omega)$ 是无噪声系统的传递函数，则输出的噪声功率谱密度 $S_{\mathrm{yy}}(\omega)$ 可通过下式计算：

$$S_{\mathrm{yy}}(\omega) = |H(\mathrm{j}\omega)|^2 S_{\mathrm{xx}}(\omega) \tag{4.1.93}$$

式中：$S_{\mathrm{xx}}(\omega)$ 为噪声功率谱密度。

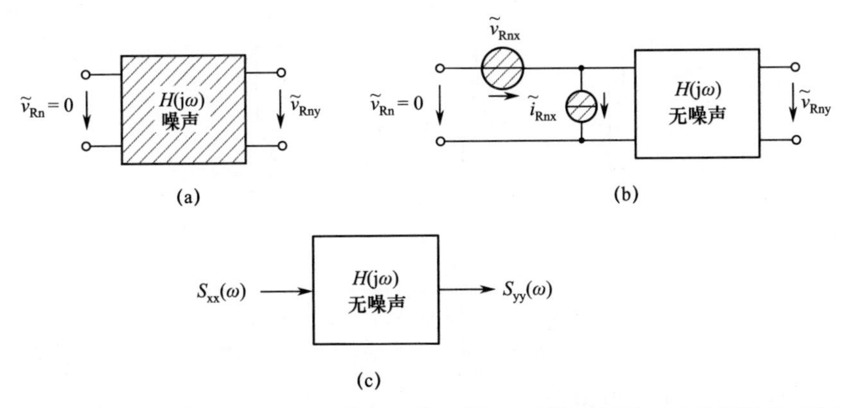

图 4.1.9　有噪声源的系统、有噪声等效输入信号的无噪声系统，以及无噪声系统的噪声功率密度转移（阴影表示有噪声的部件）

例 4.7　一阶低通滤波器的噪声功率谱密度。

给一阶低通滤波器输入白噪声，且白噪声的传递函数为

$$S_{xx}(\omega) = P_0 \tag{4.1.94}$$

一阶低通滤波器的传递函数为

$$H(j\omega) = \frac{1}{1 + j\omega\tau} \tag{4.1.95}$$

传递函数的平方模量为

$$|H(j\omega)|^2 = \frac{1}{1 + \omega^2\tau^2} \tag{4.1.96}$$

则在滤波器输出端的噪声功率谱密度为

$$S_{yy}(\omega) = \frac{P_0}{1 + \omega^2\tau^2} \tag{4.1.97}$$

为了进行噪声分析，首先必须设计小信号等效电路。其中，所有含有噪声的部件都被其噪声等效电路取代（图 4.1.9（b））。噪声等效电路包含所有噪声源，如噪声电压源或噪声电流源，可以把这些噪声源当作正弦信号源来对待。图 4.1.10 给出了电阻的噪声等效电路，二者都是等效的。噪声成分呈现为阴影。如果需要，那么可以将方向箭头添加到噪声电流源或噪声电压源；但它不具有任何物理意义，可以简化电路的分析。

下面确定每个噪声源的噪声输出电压。小信号分析的一个重要区别在于，所有噪声源叠加的噪声电压是 k 个噪声源 $\tilde{v}_{Rn,k}$ 平方和的平方根：

$$\tilde{v}_{Rn} = \sqrt{\sum_k \tilde{v}_{Rn,k}^2} \tag{4.1.98}$$

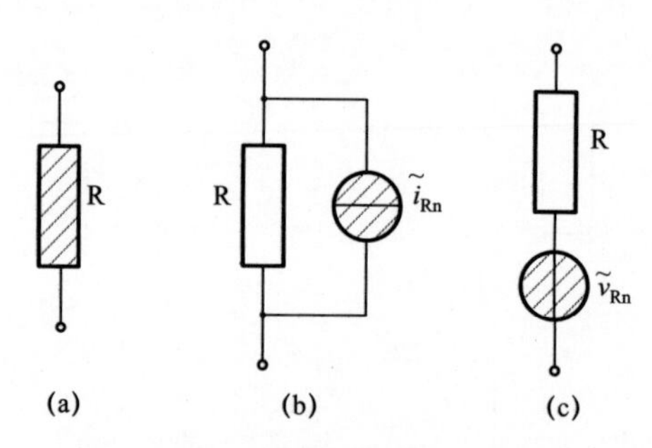

图 4.1.10　电阻器的噪声等效电路

(a) 噪声电阻器；(b) 带并联噪声电流源的无噪声电阻器；(c) 带串联噪声电压源的无噪声电阻器。

输出噪声电压的有效值为

$$\tilde{v}_{R} = \sqrt{\int_{f_1}^{f_2} \tilde{v}_{Rn}^{2} df} \tag{4.1.99}$$

例 4.8　红外辐射热计的输出噪声。

图 4.1.11 为辐射热计的输入电路。在恒定工作电压 V_0 下，使用场效应晶体管 J_1 将电压通过辐射热计电阻器 R_B 去耦。场效应晶体管可以表示为由栅极电压 V_g 控制的电流源 $g_m V_g$。负载电阻 R_L 的温度必须与辐射热计电阻相同。漏极电阻 R_D 完成晶体管级。

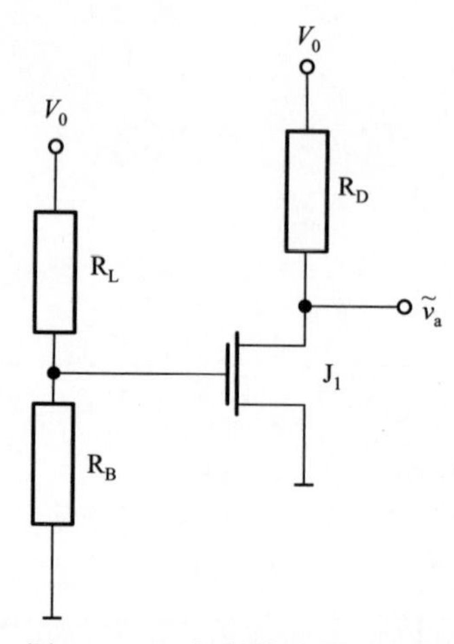

图 4.1.11　辐射热计输入电路

图 4.1.12 为简化的噪声等效电路。电阻 R_B 和 R_L 可以相加，因为它们具有相同的温度。噪声电流为（式（4.2.3））

$$i_{Rn,BL}^{2} = \frac{4k_B T}{R_B /\!/ R_L} \tag{4.1.100}$$

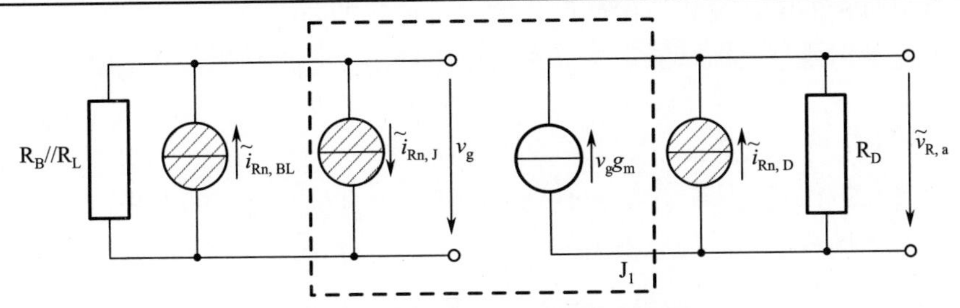

图 4.1.12　图 4.1.11 的噪声等效电路

场效应晶体管的漏电流 I_L 在栅极处有噪声（电流噪声，参见 4.3 节）：

$$i^2_{Rn,J} = 2eI_L \tag{4.1.101}$$

在电路输出端，有带热噪声的漏电阻 R_D：

$$i^2_{Rn,D} = \frac{4k_B T}{R_D} \tag{4.1.102}$$

三个噪声源对噪声输出电压的贡献：

$$\tilde{v}^2_{Rn,BL} = \tilde{i}^2_{Rn,BL}(R_B /\!/ R_L)^2 g^2_m R^2_D \tag{4.1.103}$$

$$\tilde{v}^2_{Rn,J} = \tilde{i}^2_{Rn,J}(R_B /\!/ R_L)^2 g^2_m R^2_D \tag{4.1.104}$$

$$\tilde{v}^2_{Rn,BL} = \tilde{i}^2_{Rn,D} R^2_D \tag{4.1.105}$$

然后按几何关系加起来。因此，输出端的归一化噪声电压变为

$$\tilde{v}_{Rn,a} = \sqrt{(\tilde{i}^2_{Rn,BL} + \tilde{i}^2_{Rn,J})(R_B /\!/ R_L)^2 g^2_m + \tilde{i}^2_{Rn,D}} \tag{4.1.106}$$

为了计算噪声输出电压的有效值，必须在频率范围 $f_1 \sim f_2$ 内进行积分：

$$\tilde{v}_{R,a} = \sqrt{\int_{f_1}^{f_2} \tilde{v}^2_{Rn,a} \mathrm{d}f} \tag{4.1.107}$$

由于上述所有噪声源均代表白噪声，根据式（4.1.80）求解积分可得出

$$\tilde{v}_{R,a} = \tilde{v}_{Rn,a}\sqrt{B_{eq}} \tag{4.1.108}$$

4.2　热红外探测器的噪声源

4.2.1　热噪声和 tanδ

与分子的布朗运动相似，自由电荷载流子在电阻中任意运动。随机运动会

引起电阻电极的电压变化，由此产生的、可测量的随机信号称为热噪声，也称为约翰逊噪声或奈奎斯特噪声，简称为电阻噪声。噪声功率谱与电阻无关：

$$S_{\mathrm{R,th}} = 4k_{\mathrm{B}}T \tag{4.2.1}$$

式中：T 为热力学温度；k_{B}为玻耳兹曼常数。

式（4.2.1）称为奈奎斯特公式。电阻噪声为正态分布的白噪声，噪声电压可以通过噪声功率谱推导得出

$$\tilde{v}^{2}_{\mathrm{Rn,th}} = S_{\mathrm{R,th}} \cdot R = 4k_{\mathrm{B}}T\ R \tag{4.2.2}$$

以及由此产生的噪声电流

$$\tilde{i}^{2}_{\mathrm{Rn,th}} = \frac{S_{\mathrm{R,th}}}{R} = \frac{4k_{\mathrm{B}}T}{R} \tag{4.2.3}$$

图 4.2.1 显示了作为电阻函数的噪声电流和噪声电压。

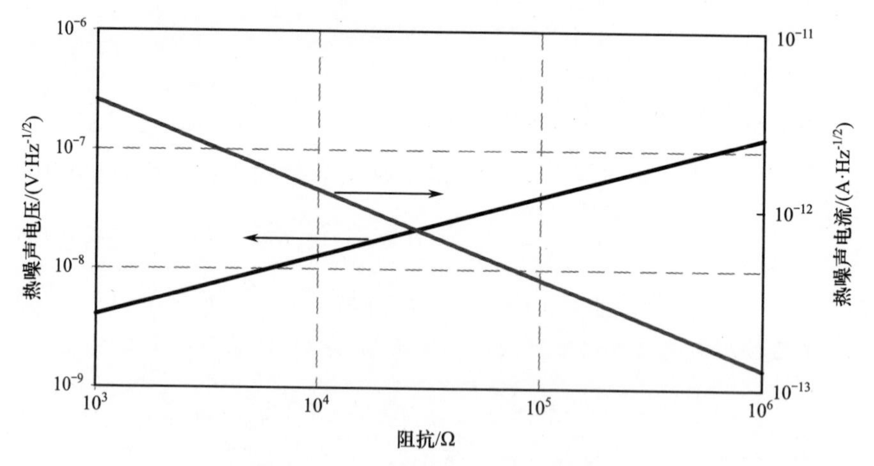

图 4.2.1　$T=300\mathrm{K}$ 时电阻的热阻抗

电阻的热噪声是一个平衡过程，也就是说，上述公式仅适用于电阻处于热平衡且内部无场存在的情况。实践中已经证明，对于一个静止的电流和相关的电场，电阻中存在一个准平衡状态，这不会影响可测量的噪声功率；但是，必须考虑由电流而引起的电阻的电位升高。

单个载流子的运动导致平衡的破坏，只有在松弛时间 τ_{R} 之后才恢复平衡，那么奈奎斯特公式只适用于

$$\omega^{2}\tau_{\mathrm{R}}^{2} \ll 1 \tag{4.2.4}$$

如果不再满足这个条件，那么热噪声功率将下降。松弛时间大约为 10^{-12}s。对于与热探测器相关的频率范围，总是可以假设为白噪声。

这里提到的热噪声适用于纯欧姆电阻。对于复杂电阻（阻抗 Z），热噪声的计算公式为

$$\tilde{v}^{2}_{\mathrm{Rn,th}} = 4k_{\mathrm{B}}T\mathrm{Re}\{\underline{Z}\} \tag{4.2.5}$$

因为只有阻抗的实分量才会导致损耗，从而产生噪声。纯复杂电阻，如理想电容器不会产生任何噪声。然而，在实际应用中并没有理想的电容器。由于介质损耗和泄漏电流，实际电容器具有与电容C平行的损耗电阻 R_C。可以使用损耗角 δ_C 来描述：

$$\tan\delta_C = \frac{1}{\omega C R_C} \tag{4.2.6}$$

损耗电阻引起 $\tan\delta$ 噪声：

$$\tilde{i}^{\,2}_{Rn,\delta} = 4k_B T\ \omega C \tan\delta_C \tag{4.2.7}$$

$\tan\delta$ 噪声也称为介质噪声。

例4.9　损耗电容的噪声。

图4.2.2为并联电容的电阻噪声等效电路。

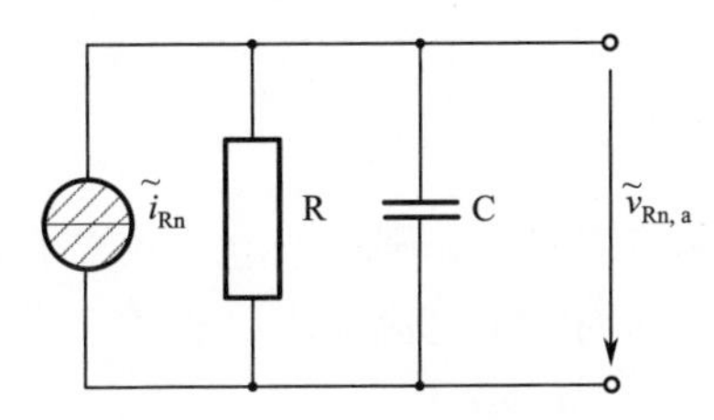

图4.2.2　噪声等效电路

图4.2.2所示电路的噪声输出电压为

$$\tilde{v}_{Rn,a} = \sqrt{\frac{4k_B TR}{1+\omega^2 (RC)^2}} \tag{4.2.8}$$

在没有带宽限制的情况下，噪声功率计算如下：

$$\tilde{v}^{\,2}_{R,a} = \int_0^\infty \frac{4k_B TR}{1+\omega^2 (RC)^2} df = \frac{4k_B TR}{2\pi RC} \arctan(\omega RC) \Big|_0^\infty \tag{4.2.9}$$

其结果就是 kTC 噪声：

$$\tilde{v}^{\,2}_{R,a} = \frac{k_B T}{C} \tag{4.2.10}$$

或参照名称——电容器上电荷的变化：

$$\tilde{Q}^2_{R,a} = k_B TC \tag{4.2.11}$$

在不受带宽限制的情况下，电容器上的有效噪声电压不再依赖于噪声电阻，而只依赖于电容和温度。因此，电容1nF、温度300K的电容器上的噪声电流约为2μV（图4.2.3）。

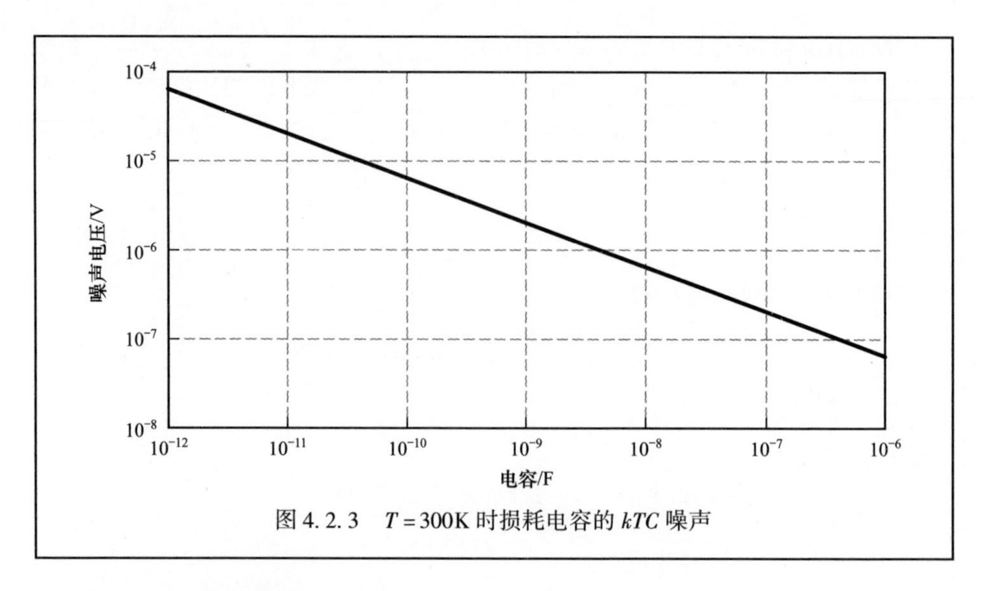

图 4.2.3　$T=300\text{K}$ 时损耗电容的 kTC 噪声

4.2.2　电流噪声

如果电荷载流子必须克服势垒，则单个电荷载流子的能量分布会导致进入另一个势垒的概率不同，从而产生电流噪声（也称为散粒噪声）。这种势垒是PN结或肖特基结（金属–半导体）。

电流为单位时间内流过横截面积的载流子 q 的数量 N：

$$I(t) = \sum_{n=1}^{N} q\delta(t - t_n) \tag{4.2.12}$$

每个电荷都独立于其他电荷载流子，且必须克服自身的势垒。每个时间单位穿透势垒的电荷载流子数量遵循泊松分布。可以根据式（4.1.86）~式（4.1.91）使用卡森定理来计算这样一个脉冲序列的功率谱密度，即一个电荷出现一次脉冲振幅 $\bar{a}$ 可以假定为狄拉克脉冲，因此

$$\bar{a} = q \tag{4.2.13}$$

其脉冲的函数形式为

$$F(\delta(t)) = 1 \tag{4.2.14}$$

脉冲振幅 $\bar{a}$ 与平均脉冲速率 v 的乘积即电流 I 的有效值：

$$\bar{a}v = I \tag{4.2.15}$$

电流噪声现在可以用式（4.1.91）进行计算：

$$S(f) = 2qI \tag{4.2.16}$$

同样的结果已经在4.1.3.2节中用纯数学的方法推导出来（式（4.1.47））。图4.2.4给出了一个计算的案例，电流噪声为泊松分布白噪声。上述公式仅适用于可以将电荷描述为白噪声的情况。

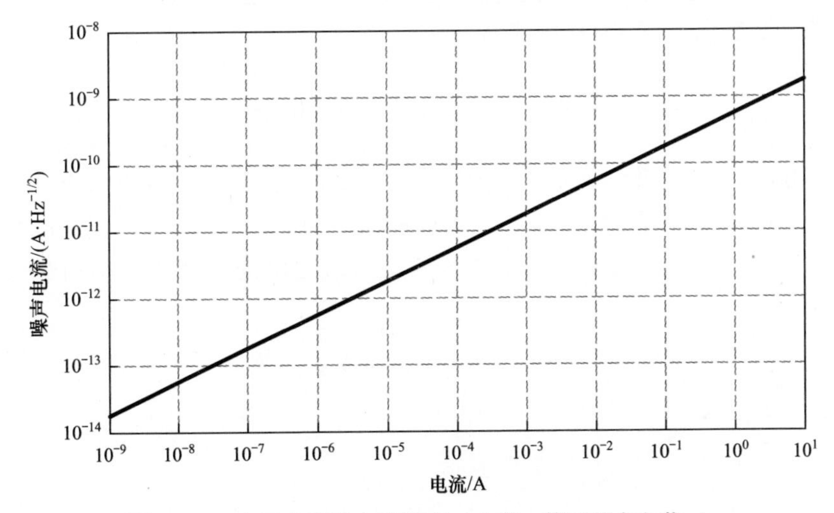

图 4.2.4　电子电流的电流噪声（电荷 q 等于基本电荷 e）

4.2.3　1/*f* 噪声

特别是在半导体中，缓慢过程或低频的波动非常频繁，而极快过程或高频的波动则很少，这种现象称为 1/*f* 噪声。对于 1/*f* 噪声的来源没有明确的解释。例如，根据其在导体或半导体中的出现情况，有五种可能重叠的原因：

（1）引起热平衡波动的局部温度波动（特别是在薄层中）；

（2）半导体中多个发电－复合机制的叠加；

（3）半导体中杂质的迁移；

（4）接触电阻随时间的变化（接触噪声）；

（5）与频率相关的导电率（如跳跃导电率）等。

它们都有一个共同的噪声功率谱密度特征曲线：

$$S(\omega) \sim \frac{1}{\omega^x} \tag{4.2.17}$$

式中：x 为 1～2。1/*f* 噪声也称为粉色噪声。

例 4.10　半导体电阻的 1/*f* 噪声。

根据文献［1］，下式适用于半导体电阻：

$$S(f) = \frac{KI^\alpha}{|f|^\beta} \tag{4.2.18}$$

式中：$\alpha = 2$；$\beta = 1$；K 为常数。

式（4.2.18）适用于的频率范围为 10^{-6}～10^6Hz（对应于约 11.5 天的循环持续时间）。在实践中，参数 α、β 和 K 主要由经验确定。可以通过积分式（4.2.18）得出 $1/f$ 噪声功率：

$$\tilde{v}_{\mathrm{R},1/f}^{2}=\int_{f_1}^{f_2} K\frac{I^2}{f}\mathrm{d}f=KI^2\ln\frac{f_2}{f_1} \tag{4.2.19}$$

频率 f_1 和 f_2 最初都是未知的，但可以近似得到。$1/f$ 噪声的检测上限对应于电阻的功率谱密度和热噪声的交叉点（图 4.2.5）。这个频率称为边缘频率，用符号 f_E 表示。总噪声功率可以通过将两个噪声功率相加进行计算：

$$\tilde{v}_{\mathrm{R}}^{2}=\tilde{v}_{\mathrm{R},1/f}^{2}+\tilde{v}_{\mathrm{R,th}}^{2} \tag{4.2.20}$$

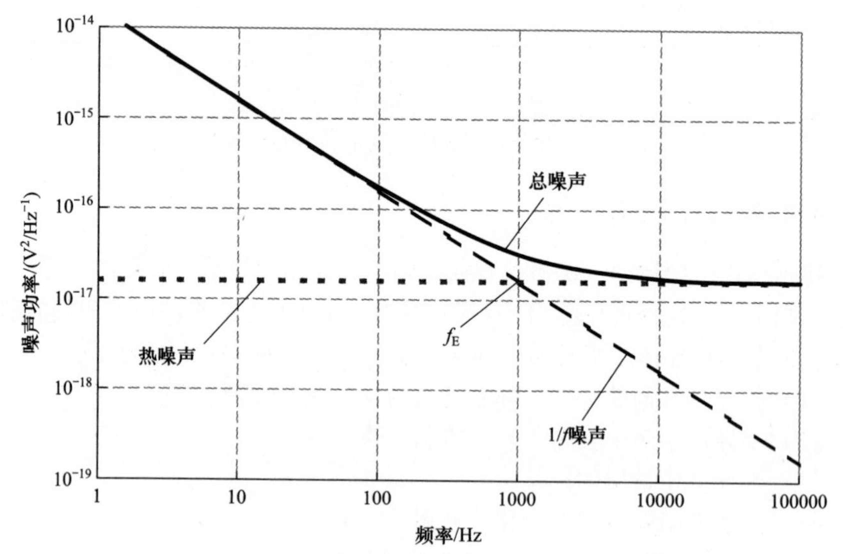

图 4.2.5　半导体电阻的噪声功率密度（$R=1\mathrm{k}\Omega$（$\tilde{v}_{\mathrm{R,th}}=4\mathrm{nV}/\sqrt{\mathrm{Hz}}$）；边缘频率 $f_\mathrm{E}=1\mathrm{kHz}$）

将频率上限 f_2 设置为远大于边缘频率 f_E 的值，如

$$f_2\approx 10f_\mathrm{E} \tag{4.2.21}$$

则可以达到足够的精度。

频率下限 f_1 由观测时间 t_0 确定，以下经验法则适用：

$$f_1\approx\frac{1}{4t_0} \tag{4.2.22}$$

观测时间 t_0 必须具有足够大的值，以便测量的噪声功率能够保持近似恒定。

不能将 $1/f$ 噪声误认为是闪烁噪声。闪烁噪声与 $1/f^2$ 成比例。漂移现象也

可以视为 $1/f$ 噪声，但通常不稳定。

4.2.4　辐射噪声

黑体的光子发射近似遵循泊松分布[2]：

$$\sigma^2 = \bar{N}\left[\frac{e^{\frac{h\nu}{k_B T}}}{e^{\frac{h\nu}{k_B T}} - 1}\right] \tag{4.2.23}$$

式中：$\bar{N}$ 为期望的光子数。

式（4.2.23）中右边的因子是玻色子因子，这是由于玻色粒子（玻色子）的能量状态的概率——光子也是玻色子。对于温度 $T<500\mathrm{K}$，波长范围 0.3 ~ 30mm，可以假设

$$h\nu \ll k_B T \tag{4.2.24}$$

因此，玻色子因子可以近似为

$$\frac{e^{\frac{h\nu}{k_B T}}}{e^{\frac{h\nu}{k_B T}} - 1} \approx 1 \tag{4.2.25}$$

对于这种近似，有可能得到一个精确的泊松分布。每个具有能量 $h\nu$ 的光子的期望数目对应于普朗克分布函数：

$$\bar{N} = \frac{1}{e^{\frac{h\nu}{k_B T}} - 1} \tag{4.2.26}$$

可以使用式（4.1.91）来计算功率谱。发射光子通量随光子频率 ν 的时间函数为

$$f_\nu(t) = \sum_{n=1}^{N} h\nu\delta(t - t_n) \tag{4.2.27}$$

式中：t_n 为随机分布时间。

脉冲振幅为

$$\bar{a} = h\nu \tag{4.2.28}$$

脉冲形式是狄拉克三角函数：

$$F(\delta(t)) = 1 \tag{4.2.29}$$

每个波长下的平均发射率 $\bar{N}$ 可由式（2.3.2）和发射面积 A_{BB} 得出：

$$\bar{N} = \frac{A_{BB}M_\nu}{h\nu} \tag{4.2.30}$$

式中：M_ν 为黑体的频率辐射出射度。

考虑到式（4.2.23）中的玻色子因子，将其代入式（4.2.30）[3]可得

$$\bar{N} = \frac{A_{BB}M_\nu}{h\nu}\frac{e^{\frac{h\nu}{k_B T}}}{e^{\frac{h\nu}{k_B T}} - 1} \tag{4.2.31}$$

频率比功率谱（与光子频率 ν 有关）则变为

$$S_{\mathrm{BB},v}(f) = 2A_{\mathrm{BB}}(hv)^2\frac{M_v}{hv}\frac{\mathrm{e}^{\frac{hv}{k_\mathrm{B}T}}}{\mathrm{e}^{\frac{hv}{k_\mathrm{B}T}}-1} = 2A_{\mathrm{BB}}hvM_{v\mathrm{S}}\frac{\mathrm{e}^{\frac{hv}{k_\mathrm{B}T}}}{\mathrm{e}^{\frac{hv}{k_\mathrm{B}T}}-1} \tag{4.2.32}$$

结果与频率无关（与电子频率f有关），即辐射噪声为白噪声。对应用于光学频率$v_1 \sim v_2$的积分得到辐射功率谱：

$$S_{\mathrm{BB}} = 2A_{\mathrm{BB}}\int_{v_1}^{v_2} hvM_v\frac{\mathrm{e}^{\frac{hv}{k_\mathrm{B}T}}}{\mathrm{e}^{\frac{hv}{k_\mathrm{B}T}}-1}\mathrm{d}v \tag{4.2.33}$$

总辐射积分（$v_1 = 0, v_2 = \infty$）的一个已知解为

$$S_{\mathrm{BB}} = 8A_{\mathrm{BB}}\sigma k_\mathrm{B}T^5 \tag{4.2.34}$$

例 4.11 黑体总辐射的信噪比。

信噪比是信号与噪声有效值的比值。对于黑体的总辐射，可以根据式（2.3.4），使用斯忒藩－玻耳兹曼定律计算信号。应用式（4.2.34），可得信噪比为

$$\mathrm{SNR} = \frac{\sigma T^4 A_{\mathrm{BB}}}{\sqrt{8\sigma k_\mathrm{B}T^5A_{\mathrm{BB}}B_{\mathrm{eq}}}} = \sqrt{\frac{\sigma A_{\mathrm{BB}}}{8k_\mathrm{B}B_{\mathrm{eq}}}T^3} \tag{4.2.35}$$

图 4.2.6 给出了带宽 1Hz、辐射面积 1cm² 的信噪比。假设技术上可行的带宽为 10kHz，在 300K 时，得到的信噪比约为 140dB。

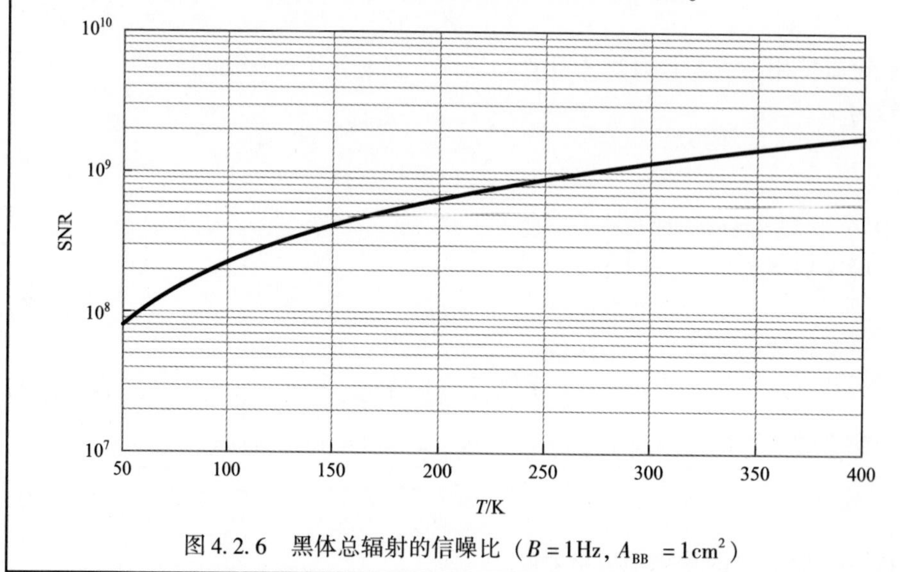

图 4.2.6 黑体总辐射的信噪比（$B = 1\mathrm{Hz}$, $A_{\mathrm{BB}} = 1\mathrm{cm}^2$）

4.2.5 温度波动噪声

物体的温度描述了每个粒子的平均动能和运动类型，当二者随时间变化时，即使在热平衡状态下，温度也会在一个恒定的平均值（温度 T）附近波

动。这些温度波动的变化为[3]

$$\overline{(\Delta T)^2} = \frac{k_B T^2}{c_{th}} \tag{4.2.36}$$

式中：k_B 为玻耳兹曼常数；c_{th} 为物体的比热容。

可以假定 $\overline{(\Delta T)}$ 为温度变化的有效值，因此，式（4.2.36）可理解为温度波动噪声（或温度变化噪声）。温度波动噪声是白噪声，即噪声功率密度与频率无关。

如果两个物体都处于热平衡状态，并且是热耦合的，则这些温度波动就会产生噪声功率通量。图 4.2.7 为探测器单元及其周围环境的热模型。

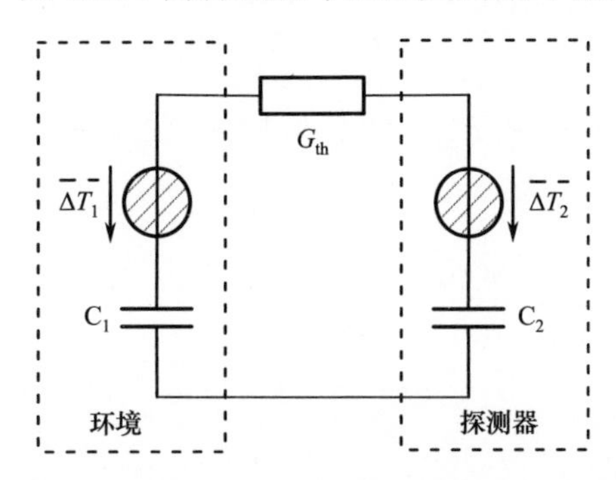

图 4.2.7　用于计算探测器单元及其周围环境温度波动噪声的热模型

周围环境的温度为 T_1、热容为 C_1，探测器的温度为 T_2，热容为 C_2。它们通过热导 G_{th} 耦合，G_{th} 表示通过热传导、辐射或对流进行的热交换（参见第 6.1 节）。因此，热容可以总结为

$$G_{th} = \frac{C_1 C_2}{C_1 + C_2} \tag{4.2.37}$$

两种热容是串联的，假设周围环境的热容 C_1 比探测器的 C_2 大得多，则意味着

$$G_{th} \approx C_2 \tag{4.2.38}$$

由式（4.2.36）可知，温度波动为

$$\overline{\Delta T_{12}^2} = \frac{k_B T_1^2}{C_1} + \frac{k_B T_2^2}{C_2} \approx \frac{k_B T_2^2}{C_{th}} \tag{4.2.39}$$

图 4.2.8 是由图 4.2.7 推导出的两个热等效电路，它们可以通过源替换的方法相互转换。指数 f 指出，这里的有效值被归一化为 1Hz 的带宽，即频谱值。

根据图 4.2.8（a）中的热等效电路可直接推导出平均温度波动：

$$\overline{\Delta T_f^2} = \frac{G^2}{G^2 + \omega^2 C_{th}^2} \overline{\Delta T_{f12}^2} \tag{4.2.40}$$

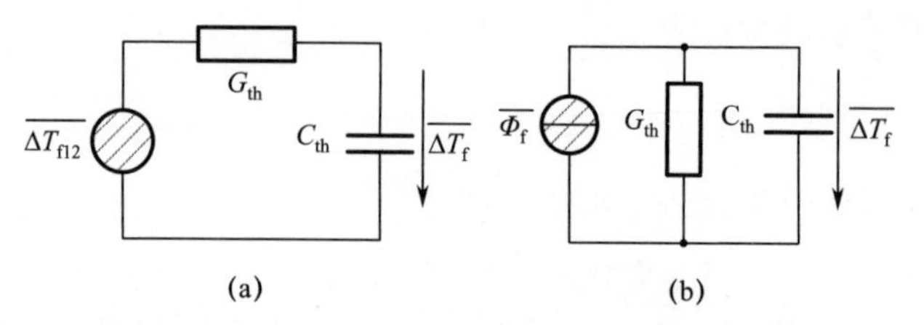

图 4.2.8　与图 4.2.7 布置相同的热等效电路

(a) 通过总结电路元件推导出的等效电路；(b) 用图 (a) 中转换的等效电路的源替换得到的等效电路。

由于温度波动噪声为白噪声，因此适用于噪声功率密度

$$\overline{\Delta T_{f12}^2} = \frac{\overline{\Delta T_{12}^2}}{B_{eq}} \tag{4.2.41}$$

为了确定等效噪声带宽 B_{eq}，可以应用式 (4.1.83)，因为图 4.2.8 中的系统是一阶低通滤波器：

$$B_{eq} = \frac{1}{4\tau_{th}} \tag{4.2.42}$$

式中：τ_{th} 为热时间常数，且有

$$\tau_{th} = \frac{C_{th}}{G_{th}} \tag{4.2.43}$$

利用式 (4.2.39) 和式 (4.2.41) 可得到噪声功率谱密度为

$$\overline{\Delta T_{f12}^2} = 4\tau_{th}\,\overline{\Delta T_{12}^2} = \frac{4k_B T_2^2}{G_{th}} \tag{4.2.44}$$

因此，温度波动密度为

$$\overline{\Delta T_f^2} = \frac{4k_B G_{th}}{G_{th}^2 + \omega^2 C^2} T_2^2 \tag{4.2.45}$$

如果知道温度波动密度，就可以利用图 4.2.8 (b) 计算出相应的噪声通量：

$$\overline{\Phi_f^2} = (G_{th}^2 + \omega^2 C^2)\,\overline{\Delta T_f^2} = 4k_B G_{th} T_2^2 \tag{4.2.46}$$

噪声通量仅取决于探测器的温度和周围环境与探测器单元之间的热导，它与热容无关，因此与探测器单元的材料质量无关。噪声功率可通过式 (4.2.46) 乘以带宽 B 来确定：

$$\overline{\Phi_{R,T}^2} = 4k_B G_{th} T^2 B \tag{4.2.47}$$

热导 G_{th} 描述了热传导 ($G_{th,G}$)，例如，由于探测器单元的悬挂，以及探测器区域的辐射 ($G_{th,R}$)。这两种热导必须相加，因为它们是由相同的温差“驱动”的，也就是说，它们是同步产生的：

$$G_{th} = G_{th,G} + G_{th,R} \tag{4.2.48}$$

对于灰体，热辐射的热导可使用斯忒藩－玻耳兹曼定律根据式 (2.3.4)

计算：

$$G_{\mathrm{th,R}} = \frac{\mathrm{d}\Phi}{\mathrm{d}T} = 4\varepsilon\sigma T^3 A_{\mathrm{S}} \tag{4.2.49}$$

图 4.2.9 是辐射热导的一个例子。将热辐射的热导 $G_{\mathrm{th,R}}$（式 4.2.49）代入式（4.2.47）中的热导 G_{th}，就得到辐射的噪声通量：

$$\overline{\Phi_{\mathrm{R,T}}^2} = 16\varepsilon k_{\mathrm{B}}\sigma T^5 A_{\mathrm{S}} B \tag{4.2.50}$$

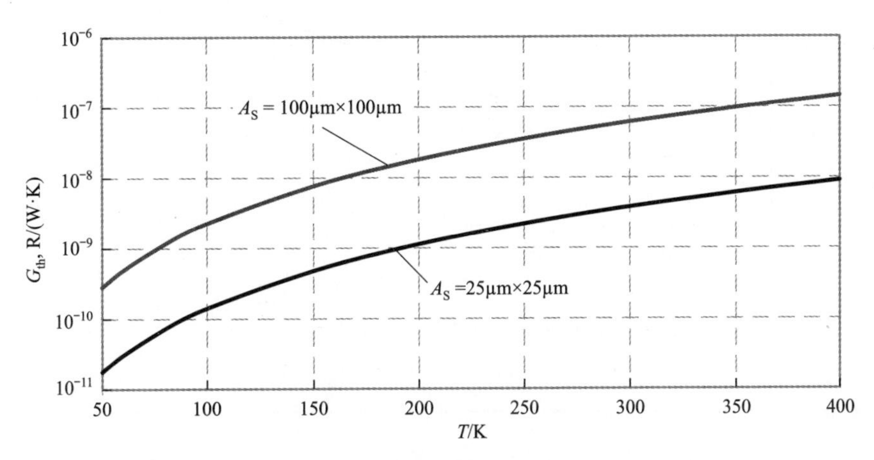

图 4.2.9 面积为 A_{S}、$\varepsilon = 1$ 的单元探测器与其周围环境之间的辐射引起的热导

将这一结果与式（4.2.34）中辐射噪声的影响进行比较，可以看出它们是相同的，除了一个因子 2。式（4.2.50）也可表示为吸收辐射噪声（环境温度为 T_1）与发射辐射噪声（探测器温度 T_2）组成的噪声功率（发射与吸收统计上不相关）：

$$\overline{\Phi_{\mathrm{R,T}}^2} = [S_{\mathrm{BB}}(T_1) + S_{\mathrm{BB}}(T_2)]B \tag{4.2.51}$$

因此，可以近似地将热辐射引起的噪声通量表示为

$$\overline{\Phi_{\mathrm{R,T}}^2} = 8\varepsilon k_{\mathrm{B}}\sigma (T_1^5 + T_2^5) A_{\mathrm{S}} B \tag{4.2.52}$$

例 4.12 热传导和热辐射引起的微测辐射热计中的噪声通量。

微测辐射热计电桥通常位于真空中，在传感器区域和环境（传感器外壳和读出电路）之间，由于传感器区域的辐射和接触脚的热传导，存在着不需要但不可避免的热通量。

式（4.2.49）可用于计算辐射引起的热导，但是必须考虑到传感器有上、下两面，这意味着假设的传感器面积是原来的 2 倍（$A_{\mathrm{S}} = 2A_{\mathrm{P}}$）。例如，对于 25μm×25μm 的像素面积，$T = 300\mathrm{K}$ 时的热导变为

$$G_{\mathrm{th,S}} = 7.66 \times 10^{-9}\,\mathrm{W/K}$$

对于现代传感器，接触脚的热导 $G_{th,L}$ 介于 $10^{-8} \sim 10^{-7}$ W/K 之间。图 4. 2. 10显示噪声通量与传导的关系。

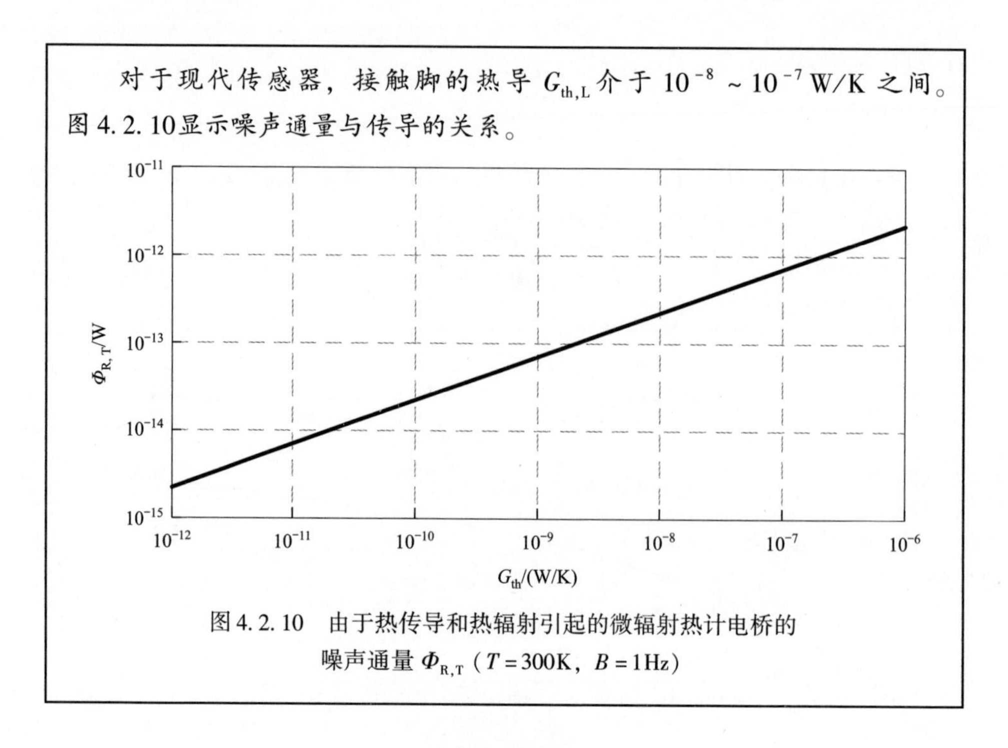

图 4. 2. 10　由于热传导和热辐射引起的微辐射热计电桥的噪声通量 $\Phi_{R,T}$（$T = 300$K，$B = 1$Hz）

参考文献

[1] Blum, A. (1996) Elektronisches Rauschen (Electronic Noise), Teubner Verlag, Stuttgart.

[2] Dereniak, E. L. and Boreman, G. D. (1996) Infrared Detectors and Systems, John Wiley & Sons Ltd, Chichester.

[3] Kruse, P. W. and Skatrud, D. D. (1997) Uncooled Infrared Imaging Arrays and Systems; Semiconductors and Semimetals, vol. 47, Academic Press, New York.

第 5 章　探测器参数

探测器的特点可以用它的参数来描述，这些参数可以分为两大类：一类用来描述热分辨率，如响应率；另一类描述空间分辨率，如调制传递函数。

5.1　响应率

5.1.1　引言

响应率描述的是输出变量的值由于输入变化而发生变化的量。热红外探测器，输入值是辐射通量 Φ_S，输出变量是输出电压 V_S 或输出电流 I_S，电压响应率定义为

$$R_V = \frac{\Delta V_S}{\Delta \Phi_S} (\mathrm{V/W}) \tag{5.1.1}$$

辐射通量 $\Delta\Phi_S$ 的变化引起的输出电压 ΔV_S 的变化。有类似关于探测器电流响应率 R_I 和输出电流 I_S 的定义：

$$R_I = \frac{\Delta I_S}{\Delta \Phi_S} (\mathrm{A/W}) \tag{5.1.2}$$

根据辐射的种类区分黑体响应率（又称为黑色响应率（参见 5.1.2 节））和光谱响应率（参见 5.1.3 节）。探测器应用于温度测量设备，相关的黑体温度响应率是很重要的。响应率 R_T是信号传递函数的斜率（SiTF）（参见 5.1.4 节）。此外，用于多个敏感区域的探测器（图片元素或者像素），均匀性也很重要（参见 5.1.5 节）。

5.1.2　黑体响应率

如果使用黑体作为探测器响应率（也就是所说的黑体响应率）的辐射源，不考虑探测器的吸收特性，以总辐射为辐射通量计算。如图 5.1.1 所示，探测器的半径为 r_s、黑体半径为 r_{BB}，探测器和黑体距离为 d。用光阑（孔径 1 和孔径 2）来确定探测器的立体角。区分恒定光和多波段光的测量，后者需为辐射振幅的时间调制配额外的 1 台斩波器。最简单的方式是在恒定频率 f_{CH}的状态下旋转多用轮。

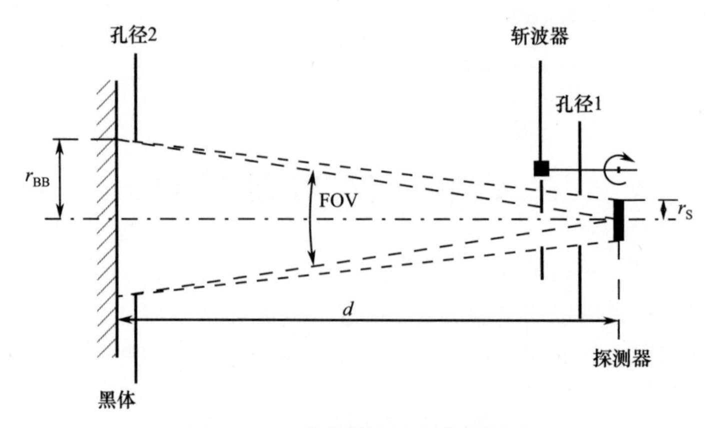

图 5.1.1　确定黑体响应率的测量

为了达到稳定的测量状态，所研究的辐射通量在时间上是恒定的。对于两种不同的黑体温度，根据式（5.1.1）来测量探测器输出直流电压和计算响应率。

例 5.1　测量微测热辐射计阵列的响应率。

测量 30℃黑体温度 T_{BB} 微测热辐射计阵列的响应率。为了放大这个目标，在黑体前面 $d = 50\text{mm}$ 处排列微测热辐射计阵列。通常用 $F = 1$ 参数的阵列。因此，黑体的半径为

$$r_{BB} = 25\text{mm} \tag{5.1.3}$$

假设像素尺寸为 25μm×25μm（像素面积 $A_S = 6.25 \times 10^{-10}\text{m}^2$）。因为像素面积远小于发射面积（$A_{BB} = 61.96 \times 10^{-3}\text{m}^2$），所以可假设为不同的小区域模块，像素的辐射通量变为

$$\Phi_S = \frac{\varepsilon\sigma T_{BB}^4}{4k^2 + 1} A_S \tag{5.1.4}$$

使用两种不同温度的黑体辐射差来确定响应率。由于计算的差异，探测器自身的辐射不包括在内，因此不需要计算黑体和探测器交换的辐射通量。把环境温度（如 25℃）当作第二黑体温度，$\varepsilon = 0.98$，计算的辐射差为

$$\Delta\Phi_S = \Phi_S(30°\text{C}) - \Phi_S(25°\text{C}) = 58.7 - 54.9 = 3.8(\text{nW}) \tag{5.1.5}$$

测量的探测器输出电压值为

$$V_S(25℃) = 2.4567\text{V} \tag{5.1.6}$$

$$V_S(30℃) = 2.4601\text{V} \tag{5.1.7}$$

测量值也包括像素偏差电压。电压响应率为

$$R_V(30℃) = \frac{3.4\text{mV}}{3.8\text{nW}} = 894737\text{V/W} \tag{5.1.8}$$

定义交流电响应率为正弦变量，因此式（5.1.1）可写为

$$R_V = \frac{\tilde{V}_S}{\tilde{\Phi}_S} \tag{5.1.9}$$

随着辐射通量 $\tilde{\Phi}_S$ 有效值和输出电压 $\tilde{V}_S$ 有效值的变化，如果使用斩波器对辐射进行时间调制，结果往往不是一个正弦辐射。旋转多用轮斩波器，可得到一个近似矩形的调制辐射。在这种情况下，用正弦信号作为基波，从斩波器和黑体的辐射差来计算辐射基波的有效值，如可以用频率选择式电压计确定输出电压值；同时也可以测量基波。

例 5.2　测量热释电探测器的响应率。

下面将测量热释电探测器的黑体响应率，像素面积 $A_S = 1\text{mm}^2$，视场角为 28°。典型测量环境如下：

（1）斩波器频率 $f_{CH} = 10\text{Hz}$；

（2）黑体温度 $T_{BB} = 500\text{K}$；

（3）探测器温度 $T_S = 25℃$（环境温度）。

未得到第二黑体温度，是由于探测器是在斩波器闭合阶段感应斩波器的，这个温度是第二黑体温度。斩波器有它的环境温度。探测器和发射器之间的距离 $d = 50\text{mm}$。黑体表面发射的辐射为

$$r_{BB} = 12.5\text{mm} \tag{5.1.10}$$

甚至在这种情况下可以假设一个不同的小面积元素，它适用于

$$\Phi_S = \varepsilon\sigma T^4 A_S \sin^2\left(\frac{\text{FOV}}{2}\right) \tag{5.1.11}$$

在斩波器开启阶段，探测器感应黑体（$\varepsilon = 0.98$）：

$$\Phi_S(500\text{K}) = 385.9\mu\text{W} \tag{5.1.12}$$

在斩波器关闭阶段，探测器感应斩波器叶片环境温度（$\varepsilon = 0.98$）：

$$\Phi_S(300\text{K}) = 50.0\mu\text{W} \tag{5.1.13}$$

调制辐射通量近似矩形。用傅里叶级数表示矩形信号：

$$\Phi(t) = \Phi_{PP}\left\{\frac{1}{2} + \frac{2}{\pi}\left[\cos(\omega_0 t) + \frac{1}{3}\cos(\omega_0 t) + \cdots\right]\right\} \tag{5.1.14}$$

代入

$$\omega_0 = 2\pi f_{CH} \tag{5.1.15}$$

和峰值通量

$$\Phi_{PP} = \Phi_S(500K) - \Phi_S(300K) = 335.9(\mu W) \tag{5.1.16}$$

基波 ω_0 的幅值为

$$\Phi_S = \frac{2}{\pi}\Phi_{PP} = 213.8(\mu W) \tag{5.1.17}$$

有效值为

$$\tilde{\Phi}_S = \frac{\hat{\Phi}_S}{\sqrt{2}} = 151.2(\mu W) \tag{5.1.18}$$

斩波器的辐射通量有稳定成分

$$\Phi_0 = \frac{1}{2}\Phi_{PP} = 167.9(\mu W) \tag{5.1.19}$$

对于热释电探测器来说，这种稳定的辐射元素并不能生成信号，但是可以增加探测器的平均温度。对于恒定的光敏探测器来说，它只生成输出信号，但在频率选择期间会过滤掉这个信号。需要注意的是，这与黑体和斩波器表面的平均温度不一致。在这个例子中，平均辐射通量对应的黑体温度约为 332K。

当频率为 10Hz 时，用选频电压计测量有效的输出电压值为

$$\tilde{V}_S = 15.3mV \tag{5.1.20}$$

电压响应率为

$$R_V = \frac{15.3mV}{151.2\mu W} = 101.2V/W \tag{5.1.21}$$

在说明响应率时，通常用 $R_V(T_{BB}, f_{CH})$ 来表示测量环境，这意味着上述测量结果为

$$R_V(500K, 10Hz) = 101.2V/W \tag{5.1.22}$$

热敏探测器展示了一个典型频率依赖性（参见第 6 章）。在图 5.1.2 中，恒定光和交替光敏探测器中体现，对于后者，适用于

$$R_V(f) = \frac{R_0}{\sqrt{(1+\omega\tau_{th})^2}} \tag{5.1.23}$$

式中：R_0 为 $f=0$ 时电压响应率；τ_{th} 为热时间常数。

对于交流光电探测器（尤其是热释电探测器），它应用于

$$R_V(f) = \frac{\omega R_0}{\sqrt{1+(\tau_E)^2} + \sqrt{1+(\tau_{th})^2}} \tag{5.1.24}$$

式中：τ_E 为电气时间常数。

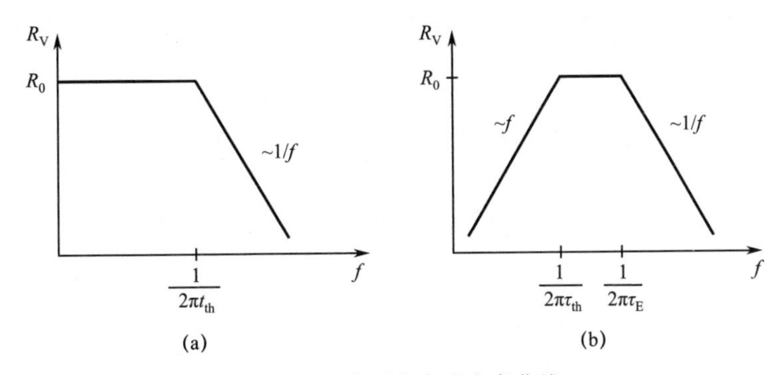

图 5.1.2　典型频率响应率曲线

（a）恒定光电探测器；（b）热释电探测器。

5.1.3　光谱响应率

光谱响应率描述了探测器响应率的波长相关性：

$$R_\lambda = \frac{\Delta V_S}{\Delta \Phi_\lambda} \tag{5.1.25}$$

式中：Φ_λ 为单波辐射通量；λ 为波长。

光谱响应率的测量原理与黑体响应率一致，仅辐射源不同。可以用到的其他辐射源包括单色光源、可调谐激光器和光学滤波器。

图 5.1.3 示出如何通过黑体生成单色光源辐射。在单色光源里，入射黑体辐射通量 Φ_{BB} 用光栅或者棱镜衍射，然后用出射狭缝来选择所需要的波长并将其定向到探测器上，用校准过的探测器测量辐射通量 Φ_λ 。通常用标准化的曲线来显示最大的光谱响应率。

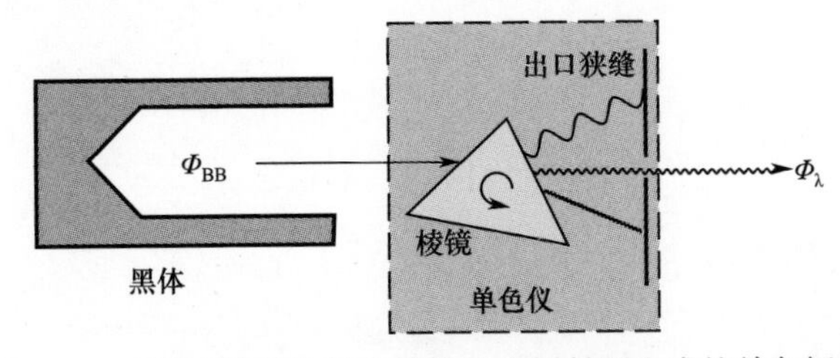

图 5.1.3　用棱镜单色仪和黑体作为辐射源生成的单色辐射

如果只对特定段波长或者小范围波长的光谱响应率感兴趣，那么也可以使用可调谐激光器或者光滤波器。

5.1.4　信号传输函数

信号传输函数描述了黑体温度和探测器输出电压的关系。除探测器参数外，信号传输函数还包括几何参数。

相对应一个像素的辐射通量是辐射功率和像素面积的乘积：

$$\Phi_S(T) = \frac{A_P \tau_{opt}}{4F^2 + 1} M_{BB}(T) \tag{5.1.26}$$

式中：τ_{opt} 为光路传输；M_{BB} 为出射度，其波长相关，即

$$M_{BB}(T) = \int_{\lambda_1}^{\lambda_2} M_{\lambda BB}(T)\,d\lambda \tag{5.1.27}$$

根据普朗克辐射定律，光谱出射度为

$$M_{\lambda BB}(T) = \frac{c_1}{\lambda^5} \frac{1}{\exp\left(\frac{c_2}{\lambda T}\right) - 1} \tag{5.1.28}$$

式中：c_1、c_2 为第一和第二辐射常数；λ 为波长；波长范围 $\lambda_1 \sim \lambda_2$，当 $\lambda_1 = 0$、$\lambda_2 \to \infty$时，这个已知解是斯忒藩－玻耳兹曼定律方程式，即

$$M_{BB}(T) = \sigma T^4 \tag{5.1.29}$$

将与波长相关的像素吸收计算在内，由式（5.1.26）可得被像素吸收的辐射通量为

$$\Phi_A(T) = \frac{A_P \tau_{opt}}{4F^2 + 1} \int_{\lambda_1}^{\lambda_2} \alpha(\lambda) M_{\lambda BB}(T)\,d\lambda \tag{5.1.30}$$

例 5.3 黑体和探测器像素之间的辐射通量。

只有黑体和像素之间交换辐射通量才能产生信号。为了计算输出电压，确定了探测器自身的温度（操作点为 T_0）。被测信号是黑体温度和探测器自身温度间的差分信号。探测器温度为 30℃时，与通量差分的关系（图 5.1.4）：

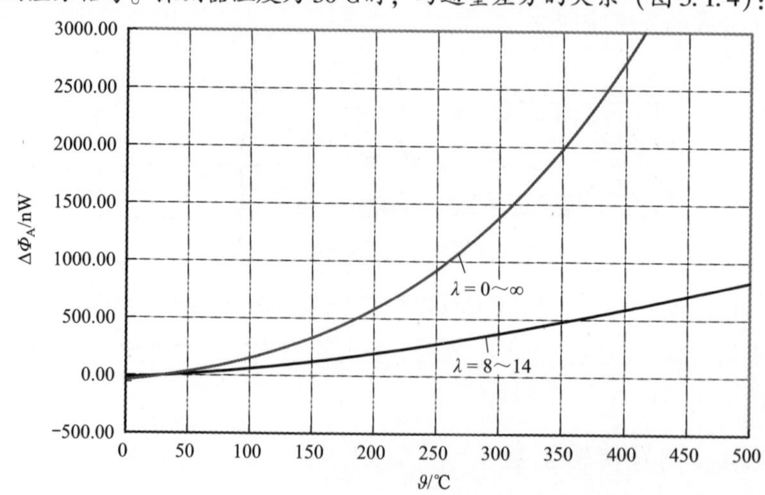

图 5.1.4 辐射通量差与探测器温度为 30℃的关系

注：像元面积 $A_P = 35\mu m \times 35\mu m$；$F = 1$；吸光度 $\alpha = 1$，透光率 $\tau = 1$。

$$\Delta\Phi_{\mathrm{A}} = \Phi_{\mathrm{A}}(T) - \Phi_{\mathrm{A}}(30℃) \tag{5.1.31}$$

黑体的绝对辐射通量 $\Phi_{\mathrm{A}}(30°\mathrm{C})$ 对像素有重大影响，总计为 43.7nW（$\lambda = 8 \sim 14\mu\mathrm{m}$）或 117.3nW（$\lambda = 0 \sim \infty$）。

用通量差乘以电压响应率得到电压差 ΔV，像元的输出信号：

$$\Delta V = R_{\mathrm{V}} \cdot \Delta\Phi_{\mathrm{A}} \tag{5.1.32}$$

温度相关的电压差 ΔV 等同于 SiTF：

$$\mathrm{SiTF}(T) = \frac{R_{\mathrm{V}} A_{\mathrm{P}} \tau_{\mathrm{opt}}}{4F^2 + 1} \int_{\lambda_1}^{\lambda_2} \alpha(\lambda) M_{\lambda\mathrm{BB}}(T) \mathrm{d}\lambda \tag{5.1.33}$$

温度响应率导致 SiTF 增加：

$$R_{\mathrm{T}} = \frac{\partial \mathrm{SiTF}(T)}{\partial T} \tag{5.1.34}$$

响应率 R_{T} 取决于黑体的温度。这种依存关系包括在出射度中：

$$R_{\mathrm{T}} = \frac{\partial \mathrm{SiTF}(T)}{\partial T} = \frac{R_{\mathrm{V}} A_{\mathrm{P}} \tau_{\mathrm{opt}}}{4F^2 + 1} \int_{\lambda_1}^{\lambda_2} \alpha(\lambda) \frac{\partial M_{\lambda\mathrm{BB}}(T)}{\partial T} \mathrm{d}\lambda \tag{5.1.35}$$

对于不同的出射率，适用于

$$\frac{\partial M_{\lambda\mathrm{BB}}}{\partial T} = M_{\lambda\mathrm{BB}}(T) \frac{c_2}{\lambda T^2} \frac{1}{1 - \exp\left(-\frac{c_2}{\lambda T}\right)} \tag{5.1.36}$$

对于式（5.1.36），通常是足够的：

$$\frac{\partial M_{\lambda\mathrm{BB}}}{\partial T} \approx M_{\lambda\mathrm{BB}}(T) \frac{c_2}{\lambda T^2} \tag{5.1.37}$$

当 $\lambda T < 3100\mu\mathrm{m} \cdot \mathrm{K}$ 时，由这个近似值引起的偏差小于 1%。

例 5.4　辐射出射度差。

结合式（5.1.36）波长范围从 $\lambda_1 \sim \lambda_2$ 计算辐射出射度差：

$$I_{\mathrm{M}} = \frac{\partial M_{\mathrm{BB}}}{\partial T} = \int_{\lambda_2}^{\lambda_2} \frac{\partial M_{\lambda\mathrm{BB}}}{\partial T} \mathrm{d}\lambda \tag{5.1.38}$$

辐射出射度差表明了随着物体温度的变化辐射通量的变化值。这个值越大，可以达到的响应率就越高。图 5.1.5 显示了不同波长范围的辐射出射度差。例 5.8 中提供了更多的值。利用斯忒藩 - 玻耳兹曼定律可计算出总辐射（$\lambda_1 = 0$，$\lambda_2 = \infty$）的辐射出射度差：

$$\frac{\partial M_{\mathrm{BB}}}{\partial T} = 4\partial T^3 \tag{5.1.39}$$

这是最大的辐射出射度差。

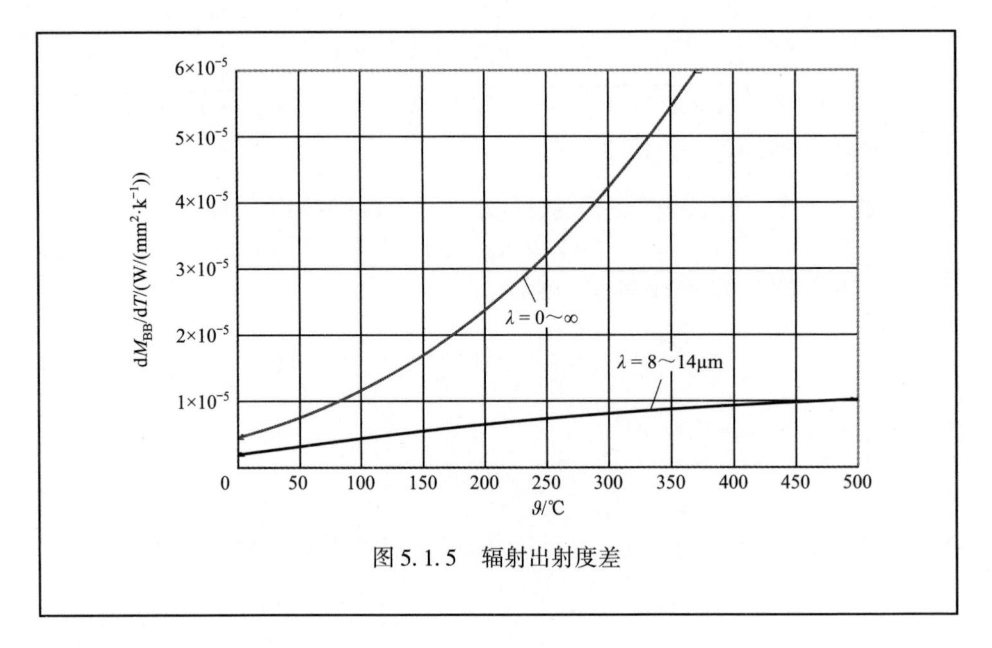

图 5.1.5 辐射出射度差

5.1.5 均匀性

由于公差原因，阵列探测器在制造过程中各个探测器像素（像元）都有不同的特定的值和参数。均匀性描述了单个像元之间的差异，具体来说，这里指工作点（偏移值、偏值、直流输出电平）和响应率。均匀性也称为固定模式噪声。但是，这个术语具有误导性，尽管均匀性不是噪声，却是噪声的决定因素。

下面分别说明了响应率和工作点的均匀性，两者都是不相关的。均匀性包括平均值、标准差、最小值和最大值、极限值和无效像元。

如果只有少量像元的阵列，就可用表格来表示各个像元值。对于大像素，可用计算机图解来表示均匀性：作为行状排列的线图；用直方图来表示。

无效像元和超出规定公差值的像元也称为“坏点”。坏点用表格来显示。通常主要通过大小和位置（阵列中间或者边缘）对坏点簇进行分类。均匀性和盲元是判断阵列品质高低的重要质量特性，并且在很大程度上决定了价格高低。通常，允许的坏点数上限为 1%。对于 1 个 384 × 288 像元的微测热辐射计，对应 1105 个可允许的坏点。

例 5.5 均匀性描述。

图 5.1.6 为 256 像素的热释电探测器响应均匀性。图 5.1.7 为工作点（输出偏置电平）的均匀性，即偏移量用直方图表示。偏移量的扩展限制了阵列的动态范围，通常大于环境温度下的目标信号。

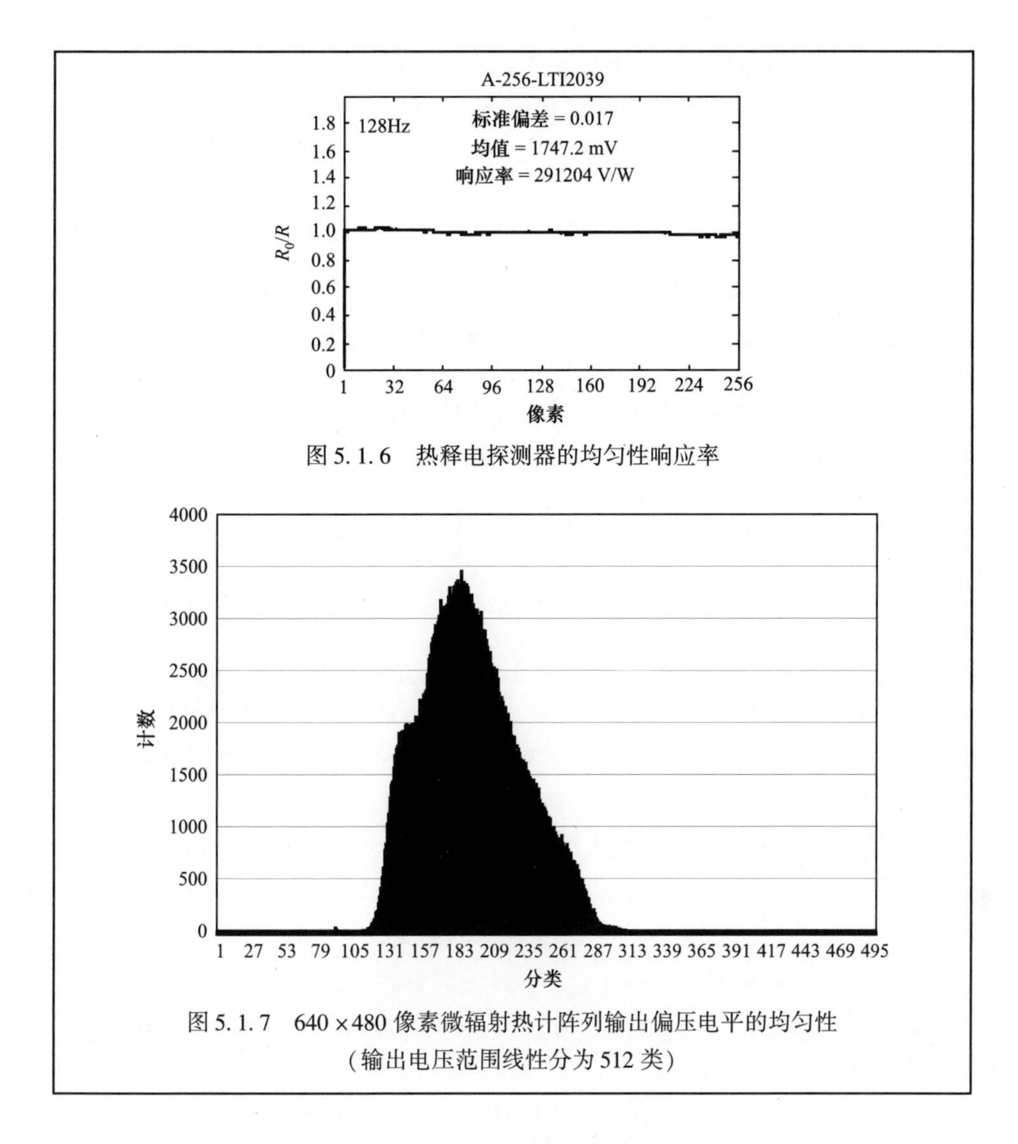

图5.1.6　热释电探测器的均匀性响应率

图5.1.7　640×480像素微辐射热计阵列输出偏压电平的均匀性
（输出电压范围线性分为512类）

5.2　噪声等效功率

噪声等效功率是探测器输出端辐射通量产生的信噪比：

$$\mathrm{NEP} = \frac{\tilde{v}_{\mathrm{R}}}{\Delta V_{\mathrm{S}}}\Delta \Phi_{\mathrm{S}} \tag{5.2.1}$$

或者

$$\mathrm{NEP} = \frac{\tilde{v}_{\mathrm{R}}}{R_{\mathrm{V}}} \tag{5.2.2}$$

探测器噪声电压为 $\tilde{v}_{R}$，电压响应率为 R_V 和输出电压值变化为 ΔV_S，辐射通量的变化 $\Delta\Phi_S$ 引起输出电压的变化 ΔV_S。噪声等效功率的单位为 W。由噪声等效功率和正常噪声电压 $\tilde{v}_{R,n}$，可得噪声等效功率：

$$\text{NEP}^* = \frac{\tilde{v}_{R,n}}{R_V} \tag{5.2.3}$$

特定 NEP 的单位为 W/$\sqrt{\text{Hz}}$，表明 NEP 对决定噪声带宽集成电子学探测器是一个很有用的指标。对于用户使用电子设备定义其噪声带宽的探测器，指定了特定的 NEP；然后用户就可以用自己的信号处理计算得出 NEP。

NEP 可以直接测量。为此，必须增加黑体的温度，直到探测器信号变化等于有效噪声电压为止。然而，这由于信噪比（SNR≈1）小，测量方法容易出错。

因此，最好通过测量响应度和噪声电压来确定 NEP，然后根据式（5.2.2）计算。

例 5.6 BLIP-NEP。

最主要是确定可达到的最小 NEP 值，也就是可探测到的最小辐射通量，它组成了无噪声热探测器的理论可分辨极限。剩下的唯一噪声源就是辐射噪声（4.2.5 节）。基于光子探测器理论，这种噪声称为背景噪声，受辐射限制的 NEP 称为 NEP_{BLIP}（在这种情况下，更合适背景限制红外性能）。根据式（4.2.52）导入噪声通量，可得

$$\text{NEP}_{\text{BLIP}} = \sqrt{8\varepsilon k_B \sigma (T_S^5 + T_0^5) A_S B} \tag{5.2.4}$$

式中：T_S 为探测器温度；T_0 为背景温度（环境温度）。

因此，BLIP-NEP 只取决于温度、探测器靶面和噪声带宽。假设探测器靶面和噪声带宽取决于探测器的设计，那么只能通过降低温度来减小 BLIP-NEP。

探测器制冷温度 $T_S = T_0$，只能通过增大因子 $\sqrt{2}$。这就意味着，探测温度也就是背景温度，必须制冷。重要的是要保留探测器的视场角，式（5.2.4）变为

$$\text{NEP}_{\text{BLIP}}(\text{FOV}) = \sqrt{8\varepsilon k_B \sigma T_{BB}^5 A_S B}\, \sin^2 \frac{\text{FOV}}{2} \tag{5.2.5}$$

（1）探测器制冷（通过减小因子 $\sqrt{2}$）；

（2）使用冷光栅；

（3）减小探测器视场角噪声通量；

（4）T_{BB} 为信号源温度（黑体作为目标）。

有冷光栅的制冷探测器可降低 BLIP-NEP：

$$\mathrm{NEP_{BLIP}(FOV)} = \frac{\mathrm{NEP_{BLIP}(FOV} = \pi)}{\sin^2 \dfrac{\mathrm{FOV}}{2}} \tag{5.2.6}$$

另一种减少 BLIP-NEP 的方法是限制辐射的波长范围（见式 4.5.11）。

图 5.2.1 示出以探测靶面为参数，热探测器 BLIP-NEP 与温度 T_S 的关系。

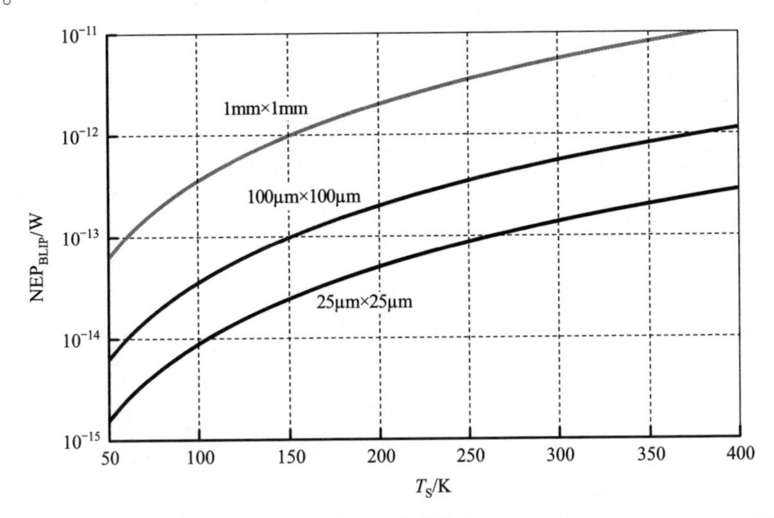

图 5.2.1　热探测器 BLIP-NEP 参数（探测靶面 A_S：$T_S = T_0$；$\varepsilon = 1$；$B = 1\mathrm{Hz}$）

5.3　探测率

探测率是由噪声等效功率派生出的变量，它是 NEP 的倒数（反映了信噪比的特点），即

$$D = \frac{1}{\mathrm{NEP}} \tag{5.3.1}$$

如果把探测性作为一个探测器参数，则可以定性地评估不同探测器。较大的探测值对应于质量较好的探测器。通常，使用特定的探测率：

$$D^* = \frac{\sqrt{A_S}}{\mathrm{NEP}^*} = \frac{\sqrt{A_S}}{\tilde{v}_{R,n}} R_V \tag{5.3.2}$$

特定探测率的单位为 $\mathrm{Hz^{1/2}/W}$。有时，尤其是在美国使用单位是 Jones（$1\mathrm{Jones} = 1\mathrm{cm} \cdot \mathrm{Hz^{1/2}/W}$）。

根据测量的量、响应率 R_V 和噪声电压 $\tilde{v}_{R,n}$ 可计算出特定探测率。

为了强调个体的、不相关的噪音源对特定探测率的影响，可将部分探测率

作为质量因素（品质因数）。像噪声源是二次叠加的，它适用于

$$\left(\frac{1}{D^*}\right)^2 = \sum_i \left(\frac{1}{D_i^*}\right)^2 \tag{5.3.3}$$

部分探测率 D_i^* 作为噪声源 $\tilde{v}_{\mathrm{Rn},i}$ 的品质因数。

例 5.7 BLIP 探测率。

通过从式（5.2.4）中插入 BLIP-NEP，可以计算出背景限制特定探测率[①]：

$$D_{\mathrm{BLIP}}^* = \frac{1}{\sqrt{8\varepsilon k_{\mathrm{B}}\sigma(T_{\mathrm{S}}^5 + T_0^5)}} \tag{5.3.4}$$

图 5.3.1 为背景限制特定探测率和探测温度的函数关系。

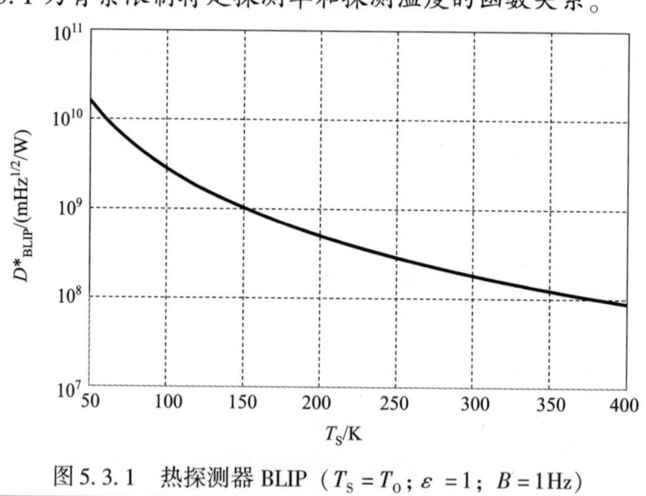

图 5.3.1　热探测器 BLIP（$T_{\mathrm{S}} = T_0$；$\varepsilon = 1$；$B = 1\mathrm{Hz}$）

5.4　噪声等效温差

通过噪声等效温差来描述探测器的温度分辨率。目标物的温差 ΔT 衍生信噪比为 1：

$$\mathrm{NETD} = \frac{\tilde{V}_{\mathrm{R}}}{\Delta V_{\mathrm{S}}}\Delta T \tag{5.4.1}$$

同时，式（5.4.1）说明了测量指令。图 5.4.1 显示一个常见的测量场景。温差是目标温度 T_{BB} 和背景温度 T_0 的差，即

$$\Delta T = T_{\mathrm{BB}} - T_0 \tag{5.4.2}$$

背景温度同时也是 NETD 的参考温度。信号差取自噪声电压的平均值，即

$$\Delta V_{\mathrm{S}} = \Delta \bar{V}_{\mathrm{BB}} - \Delta \bar{V}_0 \tag{5.4.3}$$

噪声电压 $\tilde{V}_{\mathrm{R}}$ 是探测器噪声电压的有效值。在测量场景中几乎看不到信噪

比为 1 的目标物体，因为噪声的峰值信号非常明显，大于差分信号 2。这意味着，在场景中 NETD 是绝对最小的可探测温度差。选择较大的温差来测量场景中的 NETD，由此产生的测量偏差将在例 5.8 中计算得出。

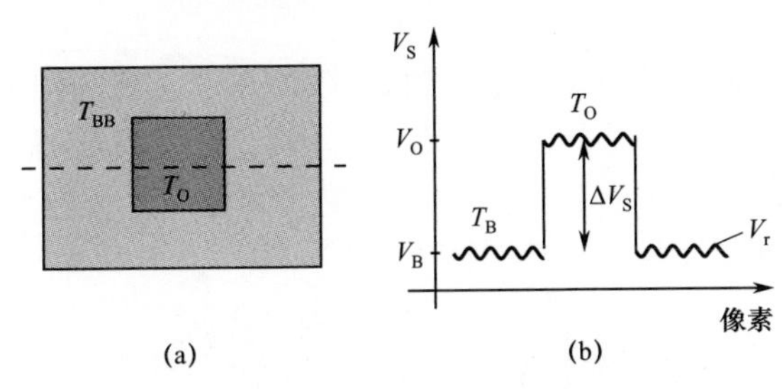

图 5.4.1　NETD 测量场景和沿虚线切割的电压曲线

测量 NETD，使用式（5.4.1）中的微分形式：

$$\mathrm{NETD}=\frac{\tilde{v}_{\mathrm{R}}}{\dfrac{\partial V_{\mathrm{S}}}{\partial T}} \tag{5.4.4}$$

由式（5.4.4）可求出背景温度 T_{BB}（式 5.1.34）的响应率

$$\mathrm{NETD}=\frac{4F^2+1}{A_{\mathrm{P}}\tau_{\mathrm{opt}}}\frac{1}{\varepsilon\int_{\lambda_1}^{\lambda_2}\alpha(\lambda)\dfrac{\partial M_{\lambda\mathrm{BB}}}{\partial T}\mathrm{d}\lambda}\frac{\tilde{v}_{\mathrm{R}}}{R_{\mathrm{V}}} \tag{5.4.5}$$

或者使用比探测率

$$\mathrm{NETD}=\frac{4F^2+1}{\sqrt{A_{\mathrm{P}}}\tau_{\mathrm{opt}}}\frac{1}{\varepsilon\int_{\lambda_1}^{\lambda_2}\alpha(\lambda)\dfrac{\partial M_{\lambda\mathrm{BB}}}{\partial T}\mathrm{d}\lambda}\frac{\sqrt{B}}{D^*} \tag{5.4.6}$$

或者使用 NEP

$$\mathrm{NETD}=\frac{4F^2+1}{A_{\mathrm{P}}\tau_{\mathrm{opt}}}\frac{1}{\varepsilon\int_{\lambda_1}^{\lambda_2}\alpha(\lambda)\dfrac{\partial M_{\lambda\mathrm{BB}}}{\partial T}\mathrm{d}\lambda}\mathrm{NEP} \tag{5.4.7}$$

对式（5.4.7）中的三项进行解释如下：

（1）$\dfrac{4F^2+1}{A_{\mathrm{P}}\tau_{\mathrm{opt}}}$项只包含光学测量参数，与投影立体角间接成正比。式（5.4.5）～式（5.4.7）中，此参数取决于应用光学的 F 和像素大小 A_{P}。NETD 几乎与 F 的平方成正比。

（2）$\dfrac{1}{\varepsilon\int_{\lambda_1}^{\lambda_2}\alpha(\lambda)\dfrac{\partial M_{\lambda\mathrm{BB}}}{\partial T}\mathrm{d}\lambda}$描述了测量目标的辐射特性以及通过探测器对辐射

的吸收。这意味着，NETD 取决于测量对象的温度。这个参考温度（背景温度）总是必须说明的。

(3) NEP 包含了探测器的响应率和噪声，可能还包括设备和探测器电子器件的影响。

除了探测器的特性外，出射度差的积分对 NETD 也有很大的影响。积分取决于测量目标物体温度和选择的波长范围。假设测量的目标总是一个发射系数与波长无关的灰体。考虑到传播路径的影响，例如，光传输也包含在积分中，对出射度差的积分就变为

$$I_M = \int_{\lambda_1}^{\lambda_2} \alpha(\lambda)\tau_{opt}(\lambda)\frac{\partial M_{\lambda BB}(T)}{\partial T}d\lambda \tag{5.4.8}$$

使用式 (5.4.8)，适用于 NETD：

$$NETD = \frac{4F^2+1}{A_P}\frac{NEP}{\varepsilon I_M} \tag{5.4.9}$$

最简单的积分 I_M 源于总辐射（$\lambda_1 = 0$，$\lambda_2 = \infty$）和 $\alpha = \tau = 1$：

$$I_{M\infty} = 4\sigma T^3 \tag{5.4.10}$$

式 (5.4.10) 出射度差的最大值决定了 NETD 的最小值。

例 5.8 BLIP-NETD。

已知 $I_{M\infty}$ 和 $\varepsilon = \alpha = 1$，通过式 (5.2.4) 得到最好，也就是最小的 BLIP-NEP：

$$NETD_{BLIP} = (4F^2+1)\sqrt{\frac{k_B B}{\sigma T_S A_S}} \tag{5.4.11}$$

图 5.4.2 为 BLIP-NEP 像素面积函数。需要注意的是，像素区域 A_P 在探测器区域 A_S 中包含两面（正面和背面）。

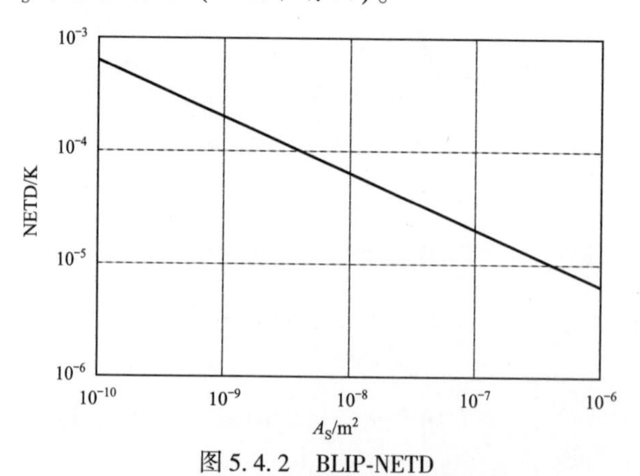

图 5.4.2 BLIP-NETD

注：$F=1$；带宽 $B=1$Hz；探测器温度 = 背景温度 $T_S=300$K。

图 5.4.3 和表 5.4.1 给出了式（5.4.8）中积分 I_M 的解，黑体温度 T_{BB} 为一些重要的光谱范围。通常，NETD 表示背景温度 $T_0=27℃$（300K），F 为 1。如果在这种情况下探测器不工作，将测量范围的初始值和可能的最小 F 数时作为背景温度。

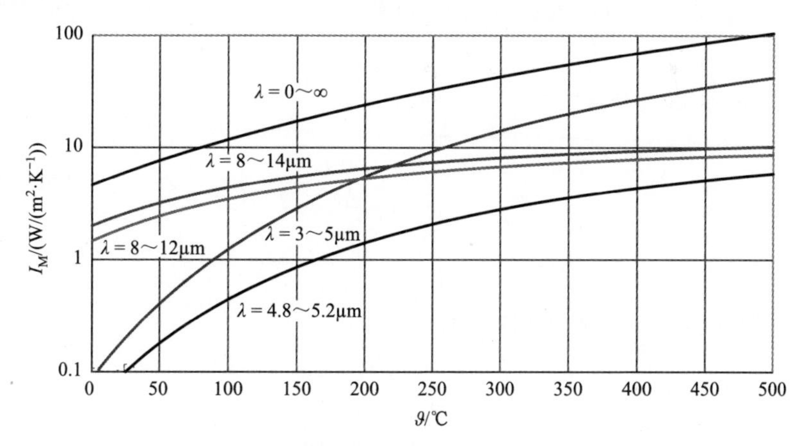

图 5.4.3　出射度差的积分 $I_M(\alpha=\tau_{opt}=1)$

表 5.4.1　不同波长范围的出射度 $I_M(\alpha=\tau_{opt}=1)$ 积分值

ϑ_{BB} /℃	I_M/（W/（m² · K））				
	0 ~ ∞	3 ~ 5μm	4.8 ~ 5.2μm	8 ~ 12μm	8 ~ 14μm
0	4.62	0.09	0.05	1.46	2.00
10	4.88	0.12	0.07	1.65	2.23
20	5.71	0.17	0.09	1.84	2.47
27	6.13	0.21	0.10	1.98	2.64
30	6.32	0.23	0.13	2.04	2.71
50	7.65	0.40	0.18	2.45	3.19
80	9.99	0.82	0.32	3.06	3.92
100	11.8	1.23	0.44	3.47	4.39
200	24.0	5.50	1.41	5.32	6.51
300	42.7	14.1	2.80	6.76	8.13
400	69.2	26.7	4.35	7.84	9.33
500	105	41.9	5.86	8.65	10.2

如上所述，NETD 可以根据式（5.4.1）和图 5.4.1 中的测量场景来测量，也可以通过测量 SiTF 和噪声电压来测量。在后者，NETD 由式（5.4.4）计算得出。为了获得一个小的测量偏差，通常选择一个实质上大于 NETD 的温差。

例 5.9 测量 NETD。

为了确定背景温度 $T_0=27℃$ 时的 NETD，可以使用 $T_{BB}=30℃$ 的目标物体。下面分析由非线性 SiTF 温差 ΔT 引起的测量误差——当测量 NETD 远远大于实际 NETD 时。关联式（5.4.1）和式（5.4.4），可得到相对测量偏差：

$$\Delta F=\frac{\frac{\frac{\bar{v}_R}{\Delta U_S}}{\Delta T}}{\frac{\tilde{v}_R}{\frac{\partial V_S}{\partial T}}}=\frac{\Delta T}{\Delta V_S}\frac{\partial V_S}{\partial T}\tag{5.4.12}$$

对于总辐射下的输出电压，它适用于

$$V_S=K\sigma T^4\tag{5.4.13}$$

因此

$$\frac{\partial V_S}{\partial T}=4K\sigma T^3\tag{5.4.14}$$

式中：K 为系统特定常数。

式（5.4.12）变为

$$\Delta F=4\frac{T_{BB}-T_0}{T_{BB}^4-T_0^4}T_0^3\tag{5.4.15}$$

图 5.4.4 示出了测量偏差 ΔF。对于背景温度以上的目标物体温度，将会获得非常小的测量结果，也就是说，NETD 值过于乐观。

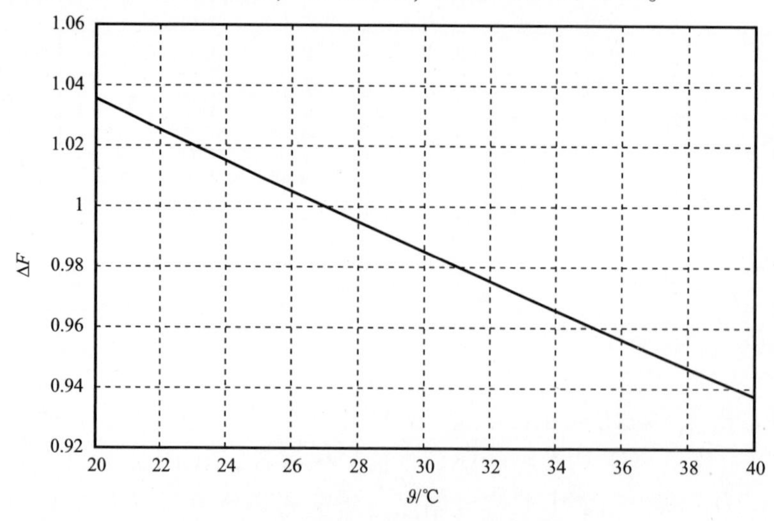

图 5.4.4 用商差法测量 NETD 相对偏差

5.5　光学参数

辐射探测器的测量场取决于孔径光阑和光学成像系统（光学，镜头），孔径光阑定义探测器的视场角，但是不产生光学图像。因此，孔径光阑通常用于测量，确定探测器的特性（图 5.1.1）。使用光学装置将一个测点投射到探测器上。图 5.5.1 采用直线探测器表示几何关系。光学参数用主平面 H 和 H' 以及焦点 F 和 F'（或焦距 f 和 f'）来描述。此外，需要根据 F 或者入瞳直径 D_0 来计算光学参数。为了简化这种关系，下面假设从无穷 $(R\to\infty)^3$ 远处投影，然后将图像成像到焦平面 F' 中。

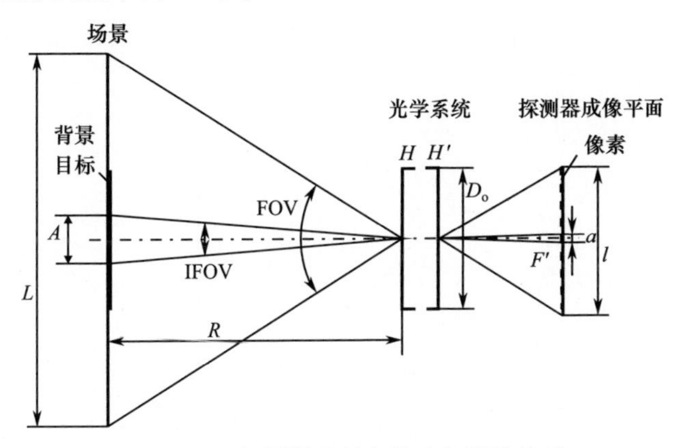

图 5.5.1　探测器阵列中的光电测量关系

L—场景尺寸；l—探测器尺寸；A—目标尺寸；a—像素尺寸；R—场景到光学系统的距离；H' H'—主平面；D_0—入瞳直径；F'—焦平面；FOV—视场；IFOV—瞬时视场。

在热像仪中，测量视场称为场景。被测目标物体位于场景中，任何不属于目标物体的物体都被认为是背景的一部分。场景 L 的大小取决于视场角（FOV）和物距 R，更准确地说取决于场景到焦平面的大小。

$$L = 2R\tan\frac{\mathrm{FOV}}{2} \tag{5.5.1}$$

在场景中，像素形成场景的大小由像素的瞬时视场（IFOV）给出，即

$$A = 2R\tan\frac{\mathrm{IFOV}}{2} \tag{5.5.2}$$

视场角取决于探测器尺寸 l 和焦距 f'，即

$$\mathrm{FOV} = 2\arctan\frac{l}{2f'} \tag{5.5.3}$$

对于宽度为 α 瞬时视场角，有

$$\mathrm{IFOV} = 2\arctan\frac{a}{2f'} \tag{5.5.4}$$

如果探测器不是方形的，则必须给出水平方向和垂直方向的所有光学参数。对于标记，使用 h 和 v，如 FOV_h和 FOV_v通常以弧度表示。适用于

$$1\text{rad} = \frac{180°}{\pi} \approx 57.296°$$

或者

$$1° = \frac{\pi}{180}\text{rad} \approx 17.45\text{mrad}$$

光学后探测器区域的辐照度取决于通过光学的光量。光学的光度用 F 数表示：

$$F = \frac{f'}{D_0} \tag{5.5.5}$$

图 5.5.2 示出了物侧面积单元 dA_1通过光学入瞳（EP）向像侧面积单元 dA_2辐射路径。

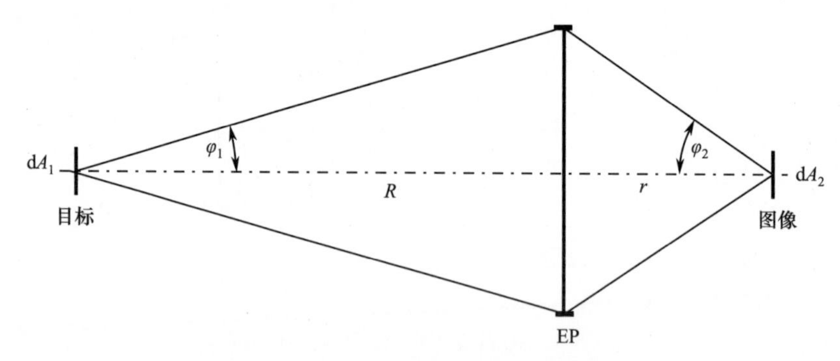

图 5.5.2　从目标物体到图像的辐射路径

入射光瞳的辐射通量为

$$\Phi_1 = A_1 \pi L_1 \Omega_0 \sin^2\varphi_1 \tag{5.5.6}$$

$\sin\varphi_1$称为孔径。一般来说，它适用于数值孔径（NA）：

$$\text{NA} = n_1 \sin\varphi_1 \tag{5.5.7}$$

式中：n_1为传输介质的折射率（空气，$n_1 = 1$）。冲击探测器元件 dA_2的成像仪辐射通量为

$$\Phi_2 = A_2 \pi L_2 \Omega_0 \sin^2\varphi_2 \tag{5.5.8}$$

如果忽略光学中的传输损耗，则目标侧辐射通量 Φ_1 必须与图像侧辐射通量 Φ_2 相同，可得

$$A_1 L_1 \sin^2\varphi_1 = A_2 L_2 \sin^2\varphi_2 \tag{5.5.9}$$

对于光学图像，ABBE 的正弦条件适用于

$$\frac{A_1}{A_2} = \frac{\sin^2\varphi_2}{\sin^2\varphi_1} \tag{5.5.10}$$

这意味着，图像和目标物体的亮度必须相同，即

$$L_1 = L_2 \tag{5.5.11}$$

考虑到光纤传输损耗 τ_{opt} 的影响，辐射照度为

$$E_2 = \frac{\Phi_2}{A_2} = \pi\tau_{opt}L_1\Omega_0 \sin^2\varphi_2 \tag{5.5.12}$$

对于给定的 F，式（5.5.12）变为

$$E_2 = \frac{\pi\tau_{opt}L_1\Omega_0}{4F^2 + 1} \tag{5.5.13}$$

例 5.10　探测器辐射通量。

如果目标物体是黑体，则它适用于温度 T_1：

$$L_1 = \frac{M_S}{\pi\Omega_0} = \frac{\varepsilon\sigma T_1^4}{\pi\Omega_0} \tag{5.5.14}$$

利用像方变量可以计算出探测器的辐射通量

$$\Phi_2 = \tau_{opt}\varepsilon\sigma T_1^4 A_2 \sin^2\varphi_2 \tag{5.5.15}$$

或者物方变量

$$\Phi_2 = \tau_{opt}\varepsilon\sigma T_1^4 A_1 \sin^2\varphi_1 \tag{5.5.16}$$

在计算减小的立体角时（3.2 节），已经假设光学可以用它的入射光瞳来表示。以上计算证实了这一点。光学对探测器元件辐照度的影响将在例 5.11中描述。

例 5.11　光学增益效应。

直径 d_1的物体位于距离 R 的位置。对于小角度，使用 $\sin x \approx x$ 和 $\tan x \approx x$。利用下式计算角度 φ_0：

$$\sin\varphi_0 \approx \frac{d_1}{2R} \tag{5.5.17}$$

因此，没有光学的辐照度可以近似为

$$E_{WithoutLens} = \pi L_1\Omega_0 \sin^2\varphi_0 \tag{5.5.18}$$

光学辐照度为

$$E_{WithLens} = \pi L_1\Omega_0 \sin^2\varphi_1 \tag{5.5.19}$$

如果确定辐照度的比值，它适用于

$$\frac{E_{WithLens}}{E_{WithoutLens}} = \frac{\sin^2\varphi_1}{\sin^2\varphi_0} \tag{5.5.20}$$

对于小角度 φ_1，它适用于

$$\sin^2\varphi_1 \approx \frac{D_0}{2R} \tag{5.5.21}$$

式（5.1.20）可写为

$$\frac{E_{\text{WithLens}}}{E_{\text{WithoutLens}}} = \frac{D_0^2}{d_1^2} = \frac{A_{\text{EP}}}{A_1} \tag{5.5.22}$$

利用光学，探测器元件的辐照度随入射光瞳面积 A_{EP} 与目标面积 A_1 的比值增长而增加。探测器感知的不是物体，而是投射到入口瞳孔的放大物体。

由于夫琅禾费衍射的存在，光学投影到探测器上的测量光斑尺寸有限。艾里斑被认为是最小的射影光点，它表示圆孔的旋转对称衍射像，艾里斑为[2]

$$E(r) = E(0)\frac{2J_1(\omega r)}{\omega r} \tag{5.5.23}$$

式中：J_1 为一阶贝塞尔函数；$E(0)$ 和 ω 分别为

$$E(0) = \frac{\Phi_0}{2R^2} \tag{5.5.24}$$

$$\omega = \frac{\pi D_0}{\lambda R} \tag{5.5.25}$$

其中：R 为探测器平面到膜片的距离；D_0 为孔径直径；λ 为辐射波长；Φ_0 为通过孔径的辐射通量。图 5.5.3 为衍射图。艾里斑的大小被假定为贝塞尔函数的第一个零，它适用于无穷（$R=f$）的投影。艾里斑的半径为

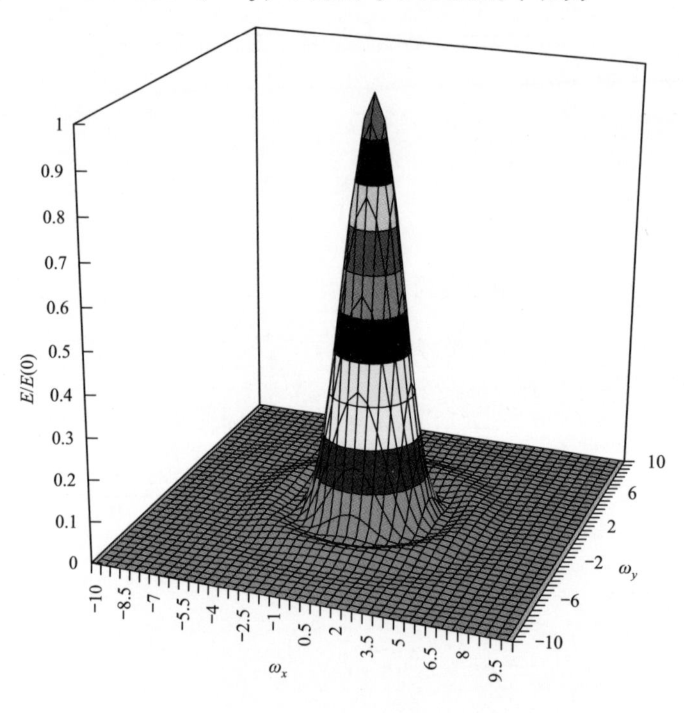

(a)

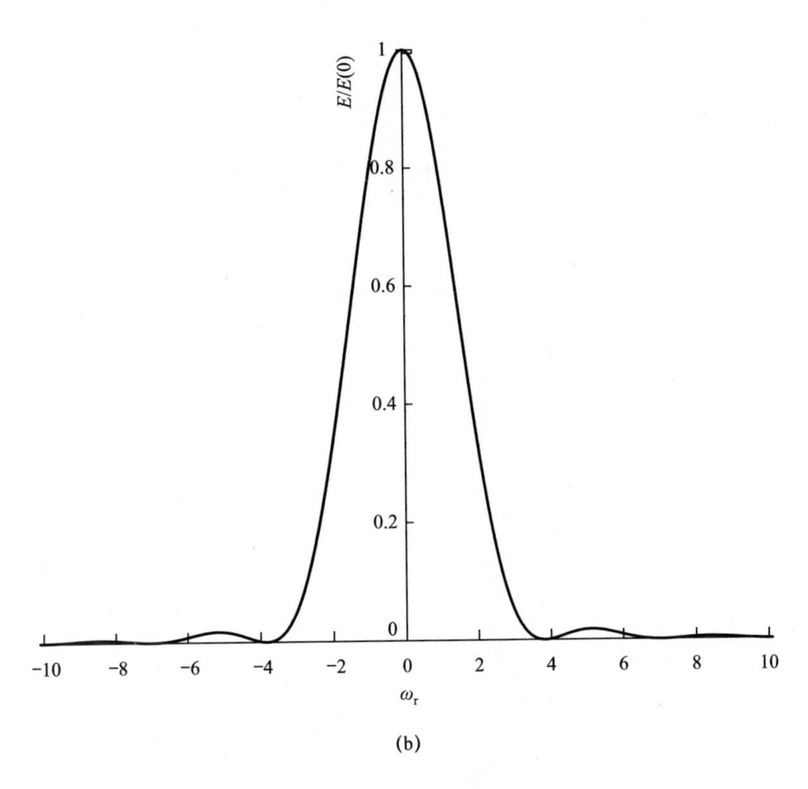

(b)

图 5.5.3　衍射图
(a) 辐射分布；(b) 交叉部分。

$$r_{\text{Airy}} \approx 1.22\frac{f'\lambda}{D_O} = 1.22\lambda F \tag{5.5.26}$$

两个非相干点发射体在无穷远处的投影形成两个相互重叠的独立艾里斑。图像中点发射源的可分辨性被认为是光学系统的几何分辨率极限。对于可区分性有不同的定义，瑞利准则指出，如果一个光源的最大值落在另一个光源的最小值内，仍然可以区分两个光点。最小距离恰好对应于艾里斑的半径（式（5.5.26））。图 5.5.4 示出了根据瑞利准则几乎无法分辨的两个艾里斑。

为了能够使用探测器阵列解析图 5.5.4，需要在最大值和最小值中至少有一个像素。所需的像素距离为

$$r_{\text{P}} \approx 0.61\lambda F \tag{5.5.27}$$

短像素距离不会增加探测器的空间分辨率。

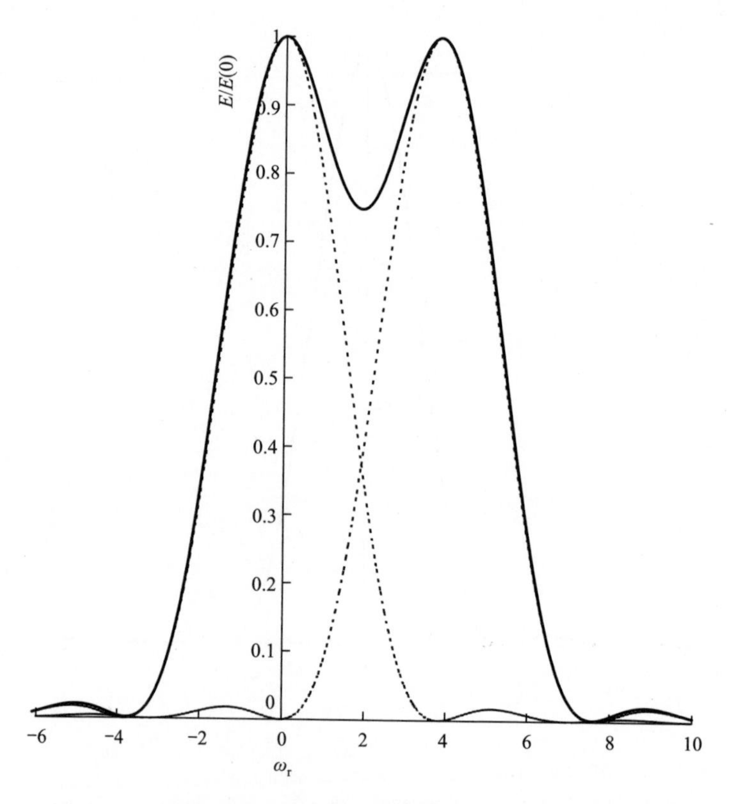

图 5.5.4　根据瑞利图几乎无法分辨的两个艾里斑的叠加标准

5.6　调制传递函数

调制传递函数（MTF）描述了红外探测器等光电系统的成像质量。相对于描述最小可表示结构的空间分辨率，MTF 描述了图像中空间正弦结构的传输。作为空间频率的函数，MTF 是一种客观定量的成像质量指标，说明 MTF 的先决条件是线性系统和非相干光学成像。

5.6.1　定义

光学系统的传递函数是光学传递函数（OTF）[3-6]，其定义类似于电气系统的传递函数 $H(\mathrm{j}\omega)$ 。这意味着这两个函数彼此兼容，可以相互交换。因此，使用 OTF 来描述包含光学和电子元件的系统是非常方便的。因此，OTF 定义为

$$\mathrm{OTF}(f_x, f_y) = \frac{V(f_x, f_y)}{I(f_x, f_y)} \tag{5.6.1}$$

式中：f_x、f_y为 x、y 方向上的正弦空间频率；$I(f_x, f_y)$ 为输入信号；$V(f_x, f_y)$ 为输出信号。与电传递函数相反，OTF 被归一化到最大值

为清楚起见，将始终使用一维传递函数（空间频率f_x在 x 方向），所有的表述都适用于第二个正交空间方向 y 或f_y。

假设与空间相关的输入信号 $I(x)$ 为空间余弦调制信号（图 5.6.1）：

$$I(x) = I_0\cos(2\pi f_x x + \varphi_0) \tag{5.6.2}$$

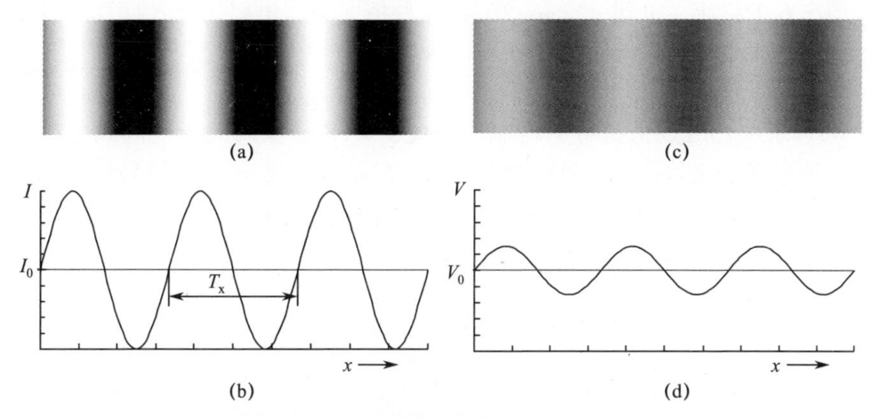

图 5.6.1　输入和输出信号 MTF（f_x）=0.3

（a）输入信号 $I(f_x)$ 编码为 256 灰度级，100% 调制；（b）强度（图（a））为一维图；（c）输出信号 $V(f_x)$ 编码为图（a），30% 调制；（d）强度（图（c））为一维图。

空间频率f_x的单位为 mm^{-1}。通常使用每毫米线对数（lp/mm）作为空间频率的单位。线对数是相邻的明暗对，即空间周期。这意味着两个单位是相同的。它适用于空间频率

$$f_x = \frac{1}{T_x} \tag{5.6.3}$$

式中：T_x为周期（mm）。

对于相同的空间频率f_x，输出信号为

$$V(x) = V_0\cos(2\pi f_x x + \varphi_{V_0}) \tag{5.6.4}$$

OTF 是一个复合函数，可以分为幅值（MTF）和相位（PTF，相位调制函数）：

$$\mathrm{OTF}(f_x) = \mathrm{MTF}(f_x)\,e^{\mathrm{jPTF}(f_x)} \tag{5.6.5}$$

对于红外辐射探测器，总是假设黑体的辐射为光学输入信号。它总是发出非相干辐射，这意味着光传输路径的 OTF 变为实数，即 PTF 为零。下面只考虑 OTF 的幅值，即 MTF。

如果系统的输入信号是狄拉克函数，则输出信号的正态傅里叶变换对应于 MTF。光学狄拉克函数是点源。点光源的像称为点扩展函数（PSF）。这意味着，MTF 是 PSF 的正态傅里叶变换：

$$\mathrm{MTF}(f_x,f_y) = \left|\frac{F\{\mathrm{PSF}(x,y)\}}{F\{\mathrm{PSF}(x,y)\}_{f_x=0,f_y=0}}\right| \tag{5.6.6}$$

对于一维情况，输入信号是一个线源，可以把它描绘成一个点源数组。线源的图像是线扩展函数（LSF）。现在 MTF 是 LSF 的正规傅里叶变换：

$$\mathrm{MTF}(f_x) = \left|\frac{F\{\mathrm{LSF}(x)\}}{F\{\mathrm{LSF}(x)\}_{f_x=0}}\right| \tag{5.6.7}$$

图 5.6.1 给出了一维正弦函数。在这种情况下，可以用下式计算 MTF：

$$\mathrm{MTF}(f_x) = \left|\frac{F\{\mathrm{LSF}(x)\}}{F\{\mathrm{LSF}(x)\}_{f_x=0}}\right| \tag{5.6.8}$$

MTF 在点 f_x 处的值也称为调制。因此，MTF 是调制关于空间频率的一种表示。如果调制量等于 1，则存在空间结构的最优传输（输入信号等于输出信号）。如果调制为零，则不传输空间信息，图像是空的。

对于任何输入信号，它都适用于 MTF：

$$\mathrm{MTF}(f_x) = \frac{1}{\mathrm{MTF}_{\max}}\left|\frac{F\{V(x)\}}{F\{I(x)\}}\right| \tag{5.6.9}$$

式（5.6.9）等号左边项表示 MTF 的标准化。在光学中，将 MTF 的最大值归一化。在研究空间频率时，考虑的所有探测器都具有低通特性。因此，在接下来的步骤中总是将 $\mathrm{MTF}(f_x) = 0$ 归一化，即归一化到均匀光照的图像。

对由子系统组成的线性系统，MTF 为各子系统 MTF 的乘积：

$$\mathrm{MTF} = \prod_i \mathrm{MTF}_i \tag{5.6.10}$$

例 5.12 衍射受限光学的 MTF。

衍射受限光学艾里斑的点扩展函数（参见 5.5 节）可用于推导无限投影光学的一维 MTF[7]：

$$\mathrm{MTF}_{\mathrm{Optic}}(f_x) = \frac{2}{\pi}\left[\arccos(\lambda F f_x) - \lambda F f_x\sqrt{1-(\lambda F f_x)^2}\right], \lambda F f_x \leqslant 1 \tag{5.6.11}$$

$$\mathrm{MTF}_{\mathrm{Optic}}(f_x) = 0, \lambda F f_x > 1 \tag{5.6.12}$$

图 5.6.2 显示了衍射受限光学的 MTF。MTF 在 $f_x = 1/\lambda F$ 点处变为零。它适用于周期：

$$T_{x0} = \lambda F \tag{5.6.13}$$

该值小于式（5.5.26）所定义的分辨率极限。距离 $r = T_{x0}$，两个艾里斑几乎融合在一起，无法分辨。这意味着，MTF 变为零。对于一个周期与艾里斑距离相对应的空间频率，根据式（5.1.26）一个周期对应的空间频率为

$$f_{\text{Airy}} = \frac{1}{1.22\lambda F} \tag{5.6.14}$$

MTF 约为 10%。

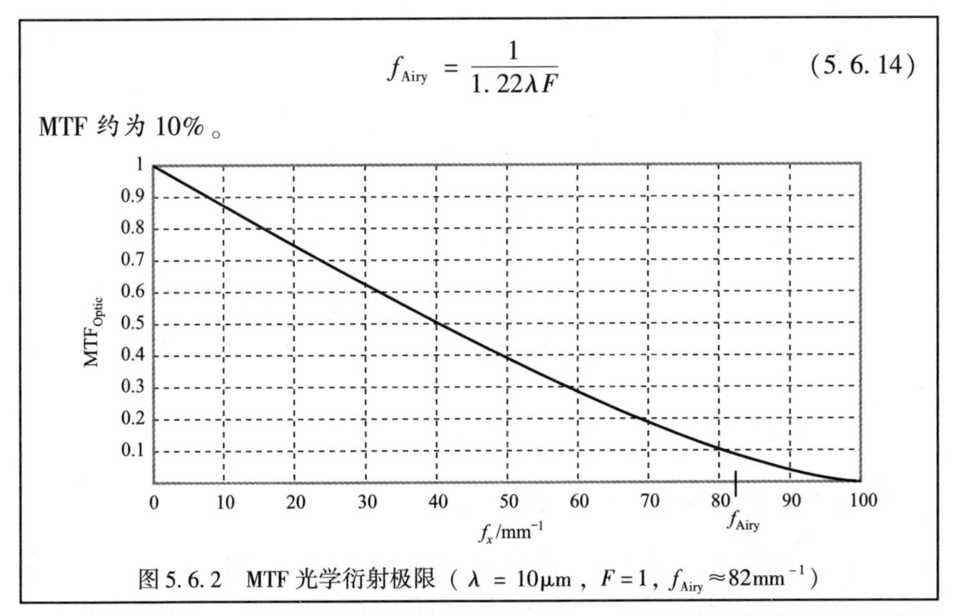

图 5.6.2　MTF 光学衍射极限（$\lambda = 10\mu\text{m}$，$F = 1$，$f_{\text{Airy}} \approx 82\text{mm}^{-1}$）

到目前为止，主要从光学的角度来研究 MTF。从探测器的角度来看，定义式（5.6.9）构成一个归一化的响应率，因为存在。

$$R_{\text{V}} = \frac{V(f_x = 0)}{I(f_x = 0)} \tag{5.6.15}$$

由式（5.6.9）可得

$$\text{MTF}(f_x) = \frac{R_{\text{V}}(f_x)}{R_{\text{V}}(f_x = 0)} \tag{5.6.16}$$

空间频率为零意味着探测器被均匀地照亮。这意味着，根据 5.1 节，黑体响应率 R_{V} 是式（5.6.16）的赋值器中的正态化变量。因此，探测器的 MTF 对应于归一化的空间频率相关响应率。

5.6.2　对比度

有时，用对比度或对比度传递函数（CTF）代替调制传递函数（MTF）。给定的对比度总是指矩形光栅（图 5.6.3）。CTF 定义为

$$\text{CTF}(f_x) = \frac{I_{\max}(f_x) - I_{\min}(f_x)}{I_{\max}(f_x) + I_{\min}(f_x)} \tag{5.6.17}$$

具有投影矩形结构的最小或最大强度。在陈述对比度时，可以忽略边缘的重影。对比的优点是容易生成矩形结构，简化了测量。但是，由于系统之间的对比不是相乘叠加的，因此不可能陈述子系统之间的对比。使用 MTF 可以计算对比度：

$$\text{CTF}(f_x) = \frac{4}{\pi}\left[\text{MTF}(f_x) - \frac{1}{3}\text{MTF}(3f_x) + \frac{1}{5}\text{MTF}(5f_x) - \cdots\right] \tag{5.6.18}$$

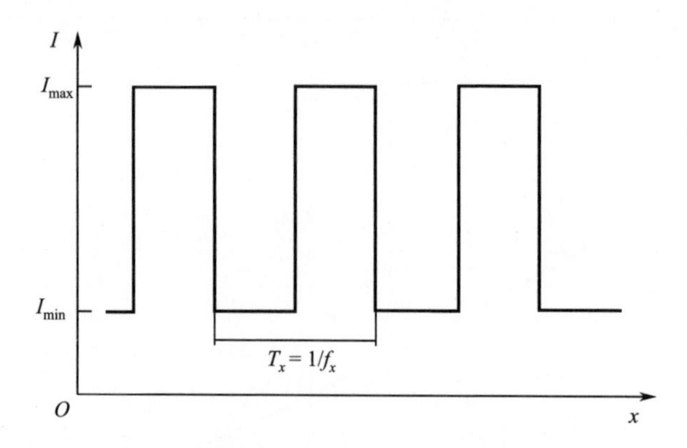

图 5.6.3　基于空间强度差异的 I_{max} 与 I_{min} 基波空间频率 f_x 对比

5.6.3　探测器调制传递函数

探测器的调制传递函数是一个与空间频率相关的归一化响应。探测器 MTF 可以通过计算探测器各传输相关子系统的 MTF 来计算。式（5.6.10）可用于计算探测器 MTF。

根据探测器的工作原理，必须考虑不同的子系统。下面将介绍几个子 MTF。

5.6.3.1　几何 MTF

每个像素都有一定的空间扩展，并在其探测器区域内进行集成（图 5.6.4）。但是，只看一维的情况。如果输入信号是狄拉克函数

$$I(x) = \delta(x) \tag{5.6.19}$$

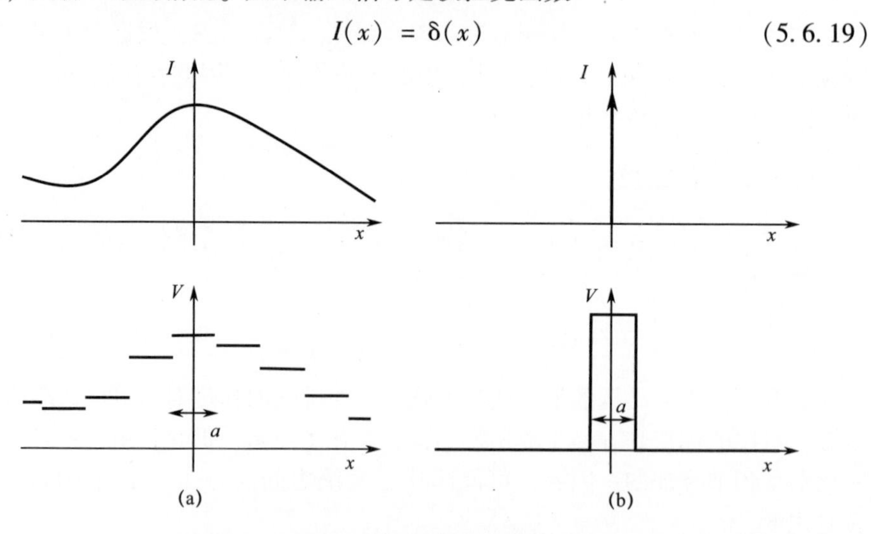

图 5.6.4　探测器以宽度像素采样输出信号 a
（a）任意输入信号；（b）狄拉克函数作为输入信号。

输出信号为 PSF，表示像素宽度为 a 的矩形（图 5.6.4（b））：

$$V(x) = \mathrm{rect}\left(\frac{x}{a}\right) \tag{5.6.20}$$

为了计算 MTF，需要傅里叶变换 $V(x)$，它适用于以下情况通信：

$$\mathrm{rect}\left(\frac{x}{a}\right) \leftrightarrow a\sin(a\pi f_x) \tag{5.6.21}$$

归一化后，可得几何调制传递函数：

$$\mathrm{MTF_g}(f_x) = |\sin(a\pi f_x)| \tag{5.6.22}$$

几何调制传递函数描述了由于信号在像素区域上的积分而导致的调制降低（图 5.6.5）。当 $\mathrm{MTF_g}$ 的第一个零发生在空间频率 f_x 周期与像素宽度 a 相同时，有

$$a = \frac{1}{f_x} \tag{5.6.23}$$

这是对正弦输入信号的一个周期进行积分的情况。

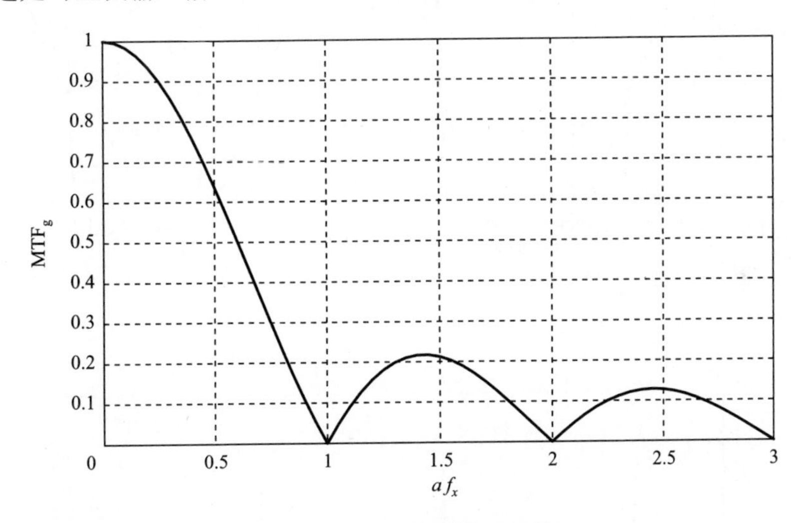

图 5.6.5　几何调制传递函数

探测器的像素是用来采样输入信号的，即它是离散的。对于无误差离散化，必须遵循香农抽样定理。它规定，频率中包含的最高频率必须小于采样频率的 1/2。应用于空间采样，采样定理成为

$$f_x < \frac{1}{2r} \tag{5.6.24}$$

式中：r 为像素间距。

限制频率为

$$f_{x,\mathrm{Nyquist}} = \frac{1}{2r} \tag{5.6.25}$$

也称为奈奎斯特频率。此时，像素宽度 a 不能大于像素间距 r，即

$$a < r \tag{5.6.26}$$

在此条件下，几何调制传递函数仅在物理上可行

$$af_x \leqslant 0.5 \tag{5.6.27}$$

从而得到最小值约为 64%。这意味着几何调制传递函数是一个低通。如果信号包含更高的频率，则这些频率将以一种伪造的方式投射，称为混叠。

例 5.13 矩形信号的传输。

长 10mm 的线探测器由宽 50μm 的像素排列在一个 50μm 的栅格上，一个矩形信号投射到它上面。为了满足采样定理，使用傅里叶级数来合成矩形信号（图 5.6.6（a））。

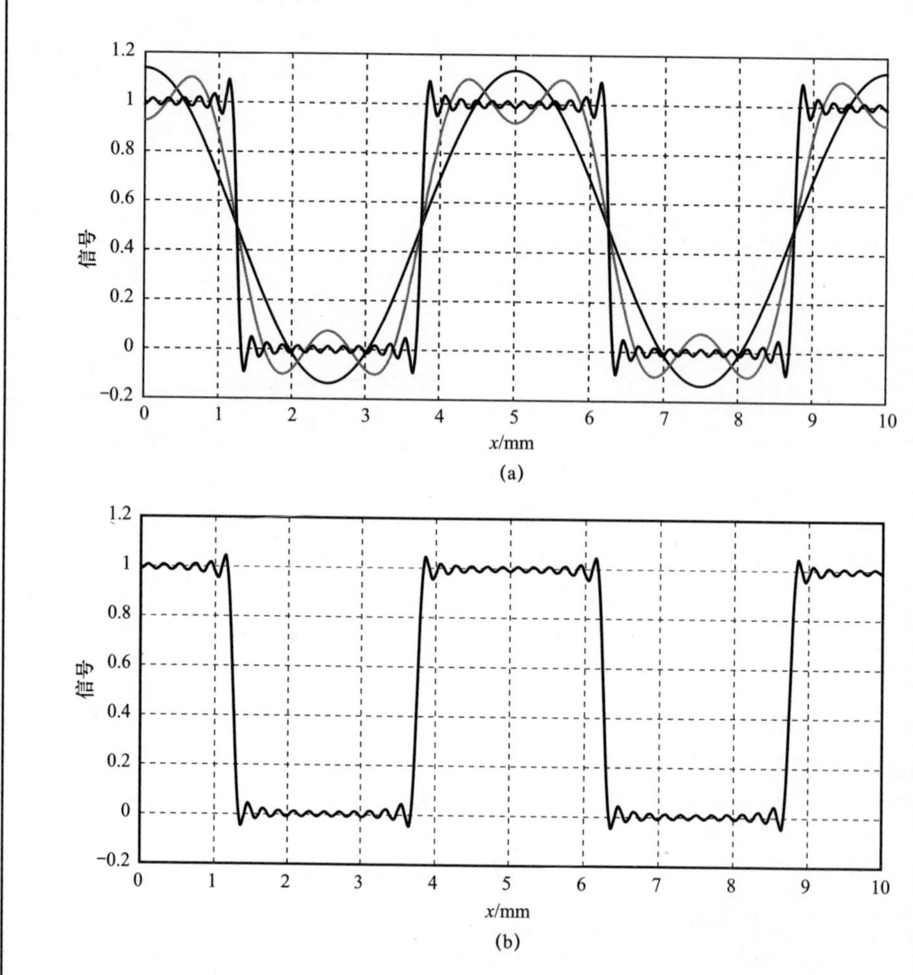

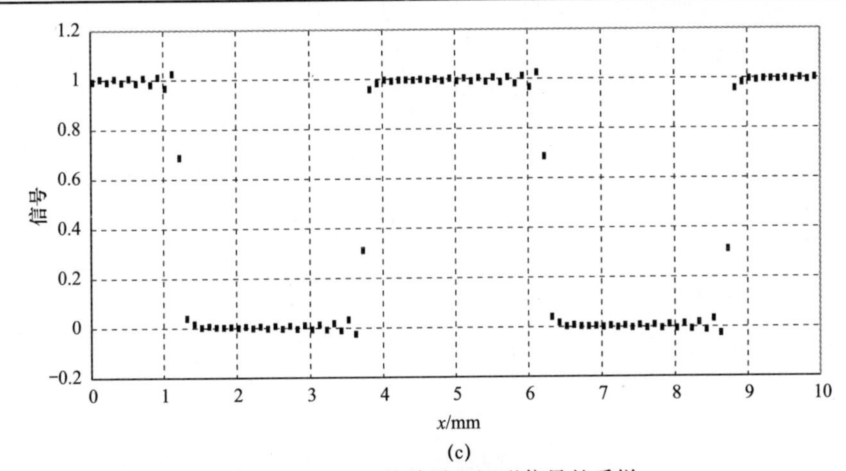

图 5.6.6 MTF 的效果和矩形信号的采样

(a) 合成输入信号 $f_x = 0.2\text{mm}^{-1}$ (为了便于比较,给出了基波和基波与一阶谐波的和);
(b) 光学 MTF_g 和几何 MTF_g 冲击后的输入信号;(c) 采样后的输出信号。

信号的基频 $f_x = 0.2\text{mm}^{-1}$。傅里叶级数中断在第 11 个谐波 ($f_{x,11} = 4.6\text{mm}^{-1}$)。结果是边缘有明显的超调。图 5.6.6 (b) 为低通滤波后矩形信号图像的光学 MTF 和几何 MTF。对光学 MTF,$F=3$ 和 $\lambda = 10\mu\text{m}$ 被选为参数 (图 5.6.7)。图 5.6.6 (c) 为像素采样后的输出信号。可以清楚地看到,由低通行为引起的边缘陡度和超调的下降。图 5.6.6 (c) 中的不对称是由像素相对于信号的位置不对称造成的。第一像素区域开始点 $x=0$ (探测器开始的地方)。像素的中心位 $x = 25\mu\text{m}$。然而,信号的对称点是定位的在 $x = 0\text{mm}$。

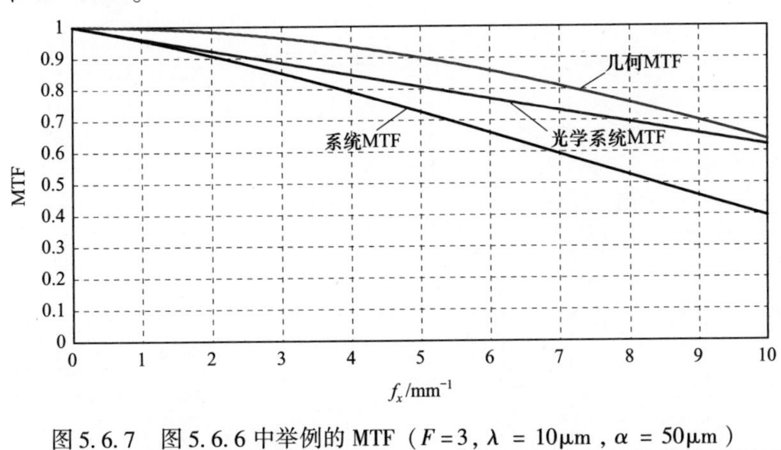

图 5.6.7 图 5.6.6 中举例的 MTF ($F=3$, $\lambda = 10\mu\text{m}$, $\alpha = 50\mu\text{m}$)

5.6.3.2 热调制传递函数

如果两个像素之间可以发生热传导,一个像素的信号与相邻像素之间就会产生热串扰。串扰降低了图像中的对比度或调制度。热释电探测器的例子（6.5 节），像素彼此靠近地位于探测器芯片上。6.2.2 节给出热释电探测器的热模型和热 MTF 的计算，得到了时域正弦调制辐射的热 MTF：

$$\mathrm{MTF_{th}}(f_x) = \frac{1}{\sqrt{1+\left(\frac{a_s\omega_x^2}{\omega_{Ch}}\right)^2}} = \frac{1}{\sqrt{1+(l_{th}^2\omega_x^2)^2}} \tag{5.6.28}$$

式中：ω_x 为空间角周波数，$\omega_x = 2\pi f_x$；ω_{Ch}为斩波角波数，$\omega_{Ch} = 2\pi f_{Ch}$；$a_s$ 为热导率；l_{th} 为热扩散长度。

这意味着，热 MTF 是具有热扩散长度的低通

$$l_{th} = \sqrt{\frac{a_S}{\omega_{Ch}}} \tag{5.6.29}$$

最大容许空间频率为奈奎斯特频率（式（5.6.25））。为了在$f_{x.\,\mathrm{Nyquist}}$，点达到最大 MTF，它适用于

$$\left(\frac{\pi^2 l_{th}^2}{r^2}\right)^2 \ll 1 \tag{5.6.30}$$

或者简化为

$$l_{th}^4 \ll r^4 \tag{5.6.31}$$

热扩散长度必须远小于像素距离的平方。热扩散长度随斩波频率的增加而减小。这意味着，为了获得较大的 MTF 值，必须选择较高的斩波频率。

例 5.14 热释电探测器的热 MTF。

线阵热释电探测器有256 像素，像元尺寸为50μm。这导致了最大容许空间频率f_x 为 $10\mathrm{mm}^{-1}$。使用钽酸锂作为热释电材料，热 MTF 如图 5.6.8 所示。

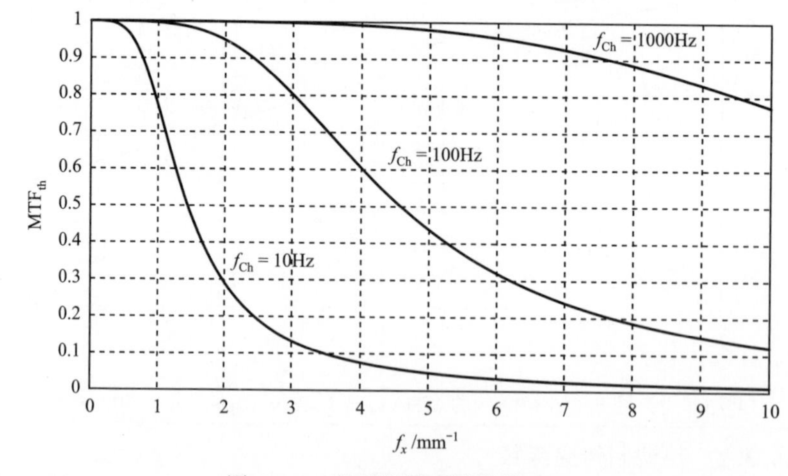

图 5.6.8　钽酸锂线探测器热 MTF

5.6.3.3 电容 MTF

热释电探测器的前后电极构成电容 C_{Pixel}，其电介质对应于热释电。读出电子的输入电容 C_{Gate}与像素相连接。像素之间非常小的距离导致相邻像素之间产生容量，即通过热释电（C_{Bulk}）和空气（C_{Air}）产生容量（图 5.6.9）。建立一个 $2n$ 像素的线探测器模型，随着 n 的增大，如 $n=128$，如果使用频率为f_{Ch}的点源辐照中间像素，则会产生具有相同频率的热释电电流 i_P，在像素上产生电压。由于电容耦合，相邻像素上也会产生电压。这种效应称为电容式串扰。这意味着，串扰会扩大输入脉冲，导致电容式 MTF_C所描述的空间分辨率下降。

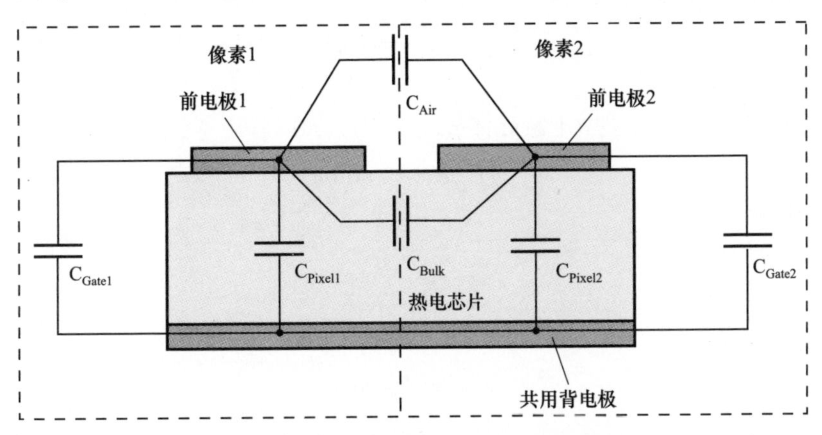

图 5.6.9　两个对称结构像素的电容耦合

为了对串扰进行建模，可以假设具有 n 个双端口的对称网络。图 5.6.10 为链矩阵模型。这里，一个 $2n$ 像素的线性排列被划分在中间。中间的像素($n=0$)被激发。由于励磁电流也是对称分割的，其相当于热释电电流的一半，即 $i_P/2$ 。这意味着，链矩阵由 n 个对称的 π 元素组成。一个 π 元素由两个相邻的半像素容量 Z_1和耦合容量 Z_2组成。图 5.6.10 中，单 π 元素的四极参数为

$$\boldsymbol{K}=\begin{pmatrix}K_{11} & K_{12}\\ K_{21} & K_{22}\end{pmatrix}=\begin{pmatrix}1+\dfrac{Z_2}{Z_1} & Z_2\\ \dfrac{2Z_1+Z_2}{Z_1^2} & 1+\dfrac{Z_2}{Z_1}\end{pmatrix}\tag{5.6.32}$$

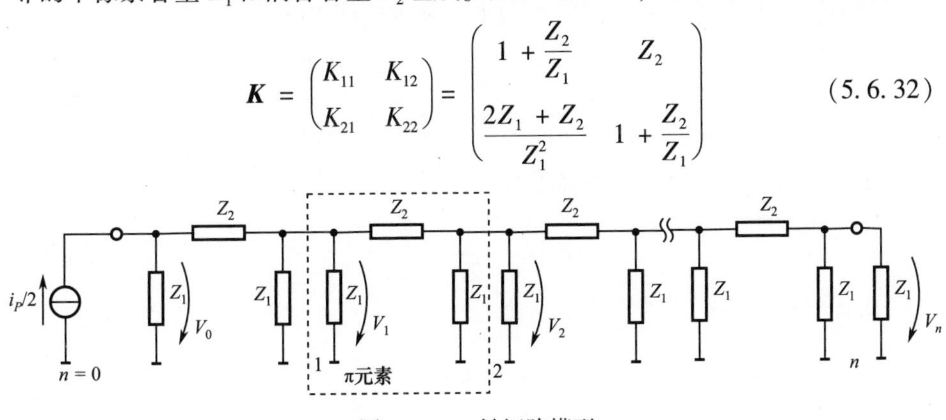

图 5.6.10　链矩阵模型

阻抗按图 5.6.10 计算：

$$Z_1 = \frac{2}{\mathrm{j}2\pi f_{\mathrm{Ch}} C_{\mathrm{I}}} \tag{5.6.33}$$

$$C_{\mathrm{I}} = C_{\mathrm{Gate}} + C_{\mathrm{Pixel}} \tag{5.6.34}$$

$$Z_2 = \frac{2}{\mathrm{j}2\pi f_{\mathrm{Ch}} C_{\mathrm{C}}} \tag{5.6.35}$$

$$C_{\mathrm{C}} = C_{\mathrm{Air}} + C_{\mathrm{Bulk}} \tag{5.6.36}$$

为了计算具有 n 个节点的网络，可以使用双端口网络的数学工具和传输线理论。引入以下条件：

$$K_{11} = K_{12} = \cosh g \tag{5.6.37}$$

式中：g 为波传递因子。

由于可逆性，它适用于链导体 matrix det（K） =1，其结果

$$\sqrt{K_{12}K_{21}} = \sinh g \tag{5.6.38}$$

波阻抗为

$$Z_0 = \sqrt{\frac{K_{12}}{K_{21}}} \tag{5.6.39}$$

由此可见

$$K_{12} = Z_0 \sinh g \tag{5.6.40}$$

和

$$K_{21} = \frac{1}{Z_0} \sinh g \tag{5.6.41}$$

链矩阵变为

$$\boldsymbol{K} = \begin{pmatrix} \cosh g & Z_0 \sinh g \\ \frac{1}{Z_0}\sinh g & \cosh g \end{pmatrix} \tag{5.6.42}$$

如果将 n 个相同的 π 元素链接起来，则得到链矩阵为

$$\boldsymbol{K}_n = \begin{pmatrix} \cosh ng & Z_0 \sinh ng \\ \frac{1}{Z_0}\sinh ng & \cosh ng \end{pmatrix} \tag{5.6.43}$$

通过插入真实阻抗，波阻抗变为

$$Z_0 = \sqrt{\frac{Z_2 Z_1^2}{2Z_1 + Z_2}} \tag{5.6.44}$$

由式（5.6.40）可得波传递系数为

$$g = \operatorname{arcsin}h \frac{K_{12}}{Z_0} \tag{5.6.45}$$

令 $K_{12} = Z_2$，则式（5.6.45）可写为

$$g = \ln\left(\frac{Z_2}{Z_0} + \sqrt{1 + \left(\frac{Z_2}{Z_0}\right)^2}\right) \tag{5.6.46}$$

由于

$$\frac{Z_2}{Z_0} = \sqrt{2\frac{Z_2}{Z_0} + \frac{Z_2^2}{Z_1^2}} \tag{5.6.47}$$

$$\sqrt{1 + \left(\frac{Z_2}{Z_0}\right)^2} = \left(1 + \frac{Z_2}{Z_1}\right) \tag{5.6.48}$$

将式（5.6.47）和式（5.6.48）代入式（5.6.46），可得

$$g = \ln\left(1 + \frac{Z_2}{Z_1} + \sqrt{2\frac{Z_2}{Z_1} + \frac{Z_2^2}{Z_1^2}}\right) = \ln\left[1 + \frac{Z_2}{Z_1}\left(1 + \sqrt{1 + 2\frac{Z_1}{Z_2}}\right)\right] \tag{5.6.49}$$

下面研究输入电压 V_0 至第 n 个元素之后的电压 V_n 电压比值，每个链在 Z_0 的 n 个元素之后完成。由四极方程可知

$$\frac{V_n}{V_0} = \frac{1}{K_{11} + \frac{K_{12}}{Z_0}} = \frac{1}{\cosh ng + \sinh ng} = \mathrm{e}^{-ng} \tag{5.6.50}$$

通过导入 g，可得

$$\frac{V_n}{V_0} = \left(\frac{Z_2}{Z_0} + \sqrt{1 + \left(\frac{Z_2}{Z_0}\right)^2}\right)^{-n} = \left[1 + \frac{Z_2}{Z_1}\left(1 + \sqrt{1 + 2\frac{Z_1}{Z_2}}\right)\right]^{-n} \tag{5.6.51}$$

将式（5.6.33）和式（5.6.35）代入式（5.6.51）可得

$$\frac{V_n}{V_0} = \left[1 + \frac{C_I}{2C_C}\left(1 + \sqrt{1 + 4\frac{C_C}{C_I}}\right)\right]^{-n} \tag{5.6.52}$$

假设串扰从一个像素到下一个相邻像素呈指数下降，那么可以根据下式定义空间距离 d：

$$\frac{V_n}{V_0} = \mathrm{e}^{-nd} \tag{5.6.53}$$

将式（5.6.52）代入式（5.6.52）可得

$$d = \ln\left[1 + \frac{C_I}{2C_C}\left(1 + \sqrt{1 + 4\frac{C_C}{C_I}}\right)\right] \tag{5.6.54}$$

图 5.6.11 显示了相邻像素的串扰，它与斩波频率无关，只取决于容量比 C_C/C_I。

为了计算 MTF，在节点 0 处输入的信号现在被解释为像素的点辐射。电压 V_0是像素对点源信号的电响应。在相邻像素电压 V_n（$n=1, 2, \cdots$）然后对应相邻像素上串扰电压信号。空间分辨信号可以用狄拉克函数表示：

$$\frac{V_n}{V_0} = \sum_{n=-\infty}^{+\infty} \mathrm{e}^{-d|n|}\delta(x - nr) = \mathrm{e}^{-\frac{d}{r}|x|}\sum_{n=-\infty}^{\infty}\delta(x - nr) \tag{5.6.55}$$

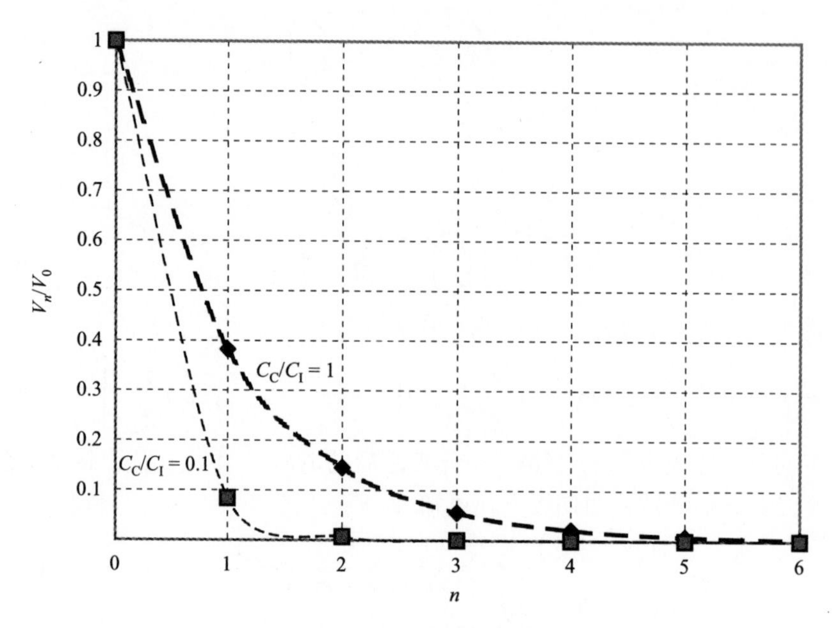

图 5.6.11　与相邻像素串扰

狄拉克表达式中 δ 函数之和表示距离中心像素为 r 的像素处只有一个电压。式（5.6.55）右侧项求和符号前面的指数函数表示脉冲序列的包络曲线，脉冲序列按坐标原点对称分布。由于输入信号已经是点源，所以其 MTF 可以通过傅里叶变换直接由式（5.6.55）计算。采用如下傅里叶变换：

$$e^{-a|x|} \Leftrightarrow \frac{2a}{a^2 + (2\pi f_x)^2} \tag{5.6.56}$$

$$\sum_{n=-\infty}^{\infty} \delta(x - nr) \Leftrightarrow \frac{1}{r} \sum_{v=-\infty}^{\infty} \delta\left(f_x - \frac{n}{r}\right) \tag{5.6.57}$$

这两个函数在空间域中相乘，也就是说，它们在频域内必须卷积。与狄拉克函数和的卷积意味着，反过来，将其与自身相乘：

$$F\left\{\frac{V_n}{V_0}\right\} = \frac{2d}{r^2} \frac{1}{\left(\frac{d}{r}\right)^2 + (2\pi f_x)^2} \sum_{n=-\infty}^{\infty} \delta\left(f_x - \frac{n}{r}\right) \tag{5.6.58}$$

通过正常化到 $f_x = 0$，可得到 MTF。下面将只使用包络曲线作为 MTF：

$$\mathrm{MTF_C} = \frac{1}{1 + \left(\frac{2\pi r}{d} f_x\right)^2} \tag{5.6.59}$$

图 5.6.12 示出了电容 MTF。为了使电容性串扰尽可能小，从而使电容性 $\mathrm{MTF_C}$ 尽可能大，耦合电容 C_C 必须大大小于单元电容和栅极电容之和 C_I。

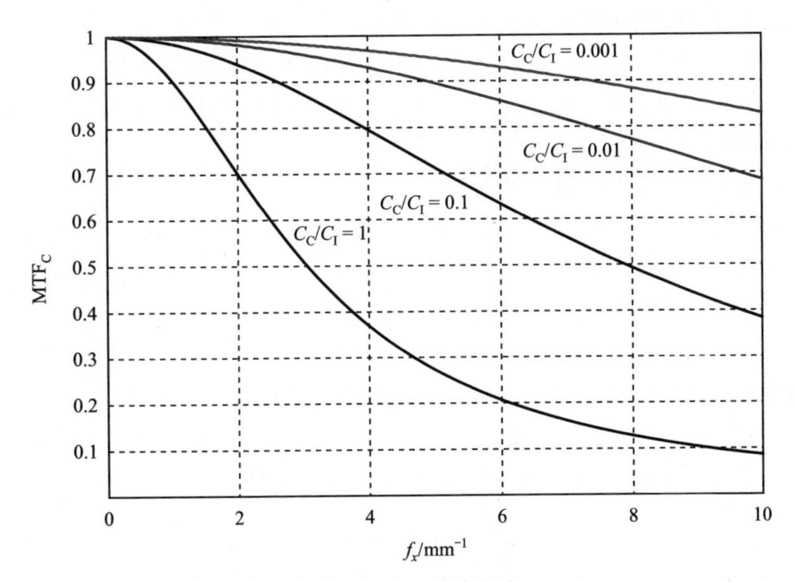

图 5. 6. 12　电容 MTF_C（像素距离 $r = 50\mu m$）

5. 6. 4　测量调制传递函数

有多种测量 MTF 的选项参见文献［4］。图 5. 6. 13 为主要测量装置。测量是通过在探测器上投射一个场景来实现的。在图 5. 6. 13 中，以狭缝孔径为场景。确定探测器 MTF，必须知道光学系统的 MTF。假设探测器是一个线性测量系统。

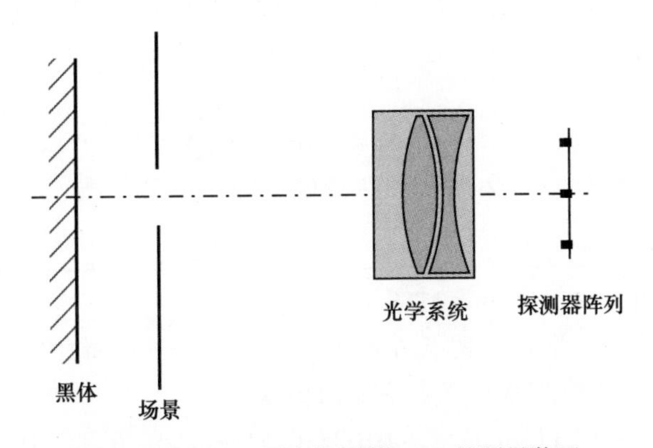

图 5. 6. 13　用于测定探测器 MTF 的测量装置

5. 6. 4. 1　使用正弦调制的场景进行测量

对于正弦空间网格的投影，进行直接测量调制。需要为每个空间频率生成一个空间网格。在红外光谱范围生成正弦空间网格比较复杂，这种方法是不可行的。

5.6.4.2 使用矩形调制场景进行测量

当使用矩形场景进行测量时，会测量对比度，从而测量 CTF。通常 CTF 作为 MTF 给出，没有进一步的解释。对于高空间频率，由于探测器器的低通特性，两者相互混合。

5.6.4.3 使用点或线光源测量

点或线源投射到探测器上，通过傅里叶变换和归一化，可得到系统的 MTF。然而，为了能够将它们分离出来，必须知道图像中的点或狭缝宽度。此外，探测器的信噪比对于小缝来说非常小。

5.6.4.4 测量与刀口的场景

MTF 可以从刀口图像中计算出来，即刀口扩展函数（ESF）。刀口扩展函数对位置的导数得到了一个狭缝图像函数。分割图像函数对应于线扩展函数（LSF）。这可以被傅里叶变换和正常化，以达到 MTF：

$$\mathrm{LSF}(x) = \frac{\mathrm{dESF}(x)}{\mathrm{d}x} \tag{5.6.60}$$

在微分过程中，稳定分量会丢失。由线扩散函数的傅里叶变换得到

$$F\{\mathrm{LSF}(x)\} = F\left\{\frac{\mathrm{dESF}(x)}{\mathrm{d}x}\right\} \tag{5.6.61}$$

在线性系统中，傅里叶变换和微分是可以互换的，因此可以选择在频域中进行微分。它适用于

$$S(f_x) = F\{\mathrm{LSF}(x)\} = \mathrm{j}2\pi f_x F\{\mathrm{ESF}(x)\} \tag{5.6.62}$$

对于刀口图像函数的傅里叶变换，必须考虑到数字傅里叶变换需要信号的周期延拓。然而，在刀口图像的边缘有一些信号中断，必须通过添加一个斜率来消除。由假设低通的行为，正常化 $f_x = 0$：

$$\mathrm{MTF}(f_x) = \frac{S(f_x)}{S(f_x = 0)} \tag{5.6.63}$$

在频域进行微分时，必须计算在较低空间频率下，点 $f_x = 0$ 时，$S(f_x)$ 的外推值。

例 5.15 使用刀口图像测量 MTF。

例如，测量信号取自图 5.6.6（c）中 $x = 3.75\mathrm{mm}$（图 6.6.11）处。假设 $N = 8$ 元素的边缘是一个数字序列的信号：

$$\mathrm{ESF}(n) = \{-0.011;0.033;-0.025;0.312;0.959;0.983;0.997;0.992\} \tag{5.6.64}$$

可以直接按数列进行微分，结果是行扩展函数：

$$\mathrm{LSF}(n) = \sum_{n=1}^{7} k(n+1) - k(n) \tag{5.6.65}$$

最后一个元素用一个零完成：

$$LSF(n) = \{0.044; -0.058; 0.337; 0.647; 0.023; 0.014; -0.004; 0\} \tag{5.6.66}$$

对这 8 个元素进行快速傅里叶变换（FFT）后的幅值为

$$S(n) = \{1.003; 0.892; 0.740; 0.533; 0.203; 0.533; 0.740; 0.892\} \tag{5.6.67}$$

结果是对称的奈奎斯特频率 $n=4$，因此只有与 $n=4$ 相关的值。正常化后的 MTF 如下：

$$MTF(n) = \{1; 0.889; 0.738; 0.531; 0.203\} \tag{5.6.68}$$

MTF 值的空间频率可根据下式计算：

$$f_x(n) = \frac{n}{Nr} \tag{5.6.69}$$

像素间距 $r = 50\mu m$，适用于

$$f_x(n) = \{0; 2.5; 5.0; 7.5; 10\} \tag{5.6.70}$$

式（5.6.70）中所有值的单位都为 mm^{-1}。为了得到探测器 MTF，最终需要除以图 5.6.2 中的光学 MTF：

$$MTF_{Optic}(n) = \{1; 0.968; 0.936; 0.905; 0.873\} \tag{5.6.71}$$

则探测器 MTF 为

$$MTF_{Sensor}(n) = \{1; 0.918; 0.788; 0.587; 0.232\} \tag{5.6.72}$$

图 5.6.14 和图 5.6.15 为结果的图形表示。为了达到更高的分辨率，使用 $N=32$ 的图形表示。

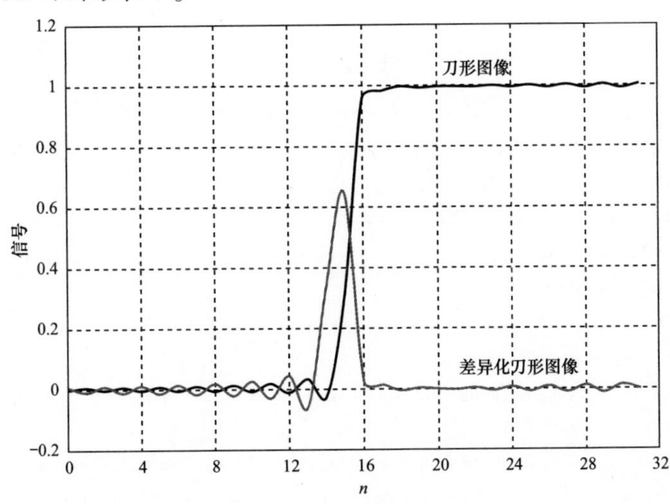

图 5.6.14　刀形图像（图 5.6.6（c）信号曲线的部分中，$n=16$ 点位于 3.75mm）和差异化刀形图像计算 MTF

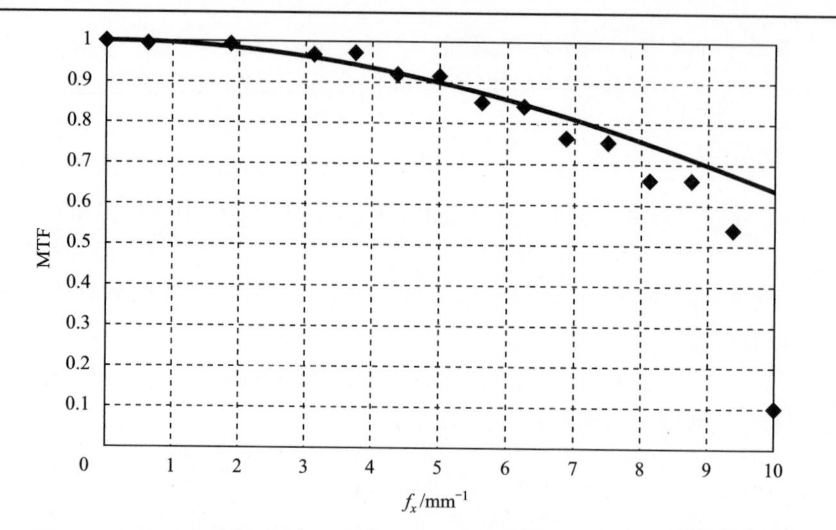

图 5.6.15 MTF 测量探测器（整条线：MTF 根据图 5.6.7 点“测量”值）

由于以下原因，图 5.6.7 中给定的探测器 MTF 与计算值存在偏差：

(1) 对高于奈奎斯特频率的频率，MTF 不为零以引起串音（混叠）。可以通过改变边缘相对于像素的位置来操作接近于 10mm^{-1} 奈奎斯特频率的值。

(2) 输入信号的波动也出现在图像范围内。

(3) 使用一个非常小的边缘图像的宽度函数（$N=32$）。

对于 $N=8$ 像素的计算实例，测量误差是不可接受的。

(4) 计算中有四舍五入误差。

参考文献

[1] ISO/IEC Guide 99-12:2007 International Vocabular of Metrology-Basic and General Concepts and Associated Terms, VIM, Int. Org. for Standardization.

[2] Hecht, E. (2003) Optics, Addison-Wesley, Reading.

[3] ISO 9334 (1995) Optics and Optical Instruments-Optical Transfer Function-Definitions and Mathematical Relationships, Int. Org. for Standardization.

[4] ISO 9335 (1995) Optics and Optical Instruments-Optical Transfer Function-Principles and Procedures of Measurement, Int. Org. for Standardization.

[5] ISO 11421 (1997) Optics and Optical Instruments-Accuracy of Optical Transfer Function (OTF) Measurement, Int. Org. for Standardization.

[6] ISO 15529 (1999) Optics and Optical Instruments-Optical Transfer Function-Principles of Measurement of Modulation Transfer Function (MTF) of Sampled Imaging Systems, Int. Org. for Standardization.

[7] Haferkorn, H. (2003) Optik: Physikalisch-Technische Grundlagen und Anwendungen (Optics: Physico-Technical Fundamentals and Applications), Wiley-VCH.

第 6 章　热红外探测器

热红外探测器是一种通过吸收红外辐射温度变化的探测器，并将温度变化转化为电信号输出。热红外探测器也称为辐射温度探测器，它的功能原理不同于半导体光子或量子探测器，由于不同的光电效应，辐射的光子产生电荷载体。为了能够探测到低能红外辐射，必须对光子探测器进行冷却，使其明显低于环境温度。在热探测器中，限制温度分辨率的辐射噪声具有一定的抑制作用，这意味着冷却并不能显著提高探测能力。与此相反，热红外探测器可以在常温下工作。热辐射噪声限制了探测器的温度分辨能力，由于 $\sqrt{T}$ 因子存在，单纯依靠降低探测器的温度并不能持续改善温度探测能力，这意味着，冷却并没有显著改善探测能力，因此特别适合于小型、轻便和便携的应用场合。现代微电子和微机械制造方法的应用促进了小型化、高分辨率的探测器的快速发展，该类探测器价格实惠，开拓越来越多的新应用领域，如热成像。

6.1　工作原理

热辐射探测器将辐射通量 Φ_S 转换成电信号（电压 V_S或电流 I_S）。图 6.1.1 为红外辐射测定的测量链。

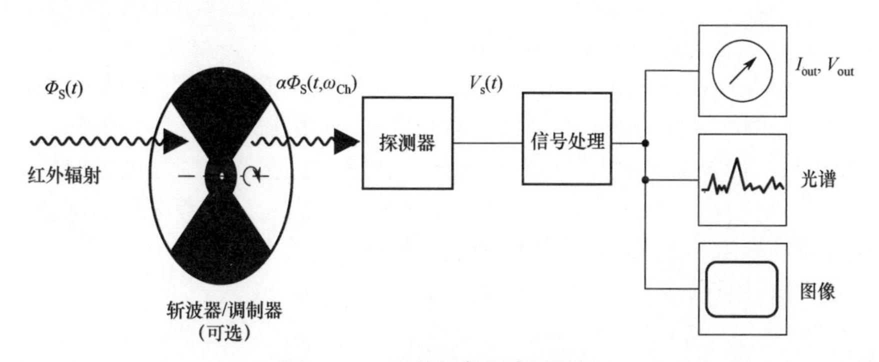

图 6.1.1　红外辐射测定测量链

虽然它们利用了不同的物理工作原理，但各种热红外探测器结构基本相同（图 6.1.2）。入射的红外辐射通量被热隔离的探测器元件（像素）吸收并转化为热。像素的温度与吸收的红外辐射功率成正比，因此热探测器的响应性原则与波长无关。然而，在许多情况下，由于像素的吸收特性，响应率与波长有关。如果需要，则可以用斩波器对红外辐射进行时间调制。

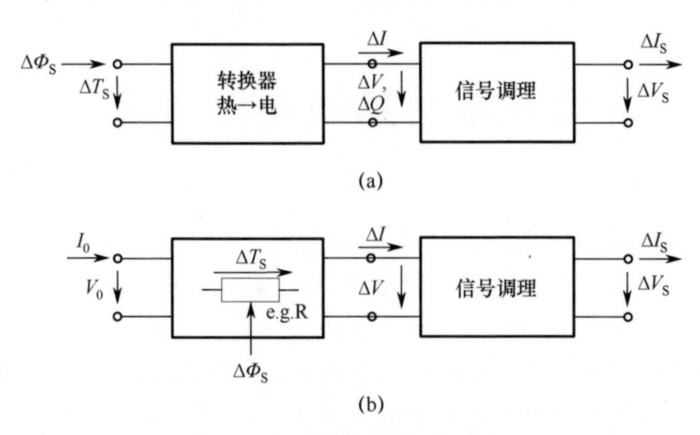

图 6.1.2　热探测器工作模式

(a) 热电转换功能；(b) 在参数转换器中采用电信号调制。

像素温度转换成电信号取决于探测器的类型。我们区分了利用热电换能器效应的能量转换器和利用温度调制电信号的参数换能器[1]。

热红外探测器是根据能量探测器原理工作的。

(1) 塞贝克效应：热电偶元件或热电堆。

(2) 热释电效应：热释电探测器。

探测器参数利用温度来调节电源之间的关系参数和电输出参数，即电能的转换，它们需要辅助电源（供电能源）。使用上述任意一种会有如下效果：

(1) 电阻与温度的关系（电阻测辐射计）；

(2) 封闭体积内压强与温度的关系（戈莱盒）；

(3) 机械张力与温度的关系；

(4) 二极管的正向电压与温度的关系。

热红外探测器通常由一个热隔离良好、非常薄的芯片组成，通常称为探测器元件。探测器元件的温度由吸收辐射通量 Φ_A 和由探测器元件发射的辐射通量 Φ_S 组成。图 6.1.3 示出了探测器元件、物体与探测器周围环境之间的辐射交换（背景）。由于探测器被封装在真空环境下，因此没有考虑探测器和它的连接件通过热传导方式传递到周围环境中的热量（参见 6.2 节）。

吸收辐射通量 Φ_A 由目标辐射 Φ_O 和环境辐射 Φ_E 组成：

$$\Phi_A = \bar{\alpha}(\Phi_O + \Phi_E) \tag{6.1.1}$$

式中：$\bar{\alpha}$ 为光谱带宽吸收率。

发射的辐射通量 Φ_S 被辐射到整个半球空间中：

$$\Phi_S = \bar{\varepsilon}\sigma T_S^4 A_S \tag{6.1.2}$$

式中：$\bar{\varepsilon}$ 为光谱带宽发射率；A_S 为探测器靶面面积。

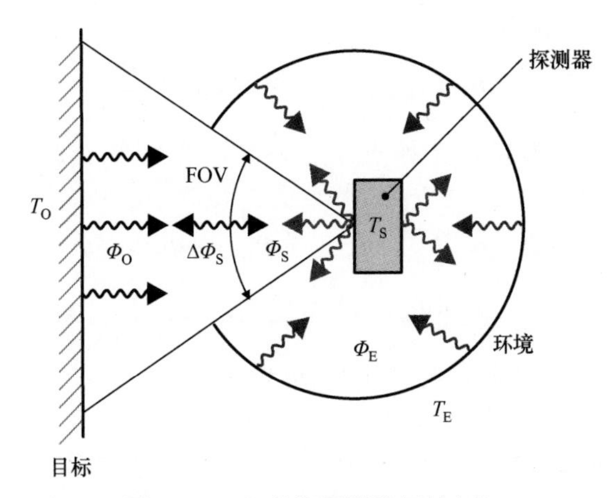

图 6.1.3 红外探测器的辐射交换

这里不考虑探测器像元后面可能的辐射和吸收。通过将探测器靶面加倍，可以将背面的发射和吸收计算在内。辐射交换在探测器上，它适用于

$$\Delta\Phi_{A-S} = \bar{\alpha}(\Phi_O + \Phi_E) - \bar{\varepsilon}\Phi_S \tag{6.1.3}$$

首先假设环境和目标具有相同的温度（$T_O = T_E$）。考虑能量学原因，探测器须具有相同的环境温度（$T_S = T_E$）。该种状态称为工作点，工作点温度也称为背景温度 T_B（$T_B = T_E$）。当然，也可能有其他工作点，$T_B \neq T_E$。它使得下面的公式只有一个附加常数：

$$\Phi_A = \bar{\alpha}\sigma T_E^4 A_S \tag{6.1.4}$$

因此，探测器接收来自整个半空间的辐射。当 $\Delta\Phi_{A-S} = 0$ 时，可达到热平衡：

$$\bar{\alpha}\sigma T_E^4 A_S = \bar{\varepsilon}\sigma T_S^4 A_S \tag{6.1.5}$$

假设探测器温度 T_S 与环境温度 T_E 在工作点相等，它遵循的是

$$\bar{\alpha} = \bar{\varepsilon} \tag{6.1.6}$$

在热平衡中，吸收波长和发射波长是相等的，但这并不适用于特定的波长。改变目标温度 T_O 会导致探测器在规定的定义工作点 T_S 发生调整，此辐射通量 $\Delta\Phi_S$ 随目标温度变化而变化：

$$\Delta\Phi_S = \Phi_O(T_O) - \Phi_O(T_E) \tag{6.1.7}$$

因此，式（6.1.1）可写为

$$\begin{aligned}\Phi_A &= \bar{\alpha}[\Phi_O(T_E) + \Delta\Phi_S(T_O) + \Phi_E(T_E)] \\ &= \bar{\alpha}[\Phi_B(T_E) + \Delta\Phi_S(T_O)]\end{aligned} \tag{6.1.8}$$

物体被吸收的辐射通量总和 Φ_A 是背景辐射 $\Phi_B = \Phi_O(T_E) + \Phi_E(T_E)$ 和目标辐射通量变化 $\Delta\Phi_S$。这意味着，探测器接收到的信号是背景辐射 Φ_B（来自于整个半空间）以及额外辐射通量 $\Delta\Phi_S$（来自于 FOV）。辐射通量 $\Delta\Phi_S$ 对应于探测器与目标之间交换的辐射通量式（式（3.2.22）、

式（3.2.32）、式（3.2.41））：

$$\Delta\Phi_S = \sigma(T_0^4 - T_E^4)A_S \sin^2 \frac{FOV}{2} \tag{6.1.9}$$

下面来看小的调制围绕工作点 T_S。将式（6.1.3）代入式（6.1.2）和式（6.1.4），可得

$$\begin{aligned}\Delta\Phi_{A-S} &= \Phi_A - \Phi_S = \bar{\alpha}\Phi_0 + \bar{\alpha}\Phi_E - \bar{\varepsilon}\Phi_S \\ &= \bar{\alpha}\Phi_0 - \bar{\varepsilon}A_S\sigma\left(T_S^4 - \frac{\bar{\alpha}}{\bar{\varepsilon}}T_E^4\right)\end{aligned} \tag{6.1.10}$$

将式（6.1.6）代入式（6.1.10），可得

$$\Delta\Phi_{A-S} = \bar{\alpha}\Phi_0 - \bar{\varepsilon}A_S\sigma(T_S^4 - T_E^4) \tag{6.1.11}$$

对于热平衡来说，$\Delta\Phi_{A-S} = 0$，则由式（6.1.11）可得

$$\bar{\alpha}\Phi_0 = \bar{\varepsilon}A_S\sigma(T_S^4 - T_E^4) \tag{6.1.12}$$

在恒定环境温度 T_E下，由式（6.1.12）可得

$$\bar{\alpha}\frac{d\Phi_0}{dT_S} = 4\bar{\varepsilon}A_S\sigma T_S^3 \tag{6.1.13}$$

式（6.1.13）描述了辐射通量特征曲线的斜率温度在 T_S点，这是热导的定义。在存在辐射的情况下：

$$G_{th,S} = 4\bar{\varepsilon}A_S\sigma T_S^3 \tag{6.1.14}$$

对于差商的变化（$d\Phi_0 \to \Delta\Phi_S$，$dT_S \to \Delta T_S$），式（6.1.13）变为

$$\bar{\alpha}\Delta\Phi_S = 4\bar{\varepsilon}A_S\sigma T_S^3\Delta T_S \tag{6.1.15}$$

对于式（6.1.14），它现在适用于

$$\bar{\alpha}\Delta\Phi_S = G_{th,S}\Delta T_S \tag{6.1.16}$$

将导致探测器的温度变化。这是由改变的物体辐射引起的：

$$\Delta T_S = \frac{\bar{\alpha}\Delta\Phi_S}{G_{th,S}} \tag{6.1.17}$$

温度转换将 ΔT_S 转换为信号电压 ΔV_S 是探测器特性。在工作点，探测器元件有温度 T_E 和偏差输出信号 I_0 或 V_0。如果目标温度 T_0 发生变化，则式（6.1.9）适用于交换辐射通量。在探测器中会有温度变化 ΔT_S。这样一来，探测器输出信号通过 ΔI_S 或 ΔV_S 改变。

如果对目标辐射进行临时调制，就会达到探测器的平均温度 $\overline{T_S(t)}$。假设调制器（斩波器）在室温环境下，意味着工作点温度变为

$$\overline{T_S(t)} = T_E + \frac{\bar{\alpha}}{G_{th}}\overline{\Delta\Phi_S(t)} \tag{6.1.18}$$

假设物体的温度 T_0是固定值，没有反馈给测量对象。由于光学投影总是可逆的，不仅是测量对象投影到探测器上，而且探测器投射到测量对象上。这可能会导致物体的辐射条件发生变化，从而导致物体温度的变化。在实践中，

这种效应几乎在所有情况下都被忽视。例外情况是热隔离良好的测量对象，如热红外探测器。

例 6.1　探测器的温度变化。

要计算温度变化 ΔT_S 作为目标温度 T_0 的函数，探测器布置如图 6.1.3 所示。工作点温度 $\vartheta_S = \vartheta_E = 23℃$，视场角 FOV = 60°，意味着发射率 $\bar{\varepsilon} = 1$ 和探测器 $A_S = 1\text{mm}^2$。辐射引起的热导按式（6.1.14）计算：

$$G_{th,S} = 5.89 \times 10^{-6}(\text{K/W})$$

应用式（6.1.9）、式（6.1.14）和式（6.1.17），$\bar{\varepsilon} = \bar{\alpha}$，可得到温度变化为

$$\Delta T_S = \frac{\bar{\alpha}\Delta\Phi_S}{G_{th,S}} = \frac{\bar{\alpha}\sigma(T_O^4 - T_S^4)A_S \sin^2\frac{\text{FOV}}{2}}{4\bar{\varepsilon}A_S\sigma T_S^3} = \frac{1}{4}\left(\frac{T_O^4}{T_S^3} - T_S\right)\sin^2\frac{\text{FOV}}{2} \tag{6.1.19}$$

考虑到式（6.1.19）只适用于小调制 ΔT_S。图 6.1.4 为计算得到的温差，给出的值是理论上探测器可能发生温度变化值。实践中，必须考虑探测器底座和周围的气体产生的热传导。

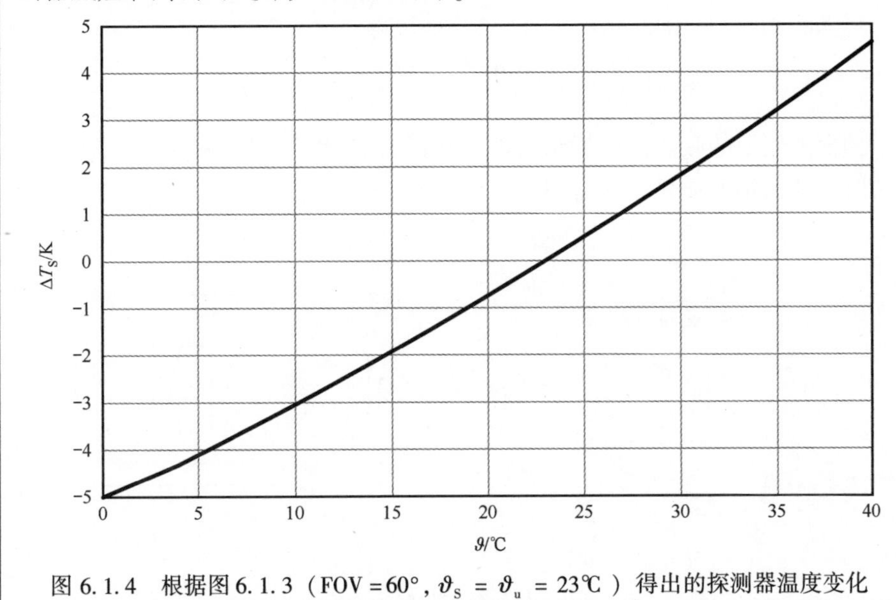

图 6.1.4　根据图 6.1.3（FOV = 60°，$\vartheta_S = \vartheta_u = 23℃$）得出的探测器温度变化

6.2　热模型

基于吸收辐射通量 $\Delta\Phi_S$ 计算导致探测器元件温度变化 ΔT_S 是热探测器理

论分析和仿真的关键问题。

下面将提出一些计算热条件的替代方法。首先，出发点为如图 6.1.3 所示的探测器结构。探测器元件是一个薄的芯片，它被辐射通量加热，并通过热传导与环境相互作用。

6.2.1 简化热模型

根据图 6.2.1，假设辐射通量的吸收导致探测器内部温度分布均匀。入射辐射通量 $\Delta\Phi_S$ 的热能 Q 通过探测器元件的热容 C_{th} 进行加热。长方体探测器（薄芯片）面积 A_S、厚度 d_S 的热容为

$$C_{th} = c'\rho_s A_S d_S \tag{6.2.1}$$

式中：c'_S 为比热容；ρ_S 为质量密度。

与此同时，热能通过多种传导机制散发到环境中。对周围环境的热传导可表示为热阻 R_{th} 或热导 $G_{th} = 1/R_{th}$。

能量（或功率平衡）公式如下：

$$\alpha\Delta\Phi_S(t) = P_C(t) + P_G(t) \tag{6.2.2}$$

式中：P_C 为通过探测器元件热容的功率通量；P_G 为通过热电阻导入热接地的功率通量。

根据时域 $P_C = \mathrm{d}Q_C/\mathrm{d}t$ 和式（6.2.2）可得

$$\alpha\Delta\Phi_S(t) = C_{th}\frac{\mathrm{d}[\Delta T_S(t)]}{\mathrm{d}t} + G_{th}\Delta T_S(t) \tag{6.2.3}$$

入射到探测器上的吸收辐射通量 $\Delta\Phi_S$ 的时间依赖性原则上来讲比较随意，对于暂时不变的辐射通量，它适用于 $\alpha\Delta\Phi_S(t)$ = 常数。

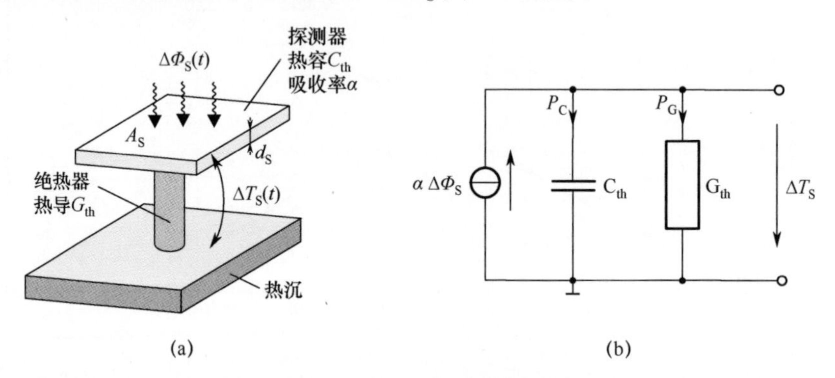

图 6.2.1 热红外探测器的简单模型

（a）原则；（b）热力网络模型。

在这种情况下，由式（6.2.3）得到探测器元件的温度变化（参见 6.1 节）为

$$\Delta T_{\mathrm{S}} = \frac{\alpha \Delta \Phi_{\mathrm{S}}}{G_{\mathrm{th}}} \tag{6.2.4}$$

如果用斩波器调节辐射通量的幅值，就会得到辐射通量的周期性时间函数。假设幅值恒定（$\alpha\Delta\Phi_{\mathrm{S}}$ = 常数），那么这些周期性时间函数可以用正弦过程（如傅里叶级数）进行数学表达。谐波分析特别引出了这一计算，其频率 ω 由式（6.2.3）可知

$$\alpha \underline{\Delta \Phi}_{\mathrm{S}} = (\mathrm{j}\omega C_{\mathrm{th}} + G_{\mathrm{th}}) \underline{\Delta T}_{\mathrm{S}} \tag{6.2.5}$$

在频率域和图像域，分别可以用拉普拉斯转换的复数频率 $s = \sigma + \mathrm{j}\omega$ 来简化任意时间函数。由式（6.2.3）可得

$$\alpha \underline{\Delta \Phi}_{\mathrm{S}} = (\underline{s} C_{\mathrm{th}} + G_{\mathrm{th}}) \underline{\Delta T}_{\mathrm{S}} \tag{6.2.6}$$

6.2.1.1　频域谐波激励的温度变化

对于谐波激励，辐射通量 $\Phi_{\mathrm{S}}(t)$ 通过余弦时间函数进行调制，其斩波频率 $\omega_{\mathrm{Ch}} = 2\pi f_{\mathrm{Ch}}$，振幅为 $\Delta\hat{\Phi}_{\mathrm{S}}$，则有

$$\Delta \Phi_{\mathrm{S}}(t) = \Delta \hat{\Phi}_{\mathrm{S}} \cos \omega_{\mathrm{Ch}} t \tag{6.2.7}$$

应用于频域，即可得出

$$\underline{\Delta \Phi}_{S}(\omega_{\mathrm{Ch}}) = \Delta \Phi_{\mathrm{S}} \mathrm{e}^{\mathrm{j}\omega_{\mathrm{Ch}} t} \tag{6.2.8}$$

其有效值为

$$\Delta \Phi_{\mathrm{S}} = \frac{\Delta \hat{\Phi}_{\mathrm{S}}}{\sqrt{2}} \tag{6.2.9}$$

由式（6.2.3）可知

$$\alpha \underline{\Delta \Phi}_{\mathrm{S}}(\omega_{\mathrm{Ch}}) = (\mathrm{j}\omega_{\mathrm{Ch}} C_{\mathrm{th}} + G_{\mathrm{th}}) \underline{\Delta T}_{\mathrm{S}}(\omega_{\mathrm{Ch}}) \tag{6.2.10}$$

由式（6.2.10）可得探测器元件内的温度变化为

$$\Delta T_{\mathrm{S}}(\omega_{\mathrm{Ch}}) = \frac{\alpha \underline{\Delta \Phi}_{\mathrm{S}}}{G_{\mathrm{th}}} \frac{1}{1 + \mathrm{j}\omega_{\mathrm{Ch}} \tau_{\mathrm{th}}} \tag{6.2.11}$$

热时间常数为

$$\tau_{\mathrm{th}} = \frac{C_{\mathrm{th}}}{G_{\mathrm{th}}} \tag{6.2.12}$$

只有温度变化的有效值，即绝对值才有意义：

$$|\underline{\Delta T}_{\mathrm{S}}(\omega_{\mathrm{Ch}})| = \Delta T_{\mathrm{S}}(\omega_{\mathrm{Ch}}) = \frac{\alpha \Delta \Phi_{\mathrm{S}}}{G_{\mathrm{th}}} \frac{1}{\sqrt{1 + \omega_{\mathrm{Ch}}^{2} \tau_{\mathrm{th}}^{2}}} \tag{6.2.13}$$

这意味着，探测器元件的行为类似于一阶低通滤光片，它适用于未调制的辐射通量，即

$$\Delta T_{\mathrm{S}}(\omega_{\mathrm{Ch}} = 0) = \frac{\alpha \Delta \Phi_{\mathrm{S}}}{G_{\mathrm{th}}} \tag{6.2.14}$$

这与时间恒定辐射通量的情况相对应（式（6.2.4））。为了评估探测器元

件的热状态，通常将温度变化按照温度最大值进行正常化。当热导仅由辐射和吸收率 $\alpha = 1$ 给定时，采用式（6.2.14）得到恒定光敏传感器的温度最大值：

$$\Delta T_{\mathrm{Smax}} = \frac{\Delta \Phi_{\mathrm{S}}}{G_{\mathrm{th,S}}} \tag{6.2.15}$$

这就产生了归一化温度响应率：

$$T_{\mathrm{R}} = \frac{|\Delta T_{\mathrm{S}}(\omega_{\mathrm{Ch}} = 0)|}{\Delta T_{\mathrm{Smax}}} = \frac{\alpha G_{\mathrm{th,S}}}{G_{\mathrm{th}}} \tag{6.2.16}$$

对于光敏选通探测器，如热释电探测器，通常用式（6.3.13）表示，计算如下：

$$T_{\mathrm{R}} = \frac{|\Delta T_{\mathrm{S}} \omega_{\mathrm{Ch}}|}{|\Delta T_{\mathrm{Smax}}(\omega_{\mathrm{Ch}})|} \tag{6.2.17}$$

归一化温度响应率 T_{R} 的最大值为 1。

例 6.2 微测辐射热计电桥的归一化温度响应率。

微测辐射热计电桥是一种高于硅电路 2.5μm 的微机械电桥。下面分析通过像素和电路之间的气体层（干氮气）的热导 $G_{\mathrm{th,Gas}}$ 对归一化温度响应率 T_{R} 的影响。除了辐射引起的热流，热还通过安装、微桥柱和微桥周围的气体消散。因此，热导是由辐射引起的热导 $G_{\mathrm{th,R}}$，通过像素的机械支撑的热导 $G_{\mathrm{th,Leg}}$ 和通过气体的热导 $G_{\mathrm{th,Gas}}$ 的三者之和：

$$G_{\mathrm{th}} = G_{\mathrm{th,S}} + G_{\mathrm{th,Leg}} + G_{\mathrm{th,Gas}} \tag{6.2.18}$$

因此，可得归一化温度响应率为

$$T_{\mathrm{R}} = \frac{G_{\mathrm{th,S}}}{G_{\mathrm{th,S}} + G_{\mathrm{th,Leg}} + G_{\mathrm{th,Gas}}} \tag{6.2.19}$$

电桥安装的热导 $G_{\mathrm{th,Leg}} = 10^{-7}$ W/K。通过气体的热导可以用下面的二重公式计算：

$$G_{\mathrm{th}} = \frac{\lambda_{\mathrm{Gas}}}{h} A_{\mathrm{S}} \tag{6.2.20}$$

随着气体热导率 λ_{Gas} 的增加，微电桥高度 $h = 2.5\mu\mathrm{m}$，探测器面积为 A_{S}。此处忽略了从探测器元件到距离较远的探测器窗口之间的热流。

对于给定的温度 T，并且体积很大的理想气体，其热导率 λ_{Gas} 不受压力 p 的影响，同理也不受气体密度的影响。只有当气体分子的平均自由程按器件尺寸顺序排列时，热传导才取决于压力。当正常压力为 101.3kPa 时，平均自由程接近 10^{-7}m。气体的热导率在恒定温度下使用下式计算出来[2]：

$$\frac{1}{\lambda_{\mathrm{Gas}}} = \frac{1}{\lambda_{\mathrm{HP}}} + \frac{1}{\lambda_{\mathrm{LP}}} \tag{6.2.21}$$

式中：λ_{HP} 为热导率的一部分，与压力无关，但在很高压力条件下占主导地位，且有

$$\lambda_{HP} = \frac{2}{3\sqrt{\pi}} \frac{c'}{\sigma_0} \sqrt{\frac{M}{N_A} k_B T} \tag{6.2.22}$$

式中：σ_0 为气体分子横截面积，$\sigma_0 = \pi d^2$，d 为分子直径；c'为比热容；N_A 为阿伏加德罗常数；M 为摩尔质量。

根据表 6.2.1 中给出的参数，可以算得 λ_{HP} 的值为 0.026 W /（K · m），这与正常压力下氮气的常见表列值相对应。

表 6.2.1　应用参数和常数值

参数名称	符号	参数值
桥高	H	2.5μm
探测器元件的面积	A_S	25μm × 25μm
横截面积	σ_0	2.12×10^{-19} m²
氮比热容	c'	1040J/（kg · K）
氮的摩尔质量	M	28kg/mol
通用气体常数	R	8314J/（K · mol）
阿伏加德罗常数	N_A	6.022×10^{-23} mol^{-1}

参数 λ_{LP} 则描述了气体热导率对压力 p 和器件尺寸 h 的依赖关系（以低压为主）：

$$\lambda_{LP} = 3c'hp \sqrt{\frac{8}{\pi} \frac{M}{RT}} \tag{6.2.23}$$

对于普通气体常数 R，这意味着热传导与摩尔质量 M 成正比，当使用像氙（M = 131kg /mol）这样的重气体时，热传导会显著变小。图 6.2.2 为热导率与气体压力之间的关系，图 6.2.3 示出了热导与气体之间的关系。

计算值可用于确定归一化温度响应率。在 T = 300K 时热导为

$$G_{th,S} = 4\sigma T^3 A_S = 3.83 \times 10^{-9} (\text{W/K})$$

的辐射照度条件下，归一化温度响应率如图 6.2.4 所示。

最高温度响应率是在最大压力为 10Pa 时达到的，它只相当于最大值 1 的 1/30，其原因是通过微桥支柱的散热量大。如果降低耗散，则压力必须相应降低，从而最大限度地提高响应能力。

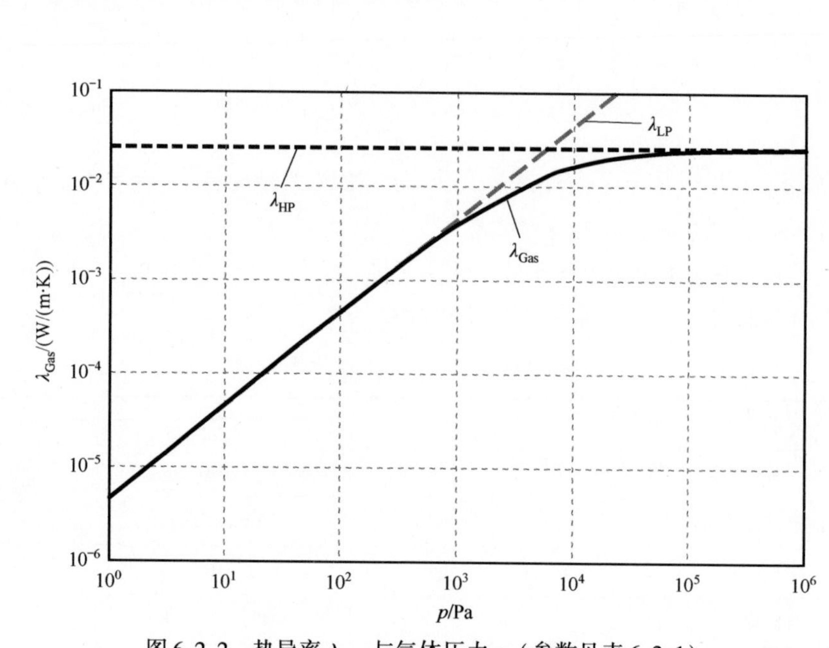

图 6.2.2 热导率 λ_{Gas} 与气体压力 p（参数见表 6.2.1）

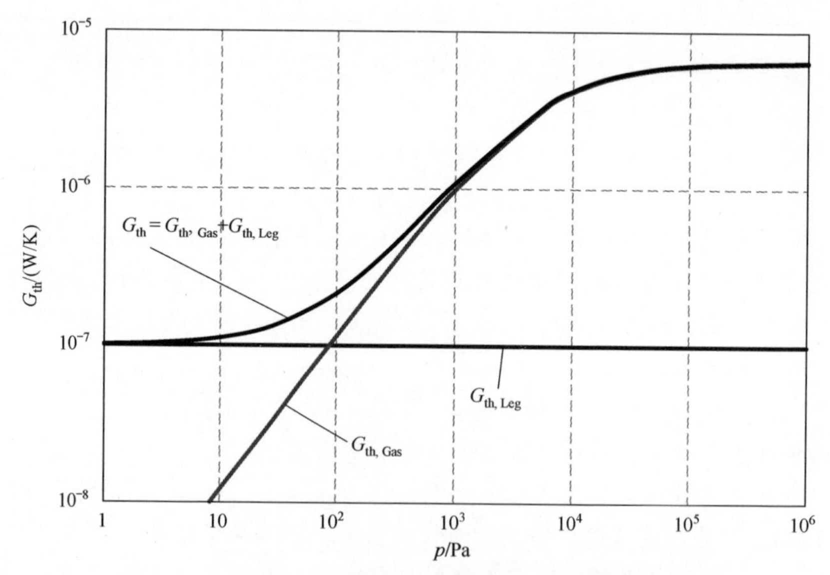

图 6.2.3 热导 G_{th} 与气体压力 p 的关系（参数见表 6.2.1）

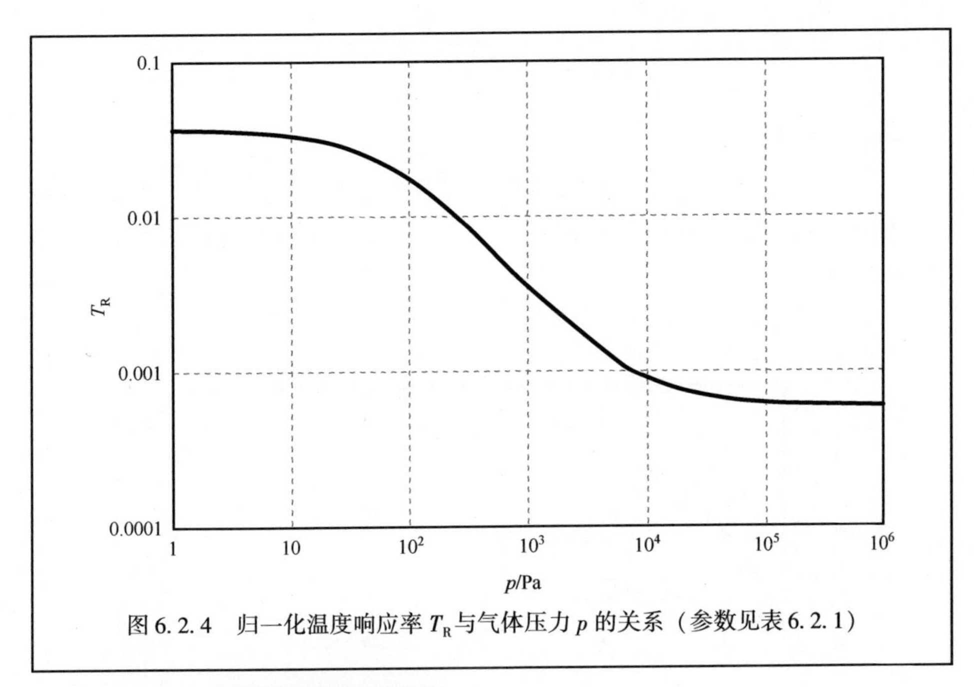

图 6.2.4　归一化温度响应率 T_R 与气体压力 p 的关系（参数见表 6.2.1）

6.2.1.2　阶跃激励的温度变化

对于入射辐射通量的阶跃变化：

$$\Delta\Phi_S(t) = \begin{cases} 0, t \leqslant 0 \\ \Delta\Phi_{Son}, t > 0 \end{cases}$$

下面应用复数频率 s 来代替谐波频率 $j\omega$，因此式（6.2.11）可写为

$$\underline{\Delta T}_S(\underline{s}) = \frac{\alpha\,\underline{\Delta\Phi}_S(s)}{G_{th}}\frac{1}{1 + s\tau_{th}} \tag{6.2.24}$$

根据拉普拉斯变换，得出阶跃函数为

$$\underline{\Delta\Phi}_S(s) = \frac{\Delta\Phi_{Son}}{s} \tag{6.2.25}$$

它遵循的是

$$\underline{\Delta T}_S(s) = \frac{\alpha}{G_{th,S}}\frac{1}{s + s^2\tau_{th}}\Delta\Phi_{Son} \tag{6.2.26}$$

由拉普拉斯逆变换可得

$$\Delta T_S(t) = \frac{\alpha\Delta\Phi_{Son}}{G_{th}}\left(1 - e^{-\frac{t}{\tau_{th}}}\right) \tag{6.2.27}$$

当 $t\to\infty$ 时，式（6.2.27）的稳定解变为

$$\Delta T_{Son} = \frac{\alpha\Delta\Phi_{Son}}{G_{th}} \tag{6.2.28}$$

如果在 $t = t_0$ 时中断辐射通量 $\Delta\Phi_{Son}$，则有结果如下：

$$\Delta\Phi_S(t) = \begin{cases} \Delta\Phi_{Son}, t \leqslant 0 \\ 0, t > t_0 \end{cases}$$

同理，得出

$$\Delta T_S = \Delta T_{Son} e^{-\frac{t-t_0}{\tau_{th}}}, t \geqslant t_0 \tag{6.2.29}$$

对当 $t \to \infty$ 时，得到稳定解 $\Delta\Phi_{Soff} = 0$。图6.2.5示出了辐射通量阶跃变化的时间函数。

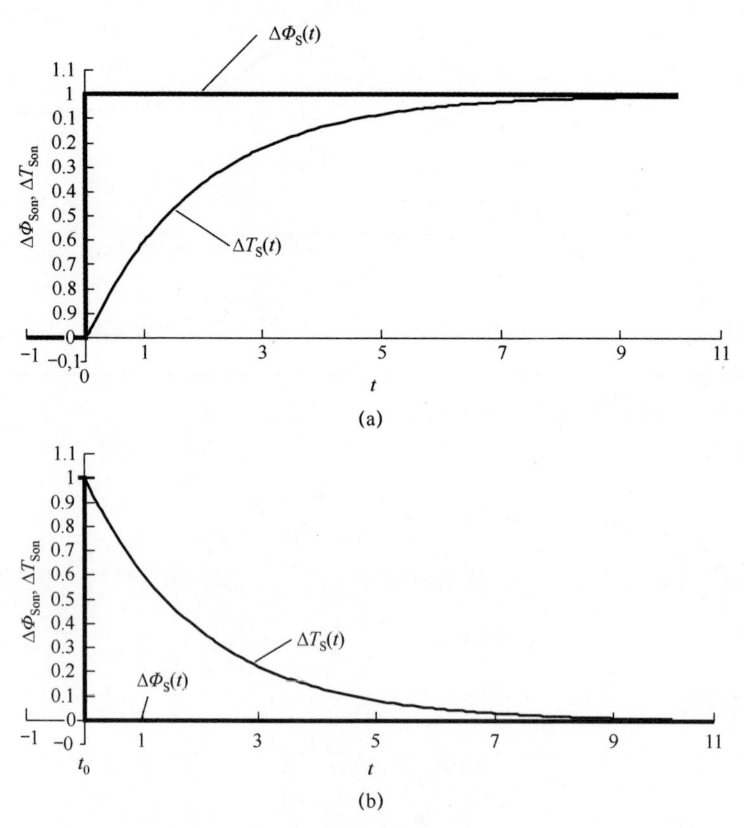

图6.2.5 温度随阶跃辐射通量的变化曲线
（a）打开；（b）关闭。

例6.3 辐射通量的矩形波调制。

辐射通量的矩形波调制可以理解为打开和关闭辐射通量 $\Delta\Phi_S$ 的无穷序列。图6.2.6显示了传感元件的温度变化。温度变化的信号形式在很大程度上取决于热时间常数。辐射通量变化过程中的瞬态条件不包括在内，必须考虑探测器元件的平均温度 $\overline{T_S}$ 不再与环境温度 T_E 对应（式（6.1.18））。在计算实例中，平均温度与时间常数无关（当 $\Delta T_S = 0$ 时，$T_S = T_E$）：

$$\overline{T_S} = T_E + \frac{1}{2}\Delta T_{S0} \tag{6.2.30}$$

在图6.2.6中，平均值用虚线表示。

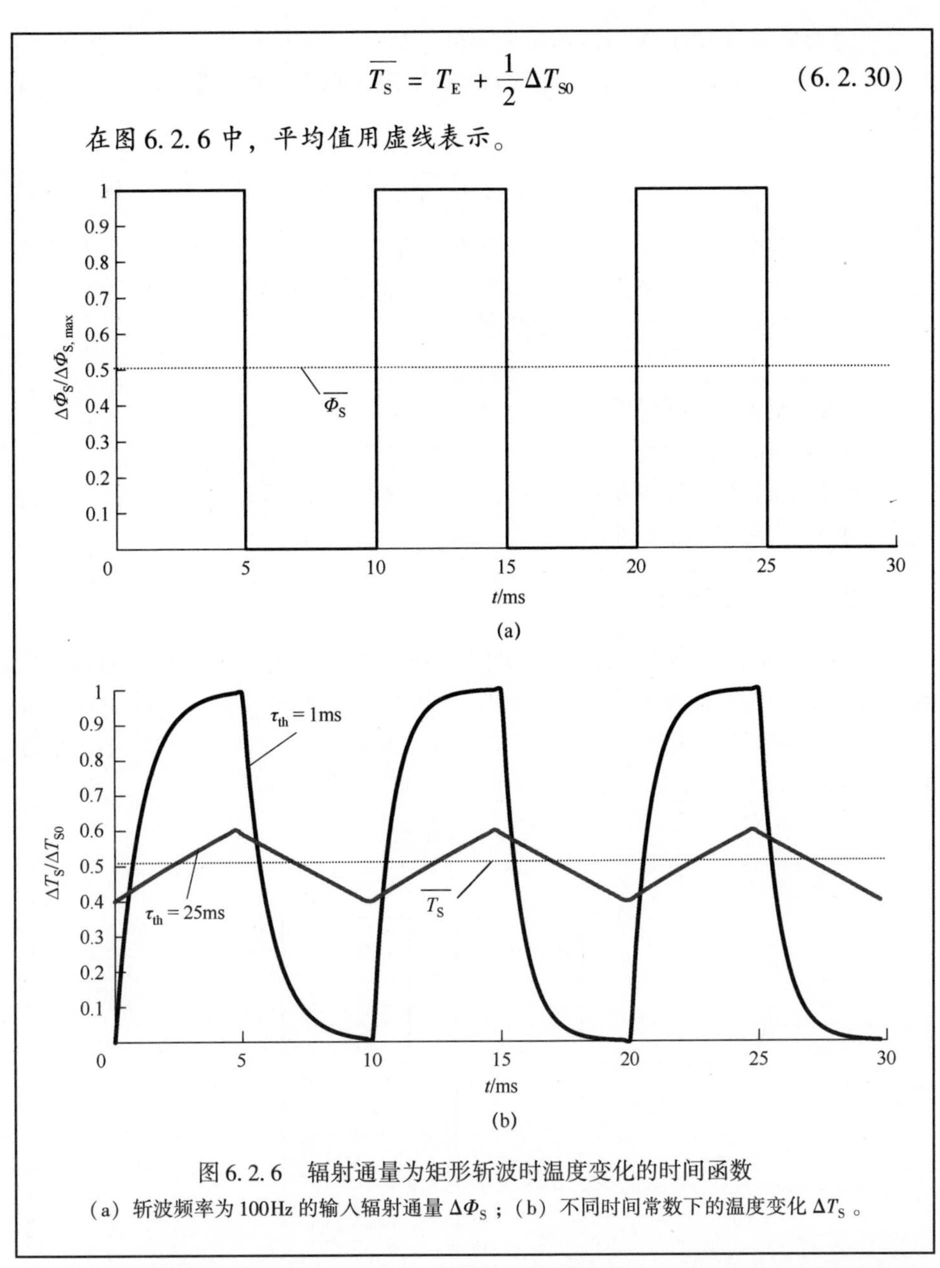

图6.2.6 辐射通量为矩形斩波时温度变化的时间函数

(a) 斩波频率为100Hz的输入辐射通量 $\Delta\Phi_S$；(b) 不同时间常数下的温度变化 ΔT_S。

为了实现最大可能的温度变化，必须对探测器元件实现最大限度的热隔离，也就是要让 $G_{th}\to 0$。但是根据式（6.1.14），通过辐射热导存在着物理极限。因此，由于探测器元件的安装而引起的热导 $G_{th,B}$ 必须满足以下条件：

$$G_{th,B} \ll G_{th,S} \tag{6.2.31}$$

热时间常数决定了探测器的反应时间，因此必须尽可能小。假设通过辐射的热导为决定因素，热时间常数可由式（6.2.1）、式（6.2.12）及式（6.1.14）计算：

$$\tau_{\mathrm{th}} = \frac{c'\rho_{\mathrm{S}}d_{\mathrm{S}}}{4\bar{\varepsilon}\sigma T_{\mathrm{S}}^{3}} \tag{6.2.32}$$

在这种情况下，热时间常数只取决于探测器的温度、一些材料常数和探测器元件的厚度。要想获得小的热时间常数，探测器元件必须尽可能薄。

为优化探测器设计，制定如下基本规则：

（1）实现最大限度的热隔离，即降低 G_{th}；

（2）探测器元件厚度尽可能小，即减小 d_{S}；

（3）探测器元件面积尽可能大（式（5.4.7）），即增大 A_{S}。

小型化非常适合满足前两个条件，因此，微系统技术以其微技术的生产过程尤为重要，特别适用于制造红外探测器。

6.2.2 分层热模型

到目前为止，只描述了探测器元件的温度条件。图 6.2.1 利用探测器元件的比热容和各种基本热导机制，实际中遇到的情况要复杂得多。基于这个理由，考虑周围气体的热导和热容与外壳一样，构成一个散热器。作为第一个近似，使用图 6.2.7 所示的分层模型。

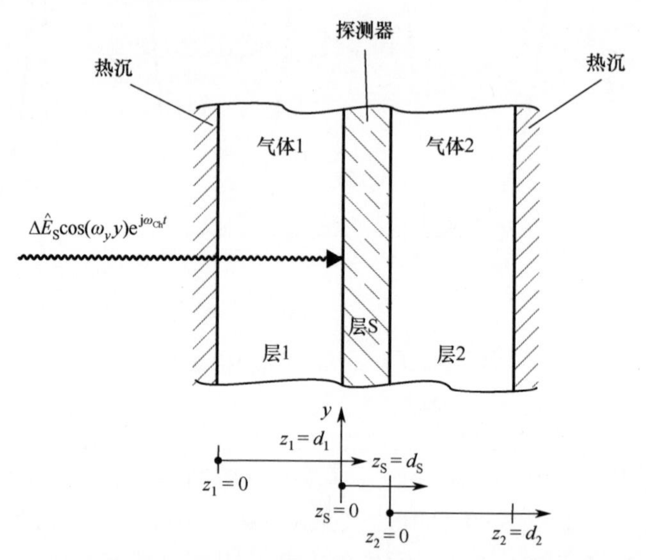

图 6.2.7　自持式探测器芯片模型（为简化计算，每一层都有自己的坐标系）

相对于简单的热模型，在分层模型中入射辐射通量除与时间有关外，还可按照空间频率为 $\omega_y = 2\pi f_y$ 的正弦函数进行描述，即

$$\underline{\Delta E}_{S}(y,\omega_{Ch}) = \Delta\hat{E}_{S}\cos(\omega_{y}y)e^{j\omega_{Ch}t} \quad (6.2.33)$$

这样，利用分层模型就可以计算探测器的热调制传递函数（MTF_{th}）。下面将提出一个由三层组成的模型：一层是探测器元件（层 S）；另外两层（层 1 和层 2）分别位于探测器元件两侧与热接地之间（图 6.2.7）。假设这些层在 $x-y$ 平面上无限扩展。如果层 1 和层 2 是气体（如空气、干氮或真空），对应于此处讨论的自持式探测器芯片。

为了计算探测器元件中温度变化 $\Delta\underline{T}_{S}(\omega_{Ch},\omega_{y})$，就必须考虑相邻层的温度变化。探测器元件与其周围环境的热交换仅通过热辐射和通过这些层的热传导而发生。探测器元件通过其热扩散系数 a_S、热导率 λ_S 进行表征；同理，层 1、层 2 则分别通过各自的热扩散系数 a_1、a_2 以及热导率 λ_1、λ_2 进行表征，而热扩散系数 a 和热导率 λ 通过比热容 c' 和密度 ρ 相互耦合：

$$a = \frac{\lambda}{c'\rho} \quad (6.2.34)$$

由此可见，热扩散系数包括热容 C_{th}（式（6.2.1））。

探测器元件的厚度为 d_S；相应地，各层厚度分别为 d_1、d_2。探测器面积 A_S 垂直于 x 方向的边长为 a，在垂直于 y 方向的边长为 b，并且探测器面积对称地位于坐标原点上。

可以用传热公式精确计算第 i（$i = \in \{1, 2, S\}$）层的温度变化 $\Delta T_i(x,y,z_i,t)$。

$$\nabla^2\Delta T_i(x,y,z_i,t) - \frac{1}{a_i}\frac{\partial\Delta T_i(x,y,z_i,t)}{\partial T_i} + \frac{q'_i}{\lambda_i} = 0 \quad (6.2.35)$$

式中：∇为拉普拉斯算子；a_i 为热扩散系数；λ_i 为热导率；q'_i 为单位体积探测器元件产生的热功率。

为得到一个封闭解，使用以下简化：

（1）各层之间不产生热量：$q'_i = 0$。

（2）研究的是稳态正弦过程，吸收辐射通量由式（6.2.33）定义。辐射通量密度 $\underline{\Delta E}_S$ 在时间轴上以角频率 ω_{Ch} 进行正弦调制，在 y 轴上以空间角频率 ω_y 做余弦调制。

在 x 方向上，所有的值都是常数，这意味着该方向上没有热流。在给定条件下，经过频域变换，式（6.2.35）可写为

$$\nabla^2\underline{\Delta T}_{i}(y,z,\omega_{Ch}) - \frac{j\omega_{Ch}}{a_i}\underline{\Delta T}_{i}(y,z,\omega_{Ch}) = 0 \quad (6.2.36)$$

对式（6.2.36），存在一种使用双曲函数的通解方法，即

$$\underline{\Delta T}_{i}(y,z,\omega_{Ch}) = \hat{E}_S\cos(\omega_y y)e^{j\omega_{Ch}t}[C_{1i}\sinh(q_i z) + C_{2i}\cosh(q_i z)] \quad (6.2.37)$$

并且

$$q_i^2 = \omega_y + \mathrm{j}\frac{\omega_{\mathrm{Ch}}}{a_i} \tag{6.2.38}$$

常数 C_{1i} 和 C_{2i} 必须由边界条件来确定。对于图 6.2.4 所示的模型，需要计算三层（气体 1，$i=1$；探测器元件，$i=S$；气体 2，$i=2$），结果是一个包含 3 个公式和 6 个未知数的方程组。探测器层的平均温度变化为

$$\Delta T_{\mathrm{d}}(y,\omega) = \frac{1}{d_{\mathrm{S}}}\int_0^{d_{\mathrm{S}}}\Delta T_{\mathrm{S}}(y,z,\omega)\,\mathrm{d}z \tag{6.2.39}$$

应用下列边界条件：

（1）在探测器元件的边缘（$z_{\mathrm{S}}=0, z_{\mathrm{S}}=d_{\mathrm{S}}$），热流是常数。辐射通量在点 $z_{\mathrm{S}}=0$ 处馈入：

$$-\lambda_{\mathrm{S}}\frac{\partial\,\underline{\Delta T}_{\mathrm{S}}(z_{\mathrm{S}}=0)}{\partial\,z_{\mathrm{S}}} = \hat{E}_{\mathrm{S}}\cos(\omega_y y)\mathrm{e}^{\mathrm{j}\omega_{\mathrm{Ch}}t} - G'_1\,\underline{\Delta T}_{\mathrm{S}}(z_{\mathrm{S}}=0) - \lambda_1\frac{\partial\,\underline{\Delta T}_1(z_1=d_1)}{\partial\,z_1} \tag{6.2.40}$$

$$-\lambda_{\mathrm{S}}\frac{\partial\,\underline{\Delta T}_{\mathrm{S}}(z_{\mathrm{S}}=d_{\mathrm{S}})}{\partial\,z_{\mathrm{S}}} = G'_2\,\underline{\Delta T}_{\mathrm{P}}(z_{\mathrm{S}}=d_{\mathrm{S}}) - \lambda_2\frac{\partial\,\underline{\Delta T}_2(z_2=0)}{\partial\,z_2} \tag{6.2.41}$$

式中：G'_1、G'_2 分别为按照探测器面积归一化的探测器元件表面的辐射电导。

由于探测器元件两个面上的温度差异相对于热力学温度 T_0 较小，因此可以近似得到

$$G'_1 = G'_2 = 4\sigma T_0^3$$

（2）层边界的温度变化必须相同：

$$\underline{\Delta T}_1(z_1=d_1) = \underline{\Delta T}_{\mathrm{S}}(z_{\mathrm{S}}=0) \tag{6.2.42}$$

$$\underline{\Delta T}_2(z_2=0) = \underline{\Delta T}_{\mathrm{S}}(z_{\mathrm{S}}=d_{\mathrm{S}}) \tag{6.2.43}$$

（3）边界散热器的温度变化为零：

$$\underline{\Delta T}_1(z_1=0) = 0 \tag{6.2.44}$$

$$\underline{\Delta T}_2(z_2=d_2) = 0 \tag{6.2.45}$$

使用边界条件和复杂的计算方法（但不牵扯数学技巧和特性）可得到探测器元件的平均温度变化：

$$\underline{\Delta T}_{\mathrm{d}}(y,\omega_{\mathrm{Ch}}) = \frac{\hat{E}_{\mathrm{S}}\cos(\omega_y y)\mathrm{e}^{\mathrm{j}\omega_{\mathrm{Ch}}t}}{q_{\mathrm{S}}^2\lambda_{\mathrm{S}}d_{\mathrm{S}}}\frac{A_1\sinh(q_{\mathrm{S}}d_{\mathrm{S}}) + A_2[\cosh(q_{\mathrm{S}}d_{\mathrm{S}})-1]}{B_1\sinh(q_{\mathrm{S}}d_{\mathrm{S}}) + B_2\cosh(q_{\mathrm{S}}d_{\mathrm{S}})} \tag{6.2.46}$$

$$A_1 = \lambda_{\mathrm{S}}q_{\mathrm{S}} \tag{6.2.46a}$$

$$A_2 = G'_2 + \lambda_2 q_2\coth(q_2 d_2) \tag{6.2.46b}$$

$$A_3 = G'_1 + \lambda_1 q_1\coth(q_1 d_1) \tag{6.2.46c}$$

$$B_1 = \lambda_S q_S + \frac{A_2 A_3}{\lambda_S q_S} \tag{6.2.46d}$$

$$B_2 = A_2 + A_3 \tag{6.2.46e}$$

$$q_S^2 = \omega_y^2 + j\frac{\omega_{Ch}}{a_S} \tag{6.2.46f}$$

$$q_1^2 = \omega_y^2 + j\frac{\omega_{Ch}}{a_1} \tag{6.2.46g}$$

$$q_2^2 = \omega_y^2 + j\frac{\omega_{Ch}}{a_2} \tag{6.2.46h}$$

为了计算探测器元件的平均温度，最终需要按照矩形探测器面积进行平均：

$$\underline{\Delta T}_m(\omega_{Ch}, \omega_y) = \frac{1}{A_S}\int_{A_S} \underline{\Delta T}_d(y, \omega_{Ch})\,\mathrm{d}A \tag{6.2.47}$$

使用 $\hat{E}_S = \dfrac{\hat{\Phi}_S}{A_S}$，则可得出如下结果：

$$\underline{\Delta T}_m(\omega_{Ch}, \omega_y) = \frac{\hat{\Phi}_S e^{j\omega_{Ch}t}}{q_S^2 \lambda_S d_S A_S}\sin(\pi f_y b)\frac{A_1\sinh(q_S d_S) + A_2[\cosh(q_S d_S) - 1]}{B_1\sinh(q_S d_S) + B_2\cosh(q_S d_S)} \tag{6.2.48}$$

利用式（6.2.34）和式（6.2.1）改造式（6.2.48）右侧的最左边项，可得

$$q_S^2 \lambda_S d_S A_S = \omega_{Ch} C_{th}\left(\frac{a_S \omega_y^2}{\omega_{Ch}} + \mathrm{j}\right) \tag{6.2.49}$$

将式（6.2.49）代入式（6.2.48），可得

$$\underline{\Delta T}_m(\omega_{Ch}, \omega_y) = \frac{\hat{\Phi}_S e^{j\omega_{Ch}t}}{\omega_{Ch} C_{th}}\frac{\sin(\pi f_y b)}{\dfrac{a_S \omega_y^2}{\omega_{Ch}} + \mathrm{j}}\frac{A_1\sinh(q_S d_S) + A_2[\cosh(q_S d_S) - 1]}{B_1\sinh(q_S d_S) + B_2\cosh(q_S d_S)} \tag{6.2.50}$$

这意味着，三层模型的归一化温度响应率为

$$T_R(\omega_y = 0) = \left|\frac{A_1\sinh(q_S d_S) + A_2[\cosh(q_S d_S) - 1]}{B_1\sinh(q_S d_S) + B_2\cosh(q_S d_S)}\right| \tag{6.2.51}$$

从而得到空间频率为零条件下的归一化 MTF 方程（6.2.50）：

$$\mathrm{MTF}(f_y) = \left|\frac{\underline{\Delta T}_m(f_y)}{\underline{\Delta T}_m(f_y = 0)}\right| = \frac{|\underline{\Delta T}_m(f_y)|}{T_R(f_y = 0)} \tag{6.2.52}$$

探测器的 MTF 可写为

$$\mathrm{MTF}(f_y) = |\sin(\pi f_y b)| \frac{1}{\sqrt{1+\left(\dfrac{a_S\omega_y^2}{\omega_{Ch}}\right)^2}} \frac{\left|\dfrac{A_1\sinh(q_S d_S) + A_2[\cosh(q_S d_S) - 1]}{B_1\sinh(q_S d_S) + B_2\cosh(q_S d_S)}\right|}{T_R(f_y = 0)} \tag{6.2.53}$$

由式（6.2.53）可知，探测器的 MTF 由三项组成：左侧项是根据式（6.2.46）对探测器面积进行积分的结果，表示几何 MTF（式（5.6.22））：

$$\mathrm{MTF}_g(f_y) = |\sin(\pi f_y b)| \tag{6.2.54}$$

右边两项都描述了对比度随空间频率的增加而减小（由于探测器元件中的热流），它们代表热 MTF：

$$\mathrm{MTF}_{th}(f_y) = \frac{1}{\sqrt{1+\left(\dfrac{a_S\omega_y^2}{\omega_{Ch}}\right)^2}} \frac{\left|\dfrac{A_1\sinh(q_S d_S) + A_2[\cosh(q_S d_S) - 1]}{B_1\sinh(q_S d_S) + B_2\cosh(q_S d_S)}\right|}{T_R(f_y = 0)} \tag{6.2.55}$$

这种方法适用于平均温度变化的有效值：

$$\underline{\Delta T}_m(\omega_{Ch},\omega_y) = \frac{\Phi_S}{\omega_{Ch}C_{th}} \mathrm{MTF}_g(\omega_y)\,\mathrm{MTF}_{th}(\omega_{Ch},\omega_y) \tag{6.2.56}$$

例 6.4 气相层对归一化温度响应率的影响。

设备小型化需要微型探测器，因此探测器外壳也必须尽可能小，这导致探测器窗口或探测器底部与探测器元件之间的距离非常小。在本例分析探测器底部的距离对归一化温度响应率的影响。以 $LiTaO_3$ 为基础设计热释电芯片，并作为探测器元件，周围的气体假设是干氮。表 6.2.2 列出了实例中使用的参数。

表 6.2.2 示例中使用的参数

层	厚度 d/μm	热扩散率 α/（m^2/s）	热导率 λ/（W/（m·K））
探测元件	10	1.4×10^{-6}	4.2
气体 1	1000	2.2×10^{-5}	0.026
气体 2	300	2.2×10^{-5}	0.026

图 6.2.8 给出了与斩波频率相关的归一化温度响应率。

使用 6.2.1 节中的简单热导模型，得出以下热导（探测器面积 $A_S = 100\mu m \times 100\mu m = 1\times10^{-8}m^2$）：

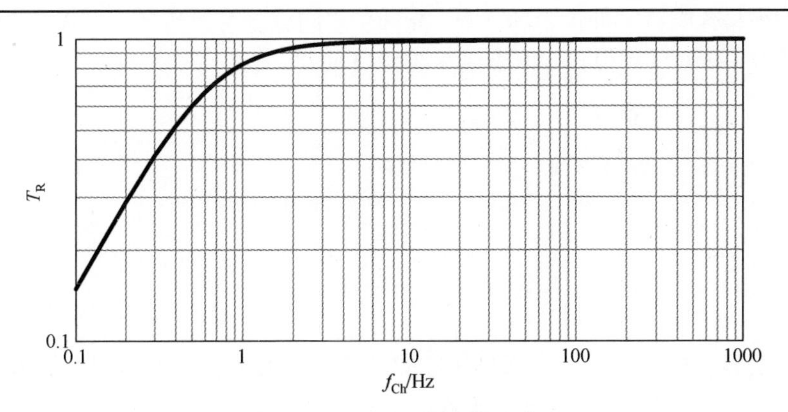

图 6.2.8 归一化温度响应率

辐射热导为

$$G_{th,R} = 4\sigma T^3 A_S = 6.2 \times 10^{-8}(W/K)$$

层1的热导为

$$G_{th,1} = \frac{\lambda_{th,Gas}}{d_1} A_S = 2.6 \times 10^{-7}(W/K)$$

层2的热导为

$$G_{th,2} = \frac{\lambda_{th,Gas}}{d_2} A_S = 8.6 \times 10^{-7}(W/K)$$

总热导为

$$G_{th} = G_{th,R} + G_{th,1} + G_{th,1} = 1.2 \times 10^{-6}(W/K)$$

从而可得归一化温度响应率为

$$T_R = \frac{G_{th,R}}{G_{th}} = 0.05$$

探测器元件（$c'_p = 3.1 \times 10^6 W \cdot s/(m^3 \cdot K)$）的热容为

$$C_{th} = c'_p d_S A_S = 3.1 \times 10^{-7}(W \cdot s/K)$$

热时间常数为

$$\tau_{th} = \frac{C_{th}}{G_{th}} = 0.28(s)$$

对于调制频率$f_{Ch}=0$（恒光）的探测器没有定义层模型。简单热模型和热层模型的计算结果是一致的，可以清楚地看出探测器元件受低频热容的影响。因此，它适用于$f_{Ch}=1Hz$，例如：

$$G_{th} = 1.2 \times 10^{-6} W/K < \omega_{Ch} C_{th} = 1.9 \times 10^{-6} W/K \quad (6.2.57)$$

如果将探测器元件置于真空中，相邻层之间就没有热传导。将 $\lambda_1 = \lambda_2 = 0$ 代入式（6.2.50），得到探测器层平均温度变化：

$$\underline{\Delta T}_m = \frac{\hat{\Phi}_S e^{j\omega_{Ch}t}}{q_S^2 \lambda_S d_S A_S} \sin(\pi f_y b) \frac{\lambda_S q_S \sinh(q_S d_S) + G'_2[\cosh(q_S d_S) - 1]}{\left(\lambda_S q_S + \frac{G'_1 G'_2}{\lambda_S q_S}\right)\sinh(q_S d_S) + (G'_1 + G'_2)\cosh(q_S d_S)} \tag{6.2.58}$$

很明显，探测器元件中通过热容的热流往往大于辐射的热流（表6.2.2）。因此，也可以忽略辐射热导，即 $G'_1 = G'_2 \to 0$，则可得到一个经常使用的公式：

$$\underline{\Delta T}_m = \frac{\hat{\Phi}_S e^{j\omega_{Ch}t}}{q_S^2 \lambda_S d_S A_S} \mathrm{sinc}(\pi f_y b) \tag{6.2.59}$$

可以用式（6.2.49）分别提取式（6.2.59）的幅值和相位：

$$\underline{\Delta T}_m = \frac{\hat{\Phi}_s}{\omega_{Ch} C_{th}} \sin(\pi f_y b) \frac{1}{\sqrt{1 + \left(\frac{a_S \omega_y^2}{\omega_{Ch}}\right)^2}} e^{j\left[\omega_{Ch}t - \arctan\left(\frac{\omega_{Ch}}{a_S \omega_y^2}\right)\right]} \tag{6.2.60}$$

对空间频率 $f_y = 0$（探测器元件恒照度），平均温度变化的幅值为

$$\Delta T_m(\omega_y = 0) = \frac{\Phi_S}{\omega_{Ch} C_{th}} \tag{6.2.61}$$

将式（6.2.61）与式（6.2.11）进行比较，上述约束条件变得明显。通过探测器元件热容的热流远大于流向热地面的热流：

$$G_{th} \ll \omega_{Ch} C_{th} \tag{6.2.62}$$

为使式（6.2.60）有效，斩波频率 f_{Ch} 必须足够大。自持式探测器元件的热 MTF 可写为

$$\mathrm{MTF}_{th} = \frac{1}{\sqrt{1 + \left(\frac{a_S \omega_y^2}{\omega_{Ch}}\right)^2}} \tag{6.2.63}$$

例5.14 给出了自持式探测器元件的热 MTF。

观察平均温度变化也是很有用的：

$$\varphi_m = \arctan\left(\frac{\omega_{Ch}}{a_S \omega_y^2}\right) \tag{6.2.64}$$

它依赖于斩波频率和空间频率。这意味着，辐射通量的空间分布影响探测器元件中最大温度变化的时间点。

例 6.5　用于矩形斩波的热 MTF。

主要用机械斩波器来调节辐射。多叶轮式斩波器产生一条几乎是矩形的辐射——时间曲线。利用傅里叶级数变换式，从谐波解中计算温度随时间变化的信号[30]，该谐波解包含矩形调制的自持式探测器元件 MTF 的简洁解。利用傅里叶级数的形式，由式（6.2.60）计算矩形调制的 MTF：

$$\mathrm{MTF}_{\mathrm{th,rect}} = \frac{2}{\pi}\frac{\omega_{\mathrm{Ch}}}{a_{\mathrm{S}}\omega_y^2}\tanh\left(\frac{\pi}{2}\frac{a_{\mathrm{S}}\omega_y^2}{\omega_{\mathrm{Ch}}}\right) \tag{6.2.65}$$

图 6.2.9 为正弦调制和矩形调制的热 MTF。当进行比较时，必须考虑，当 $\omega_y = 0$ 时，矩形调制温度变化的幅值要大于 $\pi/2$。

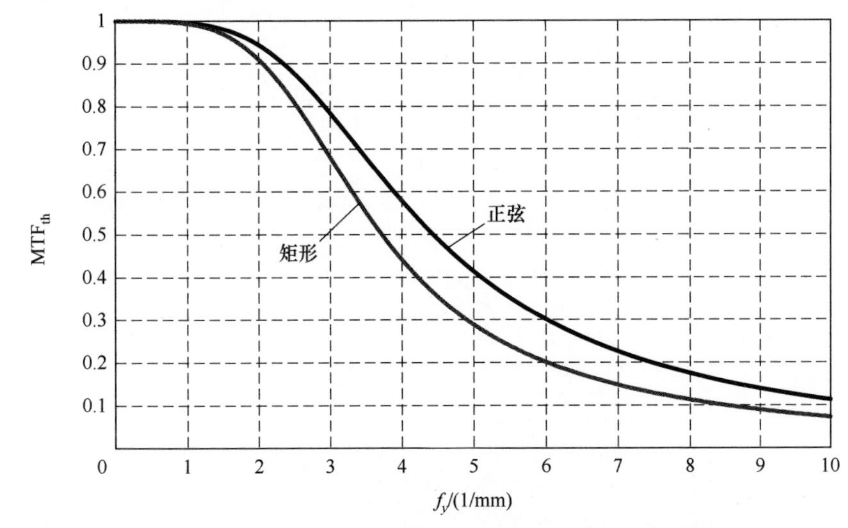

图 6.2.9　具有矩形和正弦辐射调制的 $LiTaO_3$ 热释电探测器的热 MTF

（$f_{\mathrm{Ch}} = 100\mathrm{Hz}$，$a_{\mathrm{S}} = 1.4 \times 10^{-6}\ \mathrm{m}^2/\mathrm{s}$）

6.3　热探测器网络模型

在 6.2 节中，利用热导体和热容对热红外探测器的传热关系进行了建模研究。与电子元件类似，这些效应可以认为是热元件。此处，能量（功率）守恒和温差的分析对应于电气工程中的基尔霍夫电路定律。下面将使用这些相似性来模拟（表 6.3.1）推导热红外探测器的热网络模型。这里主要感兴趣的是用合适的电路表示热电耦合。

表 6.3.1 电热模拟

领域	可变通量	潜在变量	组件	功率
电学	I	φ，V	R，C	$P=VI$
热学	Φ	T，ΔT	R_{th}，C_{th}	$P=\Phi$

图6.3.1显示了两个主动双端口热探测器网络模型。根据不同的工作原理，使用 Z 等效（最适合测辐射热计和热电探测器）或 Y 等效电路（最适合热释电探测器），这两种电路变体可以相互转换。在输入端，有一个无源损耗电路。对于所有的热探测器基本上是相同的，并在6.2节中进行了详细计算。电气输出电路则主要取决于集成信号处理电路。

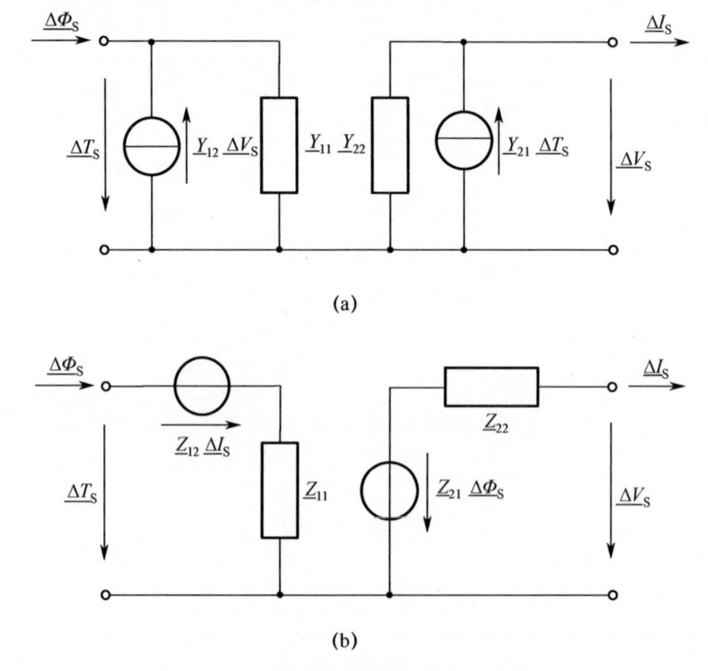

图6.3.1 热探测器有源双端口网络模型

（a）Y 等效双端口；（b）Z 等效双端口。

一般来说，双端口公式如下：

Z 等效电路（电阻或阻抗形式）

$$\underline{\Delta T}_S = \underline{Z}_{11}\,\underline{\Delta \Phi}_S + \underline{Z}_{12}\,\underline{\Delta I}_S \tag{6.3.1}$$

$$\underline{\Delta V}_S = \underline{Z}_{21}\,\underline{\Delta \Phi}_S + \underline{Z}_{22}\,\underline{\Delta I}_S \tag{6.3.2}$$

Y 等效电路（电导或导纳形式）

$$\underline{\Delta \Phi}_S = \underline{Y}_{11}\,\underline{\Delta T}_S + \underline{Y}_{12}\,\underline{\Delta V}_S \tag{6.3.3}$$

$$\underline{\Delta I}_S = \underline{Y}_{12}\,\underline{\Delta T}_S + \underline{Y}_{22}\,\underline{\Delta V}_S \tag{6.3.4}$$

所有的双端口参数都是复杂的变量，可以很容易地用双端口公式计算。对于输入阻抗 $\underline{Z}_{11}$或输入导纳 $\underline{Y}_{11}$：

$$\underline{Z}_{11} = \left.\frac{\underline{\Delta T}_S}{\underline{\Delta \Phi}_S}\right|_{\underline{\Delta I}_S=0} \quad (\mathrm{K/W}) \tag{6.3.5}$$

$$\underline{Y}_{11} = \left.\frac{\underline{\Delta \Phi}_S}{\underline{\Delta T}_S}\right|_{\underline{\Delta V}_S=0} \quad (\mathrm{W/K}) \tag{6.3.6}$$

这对应双端口网络在工作点时辐射通量—温度曲线的斜率。

参数 $\underline{Z}_{12}$（反向传递阻抗）和 $\underline{Y}_{12}$（反向坡度）描述了输出电信号对输入的反馈效应。例如，由于测辐射热计电阻的温升与工作电流 I_0 有关，这种反馈效应在热释电传感器中通过将热释电与测辐射热计传感器中的压电效应耦合而发生。它适用于

$$\underline{Z}_{12} = \left.\frac{\underline{\Delta T}_S}{\underline{\Delta I}_S}\right|_{\underline{\Delta \Phi}_S=0} \quad (\mathrm{K/A}) \tag{6.3.7}$$

$$\underline{Y}_{12} = \left.\frac{\underline{\Delta \Phi}_S}{\underline{\Delta V}_S}\right|_{\underline{\Delta T}_S=0} \quad (\mathrm{W/V}) \tag{6.3.8}$$

这种反馈效应通常很小，可以忽略不计。

输出电路中的电压或电流源由输入变量控制。响应率或坡度可以用两个端口参数$\underline{Z}_{21}$和$\underline{Y}_{21}$描述：

$$\underline{Z}_{21} = \left.\frac{\underline{\Delta V}_S}{\underline{\Delta \Phi}_S}\right|_{\underline{\Delta I}_S=0} \quad (\mathrm{V/W}) \tag{6.3.9}$$

$$\underline{Y}_{21} = \left.\frac{\underline{\Delta I}_S}{\underline{\Delta T}_S}\right|_{\underline{\Delta V}_S=0} \quad (\mathrm{A/K}) \tag{6.3.10}$$

双端口参数$\underline{Z}_{21}$对应电压响应率 R_V 。

输出阻抗$\underline{Z}_{22}$和输出导纳$\underline{Y}_{22}$按下式计算：

$$\underline{Z}_{22} = \left.\frac{\underline{\Delta V}_S}{\underline{\Delta I}_S}\right|_{\underline{\Delta \Phi}_S=0} \quad (\Omega) \tag{6.3.11}$$

$$\underline{Y}_{22} = \left.\frac{\underline{\Delta I}_S}{\underline{\Delta V}_S}\right|_{\underline{\Delta T}_S=0} \quad (\mathrm{S}) \tag{6.3.12}$$

还可以使用无源双端口网络模型来描述根据能量转换原理工作的热红外探测器（热释电和热电传感器），如果分析探测器器内部的关系，这种方法是有用的。热释电和压电效应的耦合就是一个例子。由于这两种双端口网络模型的可逆性，本例中即有 $\underline{Z}_{12} = \underline{Z}_{21}$ 或 $\underline{Y}_{12} = \underline{Y}_{21}$ 。然而，最好使用有源双端口网络模型来描述探测器在与其环境交互时的行为。因此，在原则上可逆性不适用于参数传感器，下面将一直使用有源等效电路。

例 6.6 微测辐射热计的双端口参数。

图 6.3.2 示出了微测辐射热计的小信号电路。输入端未上电时，微测辐射热计以其热容 C_{th} 和热阻 R_{th} 进行表征。在输出端，存在由输入通量 $\Delta\underline{\Phi}_S$ 调制的开路电压 $\Delta\underline{V}_S$。测辐射热计电阻为 R_B。下面将从计算阻抗矩阵开始。

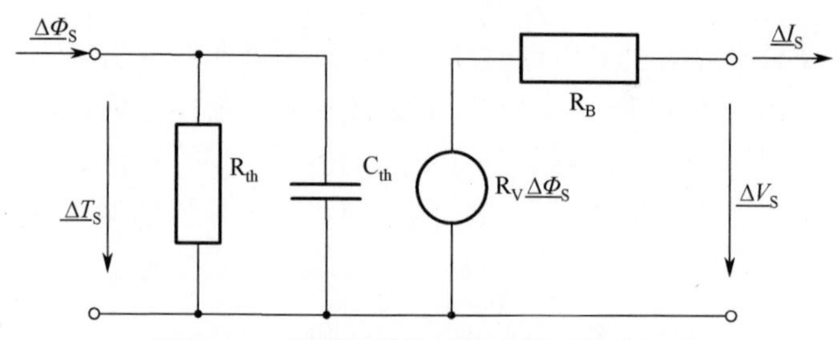

图 6.3.2　微测辐射热计的小信号等效电路

作为参数转换的测辐射热计，通常不存在探测器电流 $\Delta\underline{I}_S$ 对温差 $\Delta\underline{T}_S$ 上的反馈，因此必须采用

$$\underline{Z}_{12} = 0 \tag{6.3.13}$$

因此，左侧输入电路中没有受控温度源。输入阻抗 $\underline{Z}_{11}$ 为

$$\underline{Z}_{11} = R_{th} /\!/ \frac{1}{j\omega C_{th}} = \frac{R_{th}}{1 + j\omega C_{th} R_{th}} \tag{6.3.14}$$

从而表示探测器元件的热特性（热导和热容）。

当开路（$\Delta\underline{I}_S = 0$）时，参数 $\underline{Z}_{21}$ 作为开路输出电压 $\Delta\underline{V}_S$ 和吸收辐射通量差 $\Delta\underline{\Phi}_S$ 的商，对应于电压响应率：

$$\underline{Z}_{21} = R_V \tag{6.3.15}$$

输出阻抗由测辐射热计电阻 R_B 决定：

$$\underline{Z}_{22} = R_B \tag{6.3.16}$$

代入计算参数，阻抗矩阵变成

$$\underline{\boldsymbol{Z}} = \begin{pmatrix} \dfrac{R_{th}}{1 + j\omega C_{th} R_{th}} & 0 \\ R_V & R_B \end{pmatrix} \tag{6.3.17}$$

按照计算规则

$$\underline{\boldsymbol{Y}} = \underline{\boldsymbol{Z}}^{-1} = \frac{1}{\det \underline{Z}} \begin{pmatrix} \underline{Z}_{22} & -\underline{Z}_{12} \\ -\underline{Z}_{21} & \underline{Z}_{11} \end{pmatrix} \tag{6.3.18}$$

导纳矩阵为

$$\underline{Y} = \begin{pmatrix} G_{th} + j\omega C_{th} & 0 \\ -R_V \dfrac{1 + j\omega C_{th} R_{th}}{R_{th} R_B} & \dfrac{1}{R_B} \end{pmatrix} \tag{6.3.19}$$

6.4　热电辐射探测器

6.4.1　原理

热电探测器利用在导体中产生的热电电压 V_{th} 来测量的探测器元件（温度为 T_1 的测量点，热结）和参考温度（温度为 T_2 的参考点，冷结）之间温差 $\Delta T_S = T_1 - T_2$，如图 6.4.1 所示。

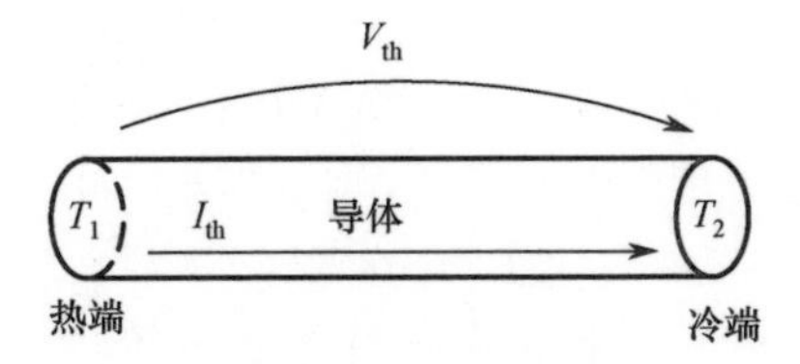

图 6.4.1　热电效应

热电电压是由电荷载流子的热扩散（热扩散电流）引起的。热电效应也称为塞贝克效应。热电电压 V_{th} 与温差 ΔT_S 成正比：

$$V_{th} = \alpha_S (T_1 - T_2) = \alpha_S \Delta T_S \tag{6.4.1}$$

电压 V_{th} 只取决于温度差 ΔT_S，而不是温度空间分布曲线。比例因子 α_S 为是热电系数，也称为塞贝克系数或热功率（V/K），热电系数 α_S 是一个与材料相关的常数（表 6.4.1），对于铂是 0V。当温差很小时，在热辐射探测器中，可以认为热电系数与温度无关。

表 6.4.1　参考温度为 0℃、温差为 100K 时部分材料的热电电压值

物质名称	V_{th} /mV	物质名称	V_{th} /mV
碲	+50	铝	+0.37 ~ 0.41
镍铬	+2.2	铂	0
铁	+1.88	钠	-0.21
镉	+0.85 ~ 0.92	镍	-1.94 ~ 1.2
铜	+0.72 ~ 0.77	康铜	-3.47 ~ 3.04
金	+0.56 ~ 0.8	铋	-7

珀耳帖效应和汤姆森效应与塞贝克效应密切相关。珀耳帖效应和塞贝克效

应可逆。汤姆森效应则描述了热传导是由电流流动引起的。导体中热能和电能之间传输的相互关系可以从数学上描述如下[1]：

$$\begin{pmatrix} J \\ J_{\text{th}} \end{pmatrix} = \begin{pmatrix} \kappa T & \kappa\alpha_S T^2 \\ \kappa\alpha_S T^2 & \lambda T^2 + \kappa\alpha_S^2 T^3 \end{pmatrix} \begin{pmatrix} \dfrac{E}{T} \\ -\dfrac{\nabla T}{T^2} \end{pmatrix} \tag{6.4.2}$$

式中：J 为电流密度；J_{th} 为热流密度；κ 为电导率；λ 为热导率。

在温度恒定时，欧姆定律可由式（6.4.2）推导出：

$$J = \kappa E \tag{6.4.3}$$

或以熟悉的形式 $I = JA$ 和 $V = El$ 代入式（6.4.3），可得

$$R = \frac{V}{I} = \frac{l}{\kappa A} \tag{6.4.4}$$

在无电流（$J = 0$）和温度梯度为 ΔT 的情况下，式（6.4.2）则成为傅里叶传热定律：

$$J_{\text{th}} = -\lambda \nabla T \tag{6.4.5}$$

电流也会引起热流（珀耳帖效应）。当 $\Delta T = 0$ 时，由式（6.4.2）可得

$$J_{\text{th}} = \alpha_S TJ \tag{6.4.6}$$

产生热电效应的原因在于自由电荷载流子的统计特性。对于非简并半导体，可以用麦克斯韦－玻耳兹曼统计方法计算塞贝克系数和电导率。此处，塞贝克效应说明了这样一个事实：在导体或半导体中的温度梯度引起了费米能级的梯度，即

$$\frac{\nabla E_F}{q} = \alpha_S \nabla T \tag{6.4.7}$$

采用费米能级 E_F（费米能）和电荷能量 q，塞贝克系数可表示为

$$\alpha_S = \frac{1}{q}\frac{dE_F}{dT} \tag{6.4.8}$$

这证实了塞贝克系数与温度梯度的空间分布无关，而仅与温差有关。N 型半导体的费米能级为

$$E_F = E_C - k_B T \ln \frac{N_C}{n} \tag{6.4.9}$$

P 型半导体的费米能级为

$$E_F = E_V + k_B T \ln \frac{N_V}{n} \tag{6.4.10}$$

在导带和价带分别具有 N_C 和 N_V 能态密度的情况下，导带和价带的电荷载流子 n 的数量 E_C、E_V 也分别增加。在计算塞贝克系数时，必须考虑本征热传导随温度的升高而增大，载流子的迁移率增加，以及从热到冷产生声子通量。由于 $q = e$[8]，因此它适用于非简并半导体

$$\alpha_{S,n} = -\frac{k_B}{e}\left[\ln\frac{N_C}{n} + \frac{3}{2} + (1 + s_n) + \Phi_n\right] \tag{6.4.11}$$

对于 P 型半导体，$q = -e$ ，有

$$\alpha_{S,p} = \frac{k_B}{e}\left[\ln\frac{N_V}{p} + \frac{3}{2} + (1 + s_p) + \Phi_p\right] \tag{6.4.12}$$

这里，两式的第一项

$$k_B\left(\ln\frac{N_C}{n} + \frac{3}{2}\right) = s_n.$$

和

$$k_B\left(\ln\frac{N_V}{p} + \frac{3}{2}\right) = s_p$$

每个电子或每个空穴的熵具有 N_C 和 N_V 能态密度，并且与电荷载流子数 n 或 p 都是相对应的。

$1 + s_n$ 、$1 + s_p$ 分别考虑了电荷载流子在导体热端和冷端之间的不同迁移率（$s_{n,p} = -1 \sim +2$），因此，s_n 或 s_p 描述了弛豫时间和电荷载流子能量的比值。Φ_n 或 Φ_p 描述了声子从导体热端到冷端的移动（$\Phi_{n,p} = 0 \sim 5$）。

在实际应用中，式（6.4.11）和式（6.4.12）可用下式近似[3]：

$$\alpha_S = \frac{mk_B}{q}\ln\frac{\rho}{\rho_0} \tag{6.4.13}$$

当 $m \approx 2.5$ ，$\rho_0 \approx 5 \times 10^{-6}\ \Omega \cdot \mathrm{m}$ 和 $q = e$ 时，对单晶硅的电导率 ρ 进行分析，可以得到 $mk_B/q \approx 0.22\mathrm{mV/K}$ 。图 6.4.2 呈现了这种相关性。

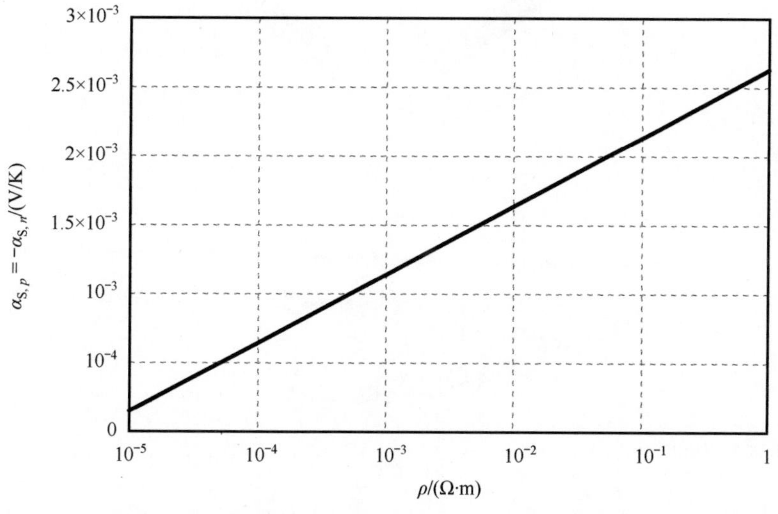

图 6.4.2　掺杂单晶硅的塞贝克系数 $\alpha_{S,p}$ 和 $\alpha_{S,n}$ 与相对电导率 ρ 之间的关系

例 6.7 掺杂硅的热电电压

局部加热导电硅片 N 结和 P 结，测量加热部分和非加热部分之间的电压。温差为 25K，硅的电阻率为 1mΩ · m。代入式（6.4.8），可得塞贝克系数：

硅掺 N 结 $$\alpha_{S,n} = -\frac{2.6k_B}{e}\ln\frac{1\times10^{-3}}{5\times10^{-6}} = -1.14(\text{mV/K})$$

硅掺 P 结 $$\alpha_{S,p} = -\frac{2.6k_B}{-e}\ln\frac{1\times10^{-3}}{5\times10^{-6}} = +1.14(\text{mV/K})$$

结果表明，掺杂硅 N 结和掺杂硅 P 结的热电电压分别为 −28.5mV 和 28.5mV。从式（6.4.6）和式（6.4.7）看出，可以通过测量热电电压的极性确定掺杂类型（N 掺杂或 P 掺杂）。

热电探测器可以做成热电偶，其主要结构如图 6.4.3 所示。为了计算出在热结温度 T_1，就必须知道冷结或基准结温度 T_2。

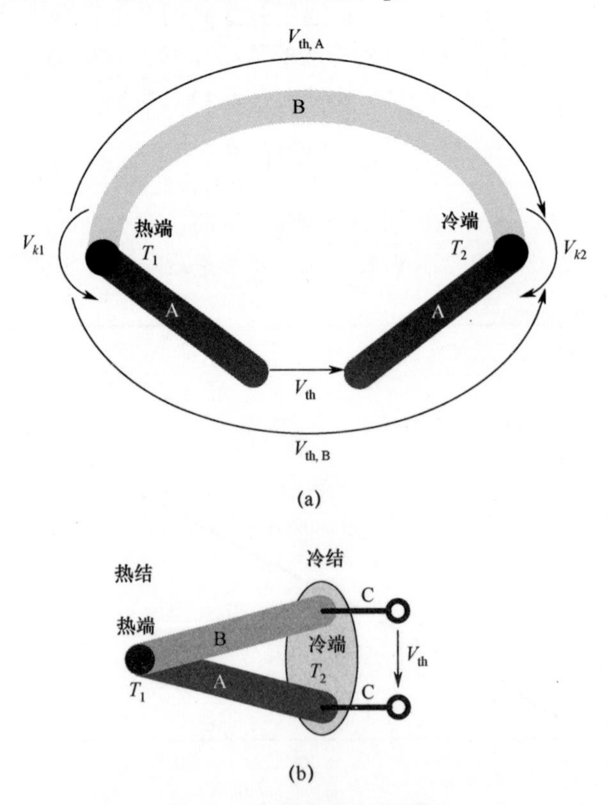

图 6.4.3 热电偶工作原理

（a）通用布置；（b）常见的技术实现（材料 C = A 或 B）。

热电偶由两种不同的导电材料 A 和 B（热偶）组成。表 6.4.2 列出了热电偶的几种重要材料对及其技术名称（类型）。

表 6.4.2　技术上重要的热电偶的塞贝克系数

材料对 A/B（图 6.4.3）	类型	$\alpha_{S,AB}$（300K）/（mV/K）
Fe/Cu-Ni	J	51
Ni-Cr/Ni-Al	K	41
Pt-13% Rh/Pt	R	6
Pt-10% Rh/Pt	S	7
Cu/Cu-Ni	T	41

如果将不同的材料 A 和 B 结合起来，由于化学势 μ_A 和 μ_B 不同，通过接触点产生以下接触电压：

$$V_K = V_{K1} = V_{K2} = \frac{\mu_B - \mu_A}{q} \tag{6.4.14}$$

在金属中，由于导电，$q = e$。在相关温度范围内，通常认为接触电压与温度无关。对于由两种导体组成热电偶的热电电压，适用于式（6.4.1）：

$$V_{th,A} = \alpha_{S,A}(T_1 - T_2) \tag{6.4.15}$$

或

$$V_{th,B} = \alpha_{S,B}(T_1 - T_2) \tag{6.4.16}$$

因此

$$V_{th} = V_{K2} + V_{th,A} - V_{K1} - V_{th,B} \tag{6.4.17}$$

当两个接触电压相同时，式（6.4.17）可写为

$$V_{th} = V_{th,A} - V_{th,B} = (\alpha_{S,A} - \alpha_{S,B})\Delta T_S = \alpha_{S,AB}\Delta T_S \tag{6.4.18}$$

式中

$$\alpha_{S,AB} = \alpha_{S,A} - \alpha_{S,B} \tag{6.4.19}$$

式（6.4.18）表明，需要使用塞贝克系数绝对值最大的热电偶，但是有着不同的信号。热电系数 $\alpha_{S,A} - \alpha_{S,B}$ 的差异非常小（表 6.4.1 ~ 表 6.4.3）。因此，通常将许多热电偶串联用于红外探测器，这种布置称为热电堆。对于 N 型热电偶，测得的热电电压就变为

$$V_{th} = N\alpha_{AB}\Delta T_S \tag{6.4.20}$$

如果热电偶的末端短路，则可得到热电电流 I_{th}。电流 I_{th} 仅受到热电偶电阻 R_{th} 的限制，并且可以变得无穷大：

$$I_{th} = \frac{V_{th}}{R_{th}} \tag{6.4.21}$$

表 6.4.3 热电材料的特性[4-5]

材料		α_S/(μV/K)	κ/($10^4\Omega^{-1}\cdot m^{-1}$)	λ/(W/(K·m))	FOM/K^{-1}	M(300K)
半导体	Si(块)	-450	2.85	145	4×10^{-5}	0.012
	n-Si	-100 ~ -800	0.2 ~ 10	150	6.3×10^{-6} ~ 9.1×10^{-6}	0.0019 ~ 0.0027
	n-poly-Si	-100 ~ -500	0.1 ~ 10	20 ~ 30	1.4×10^{-5} ~ 5×10^{-5}	0.0042 ~ 0.015
	p-Si	100 ~ 800	0.1 ~ 10	150	6.3×10^{-6} ~ 9.1×10^{-6}	1.9×10^{-3} ~ 2.7×10^{-3}
	p-poly-Si	100 ~ 500	0.1 ~ 10	20 ~ 30	1.4×10^{-5} ~ 5×10^{-5}	0.0019 ~ 0.0027
	Ge	420	0.12	64	3.3×10^{-6}	0.00 099
	Sb	35	100	13	9×10^{-5}	0.027
	Bi	-65	28.5	4.2	2.3×10^{-4}	0.069
	p-$Bi_{0.5}Sb_{1.5}Te_3$	230	5.8	1.05	2.9×10^{-3}	0.87
	n-$Bi_{0.87}Sb_{0.13}$	-100	14	13	4.5×10^{-4}	0.135
	PbTe	-170	5.0	2.5	5.8×10^{-4}	0.174
	$Bi_{1.8}Sb_{0.2}Te_{2.7}Se_{0.3}$	-220	9.1	1.4	3.15×10^{-3}	0.945
金属	Al	-3.2	3541.4	235	1.54×10^{-6}	4.62×10^{-4}
	Cu	0.1	4347.8	315	1.38×10^{-9}	4.14×10^{-7}
	Ni	-20.2	1628.6	61	1.08×10^{-5}	0.00324
	Pt	-3.2	1019.3	71	1.47×10^{-6}	1.4×10^{-4}

6.4.2　热分辨率

热电偶的响应率来自式（6.2.13）和式（6.4.18）：

$$R_V(f_{Ch}) = \frac{\alpha\alpha_{S,AB}}{G_{th}} \frac{1}{\sqrt{1 + \omega_{Ch}^2 \tau_{th}}} \tag{6.4.22}$$

由于热电偶是恒定光敏的，通常表示电压响应率 $R_V(f_{Ch} = 0)$：

$$R_V = \frac{\alpha\alpha_{S,AB}}{G_{th}} \tag{6.4.23}$$

对于所有的热探测器，动态过程是由热时间常数 τ_{th} 决定的。忽略热电偶可能附着基底层，热导为

$$G_{th} = G_{th,R} + G_{th,AB} \tag{6.4.24}$$

根据式（6.1.14），通过辐射的热导为 $G_{th,S}$，通过热电偶管脚的热导为

$$G_{th,AB} = G_{th,A} + G_{th,B} \tag{6.4.25}$$

通过管脚 A 和 B 的热导变为

$$G_{th,A} = \frac{\lambda_A A_A}{l_A} \tag{6.4.26}$$

$$G_{th,B} = \frac{\lambda_B A_B}{l_B} \tag{6.4.27}$$

式中：λ_A、λ_B 为管脚材料的热导率；A_A、A_B 为管脚的截面面积；l_A、l_B 为管脚长度。

热电偶最重要的噪声源是其热阻噪声，即

$$\tilde{v}_{Rn}^2 = 4k_B T R_{AB} \tag{6.4.28}$$

式中

$$R_{AB} = \frac{l_A}{A_A \kappa_A} + \frac{l_B}{A_B \kappa_B} \tag{6.4.29}$$

其中：κ_A、κ_B 为管脚材料的电导率。

特定噪声等效功率为

$$NEP_{TE}^* = \frac{\sqrt{4k_B T R_{AB}}}{\alpha\alpha_{S,AB}} G_{th} \tag{6.4.30}$$

NEP 包含材料的热电常数。为了优化探测器的设计，下面提出一个特定的质量因数（也称质量因数）FOM_{AB}，包含了传感器所有重要的参数，如热电功率、几何形状和热导率：

$$FOM_{AB} = \frac{\alpha_{S,AB}^2}{R_{AB} G_{th,AB}} \tag{6.4.31}$$

在热导由热电偶管脚的热导率决定的情况下，特定噪声等效功率可写为

$$\mathrm{NEP}^{*}=\frac{1}{\alpha}\sqrt{\frac{4k_{\mathrm{B}}TG_{\mathrm{th,AB}}}{\mathrm{FOM}_{\mathrm{AB}}}} \tag{6.4.32}$$

由上可见，为使特定 NEP 处于最低水平，则 $\mathrm{FOM}_{\mathrm{AB}}$ 应达到其最大值。为了使 $\mathrm{FOM}_{\mathrm{AB}}$ 最大化，可以假定两个热管脚的长度由结构决定，并且两条管脚的长度相同：

$$l=l_{\mathrm{A}}=l_{\mathrm{B}} \tag{6.4.33}$$

因此，由式（6.4.31）可以推出：

$$\mathrm{FOM}_{\mathrm{AB}}=\frac{\alpha_{\mathrm{AB}}^{2}}{\left(\frac{1}{\kappa_{\mathrm{A}}A_{\mathrm{A}}}+\frac{1}{\kappa_{\mathrm{B}}A_{\mathrm{B}}}\right)(\lambda_{\mathrm{A}}A_{\mathrm{A}}+\lambda_{\mathrm{B}}A_{\mathrm{B}})} \tag{6.4.34}$$

两个管脚横截面积之比 $A_{\mathrm{A}}/A_{\mathrm{B}}$ 是可以优化的变量，为了最大限度地提高它，求式（6.4.34）相对于 $A_{\mathrm{A}}/A_{\mathrm{B}}$ 的导数，并设导数 $\mathrm{dFOM}_{\mathrm{AB}}/\mathrm{d}(A_{\mathrm{A}}/A_{\mathrm{B}})=0$。经过公式化简后，可得

$$\frac{A_{\mathrm{A}}}{A_{\mathrm{B}}}=\sqrt{\frac{\kappa_{\mathrm{B}}\lambda_{\mathrm{B}}}{\kappa_{\mathrm{A}}\lambda_{\mathrm{A}}}} \tag{6.4.35}$$

这样就能够使用式（6.4.34）求出两个管脚的最佳厚度和宽度。将式（6.4.35）代入式（6.4.31），得到 $\mathrm{FOM}_{\mathrm{AB,max}}$ 的几何最大值：

$$\mathrm{FOM}_{\mathrm{AB,max}}=\frac{\alpha_{\mathrm{AB}}^{2}}{\left(\sqrt{\frac{\lambda_{\mathrm{A}}}{\kappa_{\mathrm{A}}}}+\sqrt{\frac{\lambda_{\mathrm{B}}}{\kappa_{\mathrm{B}}}}\right)^{2}} \tag{6.4.36}$$

为了评估材料性能，可以用单个材料的 FOM 来代替热电偶（表 6.4.3）

$$\mathrm{FOM}_{\mathrm{A,max}}=\frac{\alpha_{\mathrm{A}}^{2}}{\frac{\lambda_{\mathrm{A}}}{\kappa_{\mathrm{A}}}}=\frac{\kappa_{\mathrm{A}}\alpha_{\mathrm{A}}^{2}}{\lambda_{\mathrm{A}}} \tag{6.4.37}$$

这样就可以使用式（5.3.2）基于特定噪声等效功率来计算比探测率：

$$D_{\mathrm{TE}}^{*}=\frac{\alpha\alpha_{\mathrm{AB}}}{G_{\mathrm{th}}}\sqrt{\frac{A_{\mathrm{S}}}{4k_{\mathrm{B}}T_{\mathrm{S}}R_{\mathrm{AB}}}} \tag{6.4.38}$$

热导可写为

$$G_{\mathrm{th}}=G_{\mathrm{th,S}}+G_{\mathrm{th,AB}}=4\alpha\sigma T_{\mathrm{S}}^{3}A_{\mathrm{S}}+G_{\mathrm{th,AB}} \tag{6.4.39}$$

此外，如果将 $\mathrm{FOM}_{\mathrm{AB}}$ 代入式（6.4.30），则得到比探测率为

$$D_{\mathrm{TE}}^{*}=\frac{1}{4}\sqrt{\frac{\mathrm{FOM}_{\mathrm{AB}}}{k_{\mathrm{B}}\sigma T_{\mathrm{S}}^{4}}\frac{1}{\left(\frac{G_{\mathrm{th,S}}}{G_{\mathrm{th,AB}}}+\frac{G_{\mathrm{th,AB}}}{G_{\mathrm{th,S}}}+2\right)}} \tag{6.4.40}$$

考虑到质量因数仅使用热电偶管脚的热导 $G_{\mathrm{th,AB}}$，式（6.4.40）在以下情况下能够达到最大值，即

$$G_{\mathrm{th,S}}=G_{\mathrm{th,AB}} \tag{6.4.41}$$

考虑到这种设计规范，比探测率的最大值为[6]

$$D_{\mathrm{TE,max}}^{*}=\frac{1}{8}\sqrt{\frac{\mathrm{FOM}_{\mathrm{AB}}}{k_{\mathrm{B}}\sigma T_{\mathrm{S}}^{4}}}=\frac{1}{8}\sqrt{\frac{M}{k_{\mathrm{B}}\sigma T_{\mathrm{S}}^{5}}} \tag{6.4.42}$$

式中

$$M=\mathrm{FOM}_{\mathrm{AB}}T_{\mathrm{S}} \tag{6.4.43}$$

因此，品质因数 M 与 $\mathrm{FOM}_{\mathrm{AB}}$ 成正比，这意味着两者是等价的。然而，M 包括探测器温度 T_{S} 。M 被普遍使用，它是一个无量纲数，因此更适合作为一个易于使用的比较参数。根据式（5.3.4）并利用式（6.4.42）对热探测器的 BLIP 探测率进行对比，可得

$$M\leqslant 4 \tag{6.4.44}$$

这意味着

$$D_{\mathrm{TE,max}}^{*}=\frac{\sqrt{M}}{2}D_{\mathrm{BLIP}}^{*} \tag{6.4.45}$$

如前所述，将几个热电偶组合成热电堆以提高响应性。此外，根据式（6.4.20），热电电压随着热电偶数量 N 的增加而增加，电阻和噪声也随着 $\sqrt{N}$ 的增加而增加，甚至热导也会增加。假设数量 N 不再增加，根据式（6.4.30）就可得出热电堆的特定噪声等效功率：

$$\mathrm{NEP}_{\mathrm{TP}}^{*}=\frac{\sqrt{4k_{\mathrm{B}}TNR_{\mathrm{AB}}}}{\alpha N\alpha_{\mathrm{AB}}}=\frac{1}{\sqrt{N}}\mathrm{NEP}_{\mathrm{TE}}^{*} \tag{6.4.46}$$

利用式（6.4.38）可得热电堆的比探测率为

$$D_{\mathrm{TP}}^{*}=\sqrt{N}D_{\mathrm{TE}}^{*} \tag{6.4.47}$$

这意味着，随着热电偶数量 N 的平方根的增加，信噪比也会提高。

由式（5.4.6）、式（5.4.8）和式（6.4.47），并根据比探测率就可推导出热电堆的噪声等效温差：

$$\mathrm{NETD}_{\mathrm{TP}}=\frac{8(4k^{2}+1)}{I_{\mathrm{M}}}\sqrt{\frac{k_{\mathrm{B}}\sigma T_{\mathrm{S}}^{4}B}{A_{\mathrm{S}}Nz_{\mathrm{AB}}}} \tag{6.4.48}$$

6.4.3　热电探测器的设计

为了获得足够大的输出电压，在实践中通常将热电辐射探测器设计为热电堆（图 6.4.4）。为了提高隔热性能，热电偶的热结制备在很薄的薄膜上，冷结位于硅载体上。由于其良好的导电性，硅载体形成一个具有恒定温度的热堆。热电堆采用标准微电子技术制造。首先硅晶片正面所需的电子元件通常采用 CMOS 兼容工艺完成，这样热电偶就制备完毕，最后 SiO_2 薄膜是从背面利用湿法化学蚀刻而成的[3]。

例 6.8 热电堆的尺寸。

根据图 6.4.4 的结构，确定热电堆的温度分辨率。

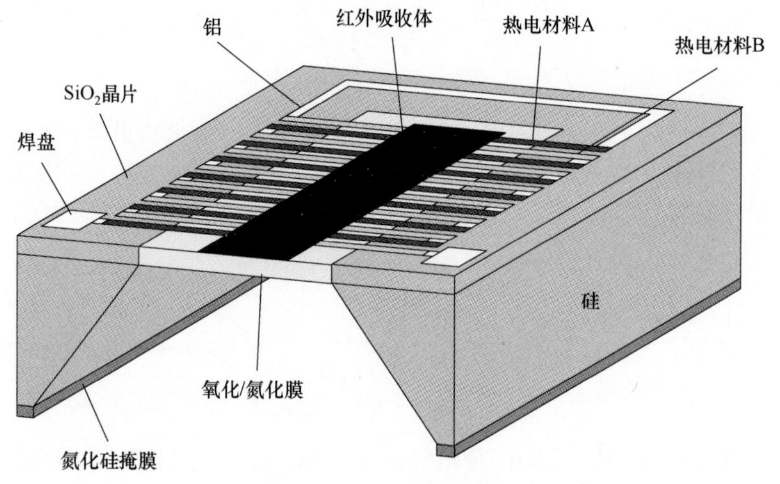

图 6.4.4 热电堆的主结构

首先给定热电偶尺寸，且必须适用下列条件：

(1) 传感器面积 $A_S = 1.0\text{mm} \times 0.5\text{mm}$，由吸热体面积的大小决定。

(2) 对于热电偶，选择 n-poly-Si/p-poly-Si，有 16 个热电偶，两边各 8 个。材料参数如下：

① 塞贝克系数 $\alpha_{p-\text{Poly}} = -\alpha_{n-\text{Poly}} = 300\ \mu\text{V/K}$，$\alpha_{AB} = 600\ \mu\text{V/K}$；

② 热导率 $\lambda_{p-\text{Poly}} = \lambda_{n-\text{Poly}} = 25\ \text{W/(K}\cdot\text{m)}$；

③ 电导率 $\kappa_{p-\text{Poly}} = \kappa_{n-\text{Poly}} = 5 \times 10^4\ \Omega^{-1}\cdot\text{m}^{-1}$。

(3) 氧化硅/氮化物膜厚度 $d_M = 1\ \mu\text{m}$，面积 $A_M = 4\text{mm} \times 2\text{mm}$，热导率 $\lambda_M \approx 1\ \text{W/(K}\cdot\text{m)}$。

根据上述给定条件，可以由式（6.4.36）和式（6.4.43）计算 FOM_{AB} 和 M：

$$\text{FOM}_{AB} = 1.8 \times 10^{-4}\text{K}^{-1}$$

$$M(300\text{K}) = 0.054$$

其次，必须在每侧安装 8 个热电偶。当探测器区域的边缘长度为 1mm 时，每个热电偶可占据 0.125mm 的宽度。工艺技术限制了热电偶管脚的最小宽度和厚度，此处选择管脚宽度 $b = 10\mu\text{m}$，且假定两条管脚的宽度是一样的。热电偶到薄膜上散热片的管脚长度 $l \approx 1\text{mm}$。根据式（6.4.35）的结论，管脚的横截面积应该相等。

根据给定的探测器面积，就可以用式（6.1.14）求出由辐射引起的热导：

$$G_{th,S} = 4\sigma_S \times (300K)^3 \times 0.5\ mm^2 = 3.1 \times 10^{-6} W/K \quad (6.4.49)$$

热电偶薄膜的热导可以如下估算：

$$G_{th,TC} = \frac{\lambda_M A_M}{l_M} \quad (6.4.50)$$

面积 A_M 是由薄膜厚度 1μm 和每个热电偶可吸收的宽度（本例中为 0.125mm）所确定的。假定长度 l_M 为对应于探测器区域与硅载体之间的距离（l_M =2.5mm）。因此，适用于

$$G_{th,TC} = \frac{1(W/(K \cdot m)) \times 1.25 \times 10^{-10} m^2}{2.5mm} = 5 \times 10^{-8} W/K \quad (6.4.51)$$

总热导为

$$G_{th,M} = 16 G_{th,TC} = 8 \times 10^{-7} (W/K) \quad (6.4.52)$$

这意味着，它比通过辐射的热导小得多，可以忽略不计。

利用式（6.4.41）中的条件，可以计算出热管脚的厚度。每个热电偶对热传导的贡献是相同的。管脚的数目是 32 条。这意味着

$$d = \frac{G_{th,S}}{32} \frac{l}{b\lambda_{Ploy\text{-}Si}} = \frac{3.1 \times 10^{-6} W/K}{32} \frac{1mm}{10\mu m \times 25 W/(K \cdot m)} = 0.39\mu m \quad (6.4.53)$$

因此，总热导为

$$G_{th} = 2G_{th,S} = 6.2 \times 10^{-6} (W/K) \quad (6.4.54)$$

由式（6.4.42）可以得出比探测率为

$$D^*_{TE} = \frac{1}{8}\sqrt{16 \times \frac{1.8 \times 10^{-4} K^{-1}}{k_B \sigma_B (300K)^4}} = 8.4 \times 10^7 \frac{m \cdot \sqrt{Hz}}{W} \quad (6.4.55)$$

根据式（6.4.48），温度分辨率 NETD 在 $F = 1$、$B = 100Hz$ 范围内由电子和波长为 8～14μm（辐射出射度差分值 $I_M = 2.64 W/(K \cdot m^2)$）所决定：

$$NETD = 8 \times \frac{5}{2.64 W/(m^2 \cdot K)} \sqrt{\frac{k_B \sigma_B (300K)^4 \times 100Hz}{0.5\ mm^2 \times 16 \times 1.8 \times 10^{-4} K^{-1}}} = 0.3mK \quad (6.4.56)$$

最后，估计热时间常数 τ_{th}。为此，仍然需要计算热容 C_{th}，它是 32 条热电偶管脚和薄膜的热容之和：

$$C_{th} = \sum_{i=1}^{32} c_i V_i + c_M V_M \quad (6.4.57)$$

式中：c_i、c_M 和 V_i、V_M 分别为薄膜第 i、M 层的体积比热容和体积。多晶硅的体积比热容为 $1.6 \times 10^6 W \cdot s/(m^3 \cdot K)$，硅氧化物/氮化物薄膜的体积比热容约为 $2 \times 10^6 W \cdot s/(m^3 \cdot K)$，体积分别为

$$V_i = dbl = 0.39\mu m \times 10\mu m \times 1mm = 3.9 \times 10^{-15} m^3 \tag{6.4.58}$$

$$V_M = 1mm \times 0.5mm \times 1\mu m = 5 \times 10^{-13} m^3 \tag{6.4.59}$$

因此，热容为

$$C_{th} = \sum_{i=1}^{32} 6.24 \times 10^{-9} W \cdot s/K + 1 \times 10^{-6} W \cdot s/K = 1.2 \times 10^{-6} W \cdot s/K \tag{6.4.60}$$

很明显，由于薄膜的体积的影响，因此薄膜的热容是不可忽略的。由此产生的热时间常数为

$$\tau_{th} = \frac{C_{th}}{G_{th}} = \frac{1.2 \times 10^{-6} W \cdot s/K}{36.2 \times 10^{-6} W/K} = 0.195s \tag{6.4.61}$$

为了评估热电电压，需要知道热电偶冷结的温度。因此，常用的温度探测器，如 NTC 电阻通常被集成到热电堆中以测量冷结温度（图 6.4.5）。为了实现最大的信噪比，用于信号评估的电子元件也应该封装到探测器内（集成信号处理）。图 6.4.6 示出了一个典型的具有数字输出的评估电路。图 6.4.7 给出了适用于此类电子电路模拟的热电偶模型。除了热电电压 V_{th} 外，还包括热电偶的内阻 R_{TP}。

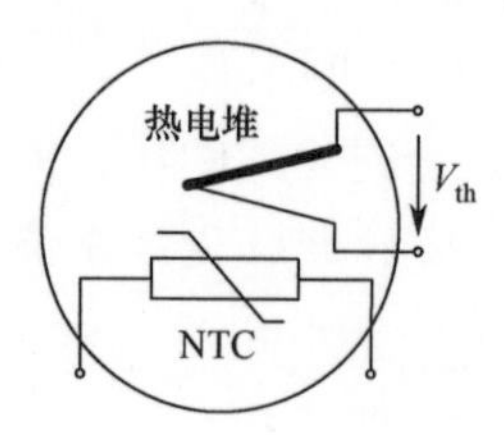

图 6.4.5 集成 NTC 电阻的热电堆原理图

带有热电堆、温度传感器、信号处理、外壳和光学元件（如果需要）的完整传感器通常称为热电堆模块。可以根据不同的应用规格进行设计和制造（图 6.4.8）。热电堆模块可作为完全无接触辐射温度计使用。对于成像系统而言，利用这一特性使得构建二维焦平面阵列成为可能（图 6.4.9）。

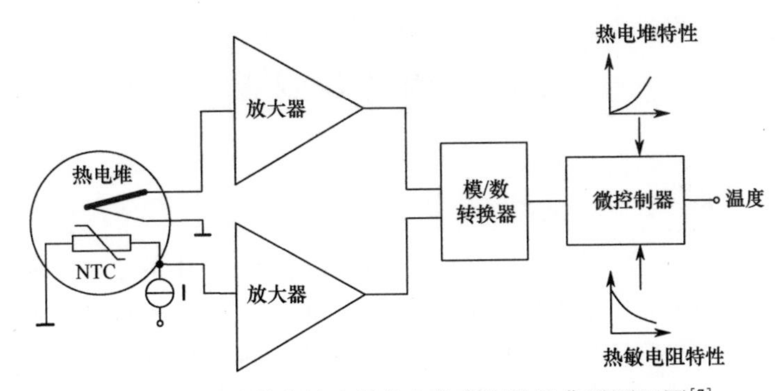

图 6.4.6　具有数字输出的热电堆高温计的典型原理图[7]

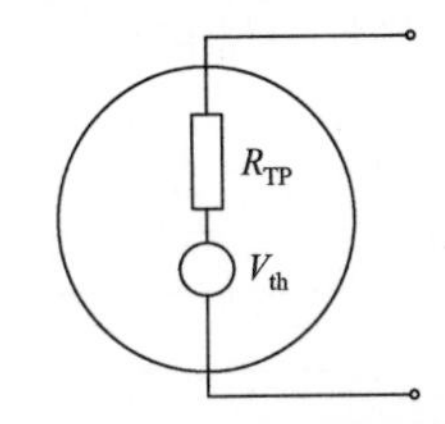

图 6.4.7　热电堆的电子模型

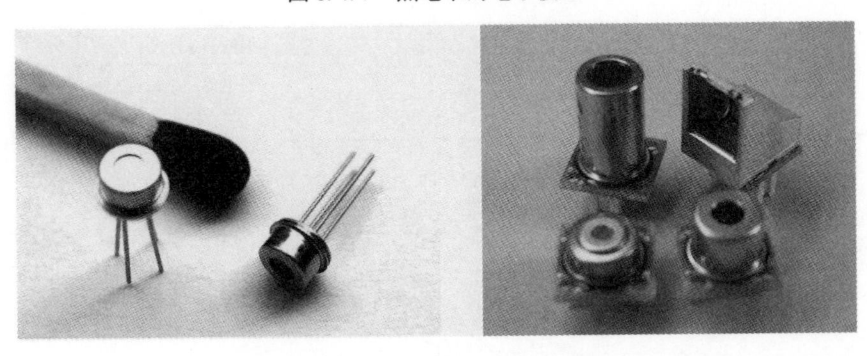

图 6.4.8　微型热电堆模块

（a）传感器；（b）集成信号处理传感器。

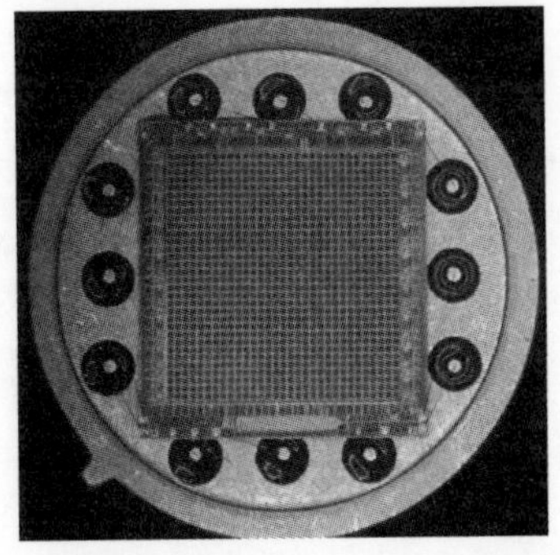

图 6.4.9　具有数字输出的单片 32×32 热电堆传感器阵列

6.5 热释电探测器

6.5.1 原理

对于许多材料，特别是晶体材料，单位晶胞或分子中的正电荷和负电荷并不重合，而是在空间上分开的，这称为极化。极化可以在不施加任何外部影响（自发极化）的情况下发生，也可以通过电场来实现。热电探测器利用某些电介质材料（热释电材料）与温度相关的自发极化特性来实现热电耦合。表6.5.1总结了电介质的类型。热释电材料是一种在无任何外加电场条件下的具有电偶极矩的压电晶体。

表6.5.1 结晶介电材料的分类

材料组				举例
电介质				五氧化二钽 Ta_2O_5
	压电体			石英 SiO_2
		热释电		钽酸锂 $LiTaO_3$
			铁电体	锆钛酸铅 PZT ($PbZr_XTi_{1-X}O_3$)

图6.5.1显示了极化 P 与铁电体场强 E 的函数关系。该函数并不明确，但显示出滞后行为。曲线与纵坐标的交点是残余极化 P_R，在不施加任何外部电场条件下晶体内部自发产生的。

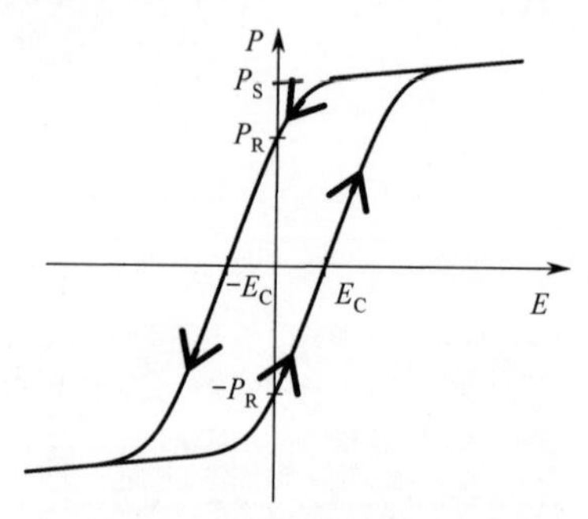

图6.5.1 铁电体的 P-E 曲线（当电场强度 E 改变时，箭头表示极化的方向）

P_S—饱和极化；P_R—残余极化；E_C—强制场强。

铁电体是一种可以改变极化状态的热释电体，即自发极化的方向可以被外部电场改变，这种特性可用于改变铁电体的极性。在施加大的电场强度 $\pm E$ 后，导致产生饱和极化 $\pm P_S$ 并回到 $E=0$ 的状态，然后根据电场 E 的极性，有可能实现残余极化 $\pm P_R$。

如表6.5.1所示，所有热释电体也是压电体。HECKMANN图（图6.5.2）则说明了电介质的热效应、机械效应和介电效应之间的关系。

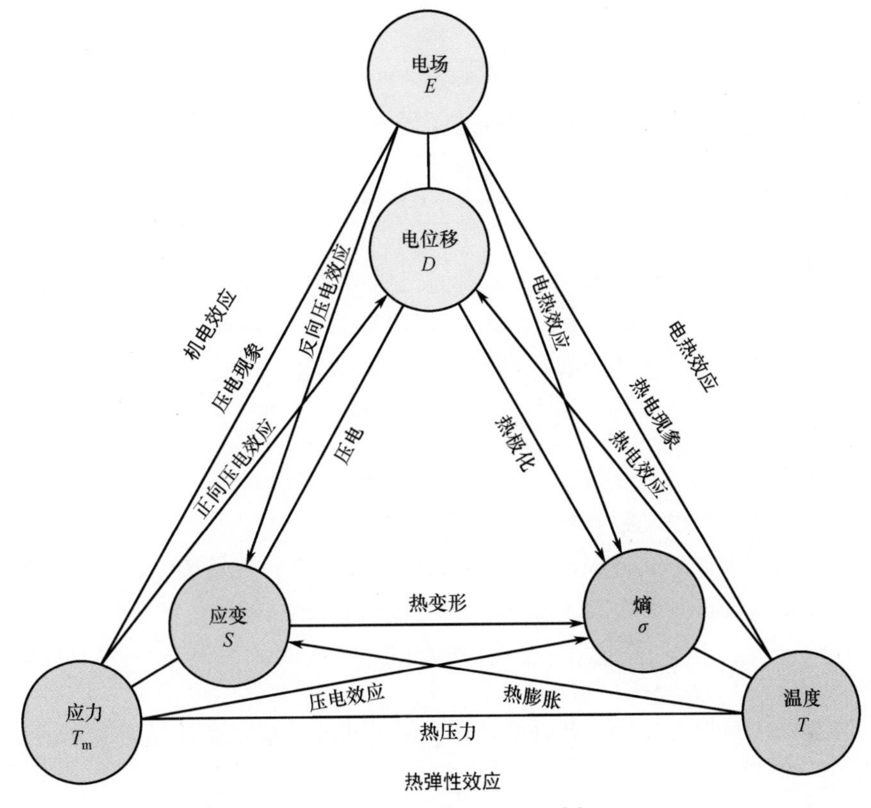

图6.5.2 HECKMANN图[9]

对于压电体，施加机械应力可以改变自发极化。压电体也就是热释电体，表现出各向异性的材料特性。为了实现最大的响应性，自发极化的方向必须与探测器元件表面法线的方向相同。

从HECKMANN图中可以看出，无论是机械效应还是热效应都会导致场强的变化。因此，由于热释电效应引起的温度变化直接导致介质位移密度的变化（主热释电效应）。然而，温度的变化也会引起机械应力T_m的变化，而T_m的变化又会由于压电效应（二次热释电效应）而导致介质位移密度的变化。为了描述个体的影响，保持未被分析的状态变量不变。因此，适用于介质位移密度的线性状态方程如下：

$$\boldsymbol{D}=\left.\frac{\delta \boldsymbol{D}}{\delta T}\right|_{T_m,E}\times\Delta T+\left.\frac{\delta \boldsymbol{D}}{\delta T_m}\right|_{T,E}\times T_m+\left.\frac{\delta D}{\delta \boldsymbol{E}}\right|_{T,T_m}\times \boldsymbol{E} \tag{6.5.1}$$

$\boldsymbol{D}$、T_m和$\boldsymbol{E}$实际描述了这些参数的变化。由于这里考虑的探测器仍然在线性范围内运行，因此可以使用变量本身而不是下面的变化。式（6.5.1）中的标记描述了保持不变的状态变量，所有材料参数都是张量。式（6.5.1）等号右侧首项描述了热电效应。对于热电系数 $\boldsymbol{\pi}_{\mathrm{P}}$，它适用于恒定的机械应力 T_{m} 和恒定的电场强度 E：

$$\boldsymbol{\pi}_{\mathrm{P}} = \left.\frac{\delta \boldsymbol{D}}{\delta T}\right|_{T_{\mathrm{m}},E} \tag{6.5.2}$$

式（6.5.1）等号右侧中间项描述了压电效应。对于压电系数 d_{P}，它适用于恒定温度 T 和恒定电场强度 E：

$$d_{\mathrm{P}} = \left.\frac{\delta D}{\delta T_{\mathrm{m}}}\right|_{T,E} \tag{6.5.3}$$

由于压电系数 d_{P} 和机械张力 T_{m} 都是三阶或二阶张量，因此无法再提供类似式（6.5.2）的简单矢量描述。式（6.5.1）等号右侧末项描述了介电特性。对于介电常数，它适用于恒温 T 和恒定机械张力 T_{m}：

$$\varepsilon = \left.\frac{\delta \boldsymbol{D}}{\delta \boldsymbol{E}}\right|_{T,T_{\mathrm{m}}} \tag{6.5.4}$$

介电常数也是二阶张量。对于各向异性材料，例如热电材料，介电位移的方向不一定必须与电场强度的方向一致。

为了避免出现如式（6.5.1）中同时表示标量 T，矢量 $\boldsymbol{D}$、$\boldsymbol{E}$、$\boldsymbol{\pi}_{\mathrm{P}}$ 与张量 $\boldsymbol{T}_{\mathrm{m}}$、$\boldsymbol{\varepsilon}$、$\boldsymbol{d}_{\mathrm{P}}$ 的造成困难的情况，经常使用 VOIGT 表示法：

$$D_i = \pi_{\mathrm{p},i}\Delta T + d_{p,ij}T_{\mathrm{m},j} + \varepsilon_{ik}E_k \tag{6.5.5}$$

式中：$i,k \in \{1,2,\cdots,6\}$。

根据爱因斯坦的总结，此处必须对双下标求和。以位移密度分量 D_1 为例，可得

$$D_1 = \pi_{\mathrm{p},1}\Delta T + d_{\mathrm{p},11}T_{\mathrm{m},1} + d_{\mathrm{p},12}T_{\mathrm{m},2} + \cdots + d_{\mathrm{p},16}T + \varepsilon_{11}E_1 + \varepsilon_{12}E_2 + \varepsilon_{13}E_3 \tag{6.5.6}$$

为了使某个特定场参数仅具有单一分量，通常将其空间维度标注出来。如图 6.5.4 所示的场景，电场只出现在方向 3 上，即仅存在分量 D_3 和 E_3。如果所有应力 $T_{\mathrm{m}.j} = 0$，则式（6.5.5）可写为

$$D_3 = \pi_{\mathrm{p},3}\Delta T + \varepsilon_{33}E_3 \tag{6.5.7}$$

为了简化式（6.5.5），假设对于如上的一维情形不使用任何标记，可得

$$D = \pi_{\mathrm{p}}\Delta T + d_{\mathrm{p}}T_{\mathrm{m}} + \varepsilon E \tag{6.5.8}$$

由于压电效应是可逆的，可以得到与式（6.5.5）相对应的第二个特征方程：

$$S_l = \alpha_l\Delta T + s_{lj}T_{\mathrm{m},j} + d_{\mathrm{p},lk}E_k \tag{6.5.9}$$

式中：S_l 为法向应变（$l = 1\sim3$）和剪切应变（$l = 4\sim6$）；α_l 为线性热膨胀系数；s_{lj} 为弹性模量（逆 E 模量）。在一维情况下，式（6.5.9）可写为

$$S = \alpha\Delta T + sT_{\mathrm{m}} + \mathrm{d_P}e \tag{6.5.10}$$

热电探测器现在测量场强变化（$D = 0$ 时的电压模式）或介电位移变化（$E = 0$ 时的电流模式）。但是，无法确定导致相应信号变化的原因（温度变化 ΔT 或机械应力 ΔT_m 的变化）。主要是影响探测器的加速度可以导致机械应力的变化，随之产生探测器输出信号，这种效应称为颤噪效应。对于热释电辐射探测器，这种颤噪效应或加速度响应通常令人备受困扰，因为在工作期间探测器经常受到各种影响。压电颤噪效应信号是一种干扰信号，比有用信号强得多。

通常，分别观察这两种效应，并忽略它们的耦合，也就是说，在描述与辐射通量相关的响应率时，假设机械应力 T_m 恒定；在描述与颤噪效应相关的响应率时，探测器温度 T_S 应保持不变。

热释电材料可分为单晶、陶瓷和铁电聚合物（表 6.5.2）。

表 6.5.2　热释电材料参数[10]

材料类型	材料名称	$\pi_p/(\mu \cdot C/(m^2 \cdot K))$	ε_r	$\tan\delta$	$c_p/(J/(m^3 \cdot K))$	T_C/K
单晶	TGS①	280	27	1×10^{-2}	2.30×10^{-6}	49
	DTGS①	550	18	2×10^{-2}	2.30×10^{-6}	61
	$LiTaO_3$	170	47	1×10^{-3}	3.20×10^{-6}	603
	$LiNbO_3$	80	30	5×10^{-4}	2.90×10^{-6}	1480
陶瓷	PZT	400	290	3×10^{-3}	2.50×10^{-6}	230
	BST	7000	8800	4×10^{-3}	2.55×10^{-6}	25
	PST	3500	2000	5×10^{-3}	2.70×10^{-6}	25
聚合物	PVDF	27	12	1×10^{-2}	2.40×10^{-6}	80
① 丙氨酸掺杂						

三聚氰胺硫酸盐（TGS）、氘化三聚氰胺硫酸盐（DTGS）、铌酸锂（$LiNbO_3$）和钽酸锂（$LiTaO_3$），均属于单晶热电材料。铁电 TGS 及其改性，如丙氨酸掺杂、氘化 TGS（DTGS：LA），显示出优异的热电特性，但在技术上难以处理（过长的晶体生长周期；较低的居里温度 T_C，高于此温度时热电特性消失；脆性非常强；极易吸湿）。因此，它们仅用于制造需要特别大的信噪比，并且非常昂贵的探测器。钽酸锂和铌酸锂则具有足够高的居里温度 T_C，在与探测器相关的 0 ~ 70℃ 的工作温度范围内，它们的热电系数对温度的依赖性很小，只有百分之几。因此，基于上述原因，钽酸锂被公认为是制备热释电探测器的标准材料。

铁电陶瓷的种类很多，用于热释电传感器的重要材料有：由不同组分含量 x 锆钛酸铅组成的铁电氧化物陶瓷（PZT 或 $PbZr_{1-x}Ti_xO_3$）、钛酸锶钡（BST）和钽酸铅钪（PST）。它们都是具有晶体结构的钙钛矿结构，这是自发极化的前提[11]。此外，钽酸锂和铌酸锂还显示出类钙钛矿晶体结构。陶瓷是多晶的，在制造过程中，在陶瓷和单晶中都会出现相同的极化，即磁畴。能够通过极化获得相同的方向，是低成本探测器主要使用铁电陶瓷的原因。

铁电聚合物最常见的代表是聚偏氟乙烯（PVDF）。该聚合物由一个基于单体 CF_2-CH_2的链组成。PVDF 呈无定形基体，晶间嵌布。它必须由一个超过强制电场强度 $E_C \approx 100\mathrm{MV/m}$ 的电场极化。PVDF 可以制成厚度仅为几微米的薄膜。通过拉伸，它变成了铁电改性材料。PVDF 也被认为是一种廉价的热释电材料。

除了热电效应之外，还可以利用介电材料电容或阻抗的可测性建立其相对介电常数与温度的关系。利用这种原理的探测器称为介电测辐射热计。也可以施加外部电场来引起极化或放大现有的自发极化，这种极化也与温度有关。下面主要讨论诱导热释电。

6.5.1.1　热释电探测器的响应率

描述热释电效应需要恒定机械应力条件。一般情况下，介质位移为

$$\boldsymbol{D} = \varepsilon_0 \boldsymbol{E} + \boldsymbol{P} \tag{6.5.11}$$

介电位移取决于方向。在下文中，总是考虑探测器元件面积法线方向上介电位移的模数，因为它是唯一产生探测器信号的方向。对于极化 P，以下基本方程适用：

$$P = \chi\varepsilon_0 E + P_S \tag{6.5.12}$$

或者

$$P = \chi\varepsilon_0 E + P_R + d_p T_m + \pi_p \Delta T \tag{6.5.13}$$

式中：P_S为自发极化；P_R为残余极化；χ 为磁化系数，且有

$$\chi = \varepsilon_r - 1 \tag{6.5.14}$$

对于介电材料，由于$\chi \geqslant 0$，那么总是有 $\varepsilon_r \geqslant 1$。在热释电材料中，自发极化 P_S总是取决于温度（图 6.5.3（a）），当高于居里温度 T_C时，$P_S=0$。然后介电材料处于顺电状态。

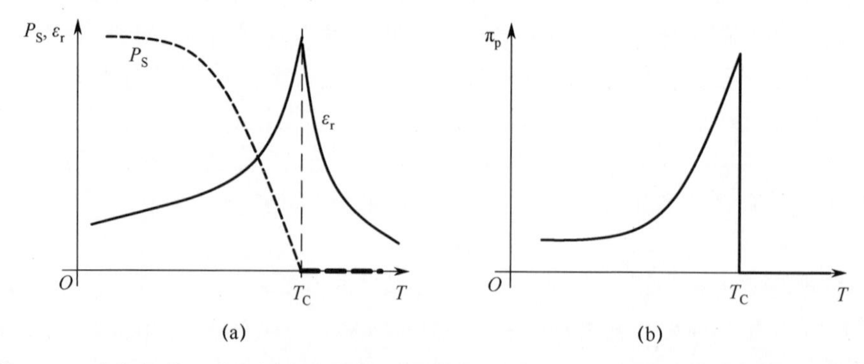

图 6.5.3　自发极化 P_S和相对介电常数 ε_r温度的关系，以及热电系数 π_P与温度的关系[12]

自发极化与温度的关系称为热电性。对于热电系数 π_p，由式（6.5.2）可得

$$\pi_p = \frac{dP}{dT} \quad (C/(m^2 \cdot K)) \tag{6.5.15}$$

图 6.5.3（b）说明 π_p 与温度高度相关，在接近居里温度 T_C 时达到最大值。

由式（6.5.8）可得，介电位移为

$$D = \varepsilon_0 \varepsilon_r E + P_R + d_p T_m + \pi_p \Delta T_S \tag{6.5.16}$$

由于热电材料的偶极特性，探测器表面上存在电荷，可以通过环境中自由移动的电子来补偿。表面电荷密度 σ_Q 等于介电位移：

$$\sigma_Q = D = \frac{Q}{A_S} \tag{6.5.17}$$

如果介电位移改变，表面电荷也会随之改变。如果将电极沉积在热释电元件表面上，就可以测量表面电荷的变化（图 6.5.4）。实际探测器元件厚度为 d_S，对应于的前、背电极的重叠部分有效面积为 A_S。表面电荷的变化引起（位移）电流：

$$I_Q(t) = A_S \frac{dD}{dt} = \varepsilon_0 \varepsilon_r A_S \frac{dE}{dt} + \pi_p A_S \frac{d\Delta T_S}{dt} \tag{6.5.18}$$

电荷在介质中是准静态的，在这种情况下，电流流动导致电荷在其静止位置附近发生偏转。热释电探测器元件组成一个平板电容器。这意味着，有如下公式成立：

$$E = \frac{V_Q}{d_S} \tag{6.5.19}$$

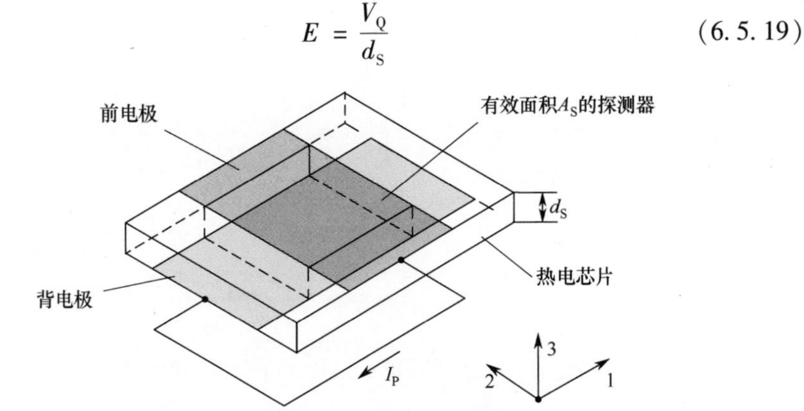

图 6.5.4　热释电探测器的电气模型

将式（6.5.19）代入式（6.5.18）可得

$$I_Q(t) = \varepsilon_0 \varepsilon_r \frac{A_S}{d_S} \frac{dV_Q}{dt} + \pi_p A_S \frac{d\Delta T_S}{dt} \tag{6.5.20}$$

对于频域中具有调制频率或斩波频率为 ω_{Ch} 的谐波激励，式（6.5.20）可

写为

$$\underline{I}_{Q}(\omega_{Ch}) = \varepsilon_0\varepsilon_r\frac{A_S}{d_S}j\omega_{Ch}\,\underline{V}_Q + \pi_p A_S j\omega_{Ch}\,\underline{\Delta T}_S \tag{6.5.21}$$

如果使电极短路，则电压变为 $\underline{V}_Q=0$。这意味着，外部电场也变为零，即 $E=0$。这种工作模式称为电流模式。它适用于热释电短路电流 $\underline{I}_p$：

$$\underline{I}_p = j\omega_{Ch}\pi_p A_S\,\underline{\Delta T}_S \tag{6.5.22}$$

可以看出：热电流 $\underline{I}_p$ 与温度变化量 $\underline{\Delta T}_S$、斩波频率 ω_{Ch} 成正比。但是，如果让电极保持打开状态，则探讨的是电压模式，即 $\underline{I}_Q=0$。在这种情况下，介电位移也为零，即 $D=0$。所产生的电荷在电极上的感应电压为

$$\underline{V}_Q = -\frac{\pi_P}{\varepsilon_0\varepsilon_r}d_S\,\underline{\Delta T}_S = -\frac{\pi_P}{C_p}A_S\,\underline{\Delta T}_S \tag{6.5.23}$$

感应电压 $\underline{V}_Q$ 与温度变化量 $\underline{\Delta T}_S$ 成正比，与斩波频率无关。

图6.5.4给出了热释电探测器的电气模型。由式（6.5.22）描述的电流源 $\underline{I}_p$ 表征由温度变化量 $\underline{\Delta T}_S$ 引起的短路。探测器元件是一个由电容为 C_p、直流电阻为 R_p 和介电损耗电阻为 $R_{\tan\delta}$ 组成的平板电容器。由于热电体是良好的绝缘体（$R_p > 10^{12}\,\Omega$），因此在大多数情况下可以忽略直流电阻。通常将损耗角 $\tan\delta$ 视为电容器的交流电阻 $1/\omega C_p$ 与直流电阻 $R_{\tan\delta}$ 之比。因此，可得

$$R_{\tan\delta} = \frac{1}{\omega_{Ch}C_p\tan\delta} \tag{6.5.24}$$

使用小信号电路模型（图6.5.5），可以计算出热电电压为

$$\underline{V}_p = \frac{R'_p}{1+j\omega_{Ch}R'_pC_p}\underline{I}_p = \frac{j\omega_{Ch}R'_p}{1+j\omega_{Ch}\tau_E}\pi_p A_S\,\underline{\Delta T}_S \tag{6.5.25}$$

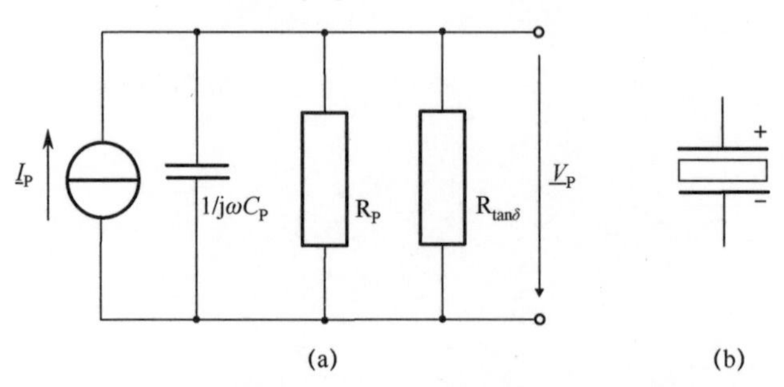

图6.5.5　热电探测器的小信号电路模型以及电路符号

其中电阻 R'_p 根据以下公式得出：

$$\frac{1}{R'_p} = \frac{1}{R_p} + \frac{1}{R_{\tan\delta}} \tag{6.5.26}$$

电时间常数为

$$\tau_E = R'_pC_p \tag{6.5.27}$$

根据式（6.5.23）和式（6.5.25），通过忽略损耗电阻 R'_p（$R'_p\to\infty$）和按

照热释电电流方向定义电压 $\underline{V}_Q$，则有

$$\underline{V}_P = -\underline{V}_Q \tag{6.5.28}$$

图 6.5.6 示出了热释电探测器分别在电流和电压模式下的基本电路。

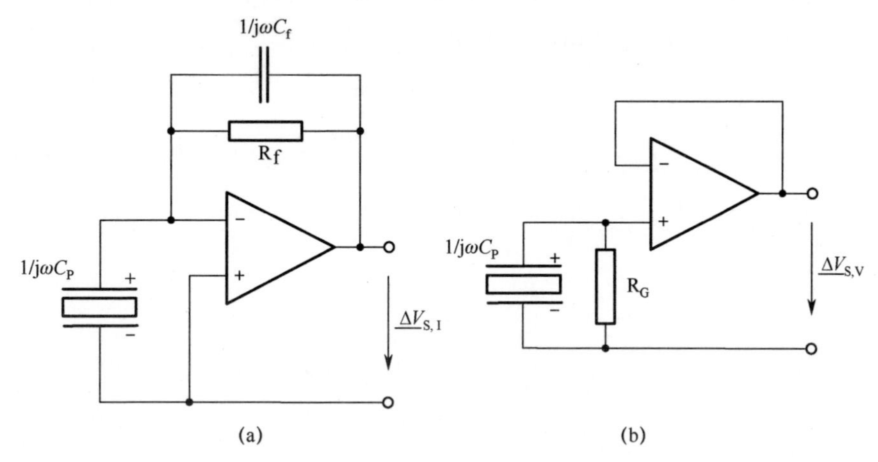

图 6.5.6　热释电探测器的基本电路

（a）电流模式；（b）电压模式。

电流模式下，互阻抗转换器用于将热释电电流转换为电压。反馈电阻 R_f 在很大程度上决定了响应灵敏度，反馈回路中的电容 C_f 则用于频率补偿。假设有一个理想运算放大器，它适用于：

$$\underline{\Delta V}_{S,I} = -\frac{R_f}{1 + j\omega\tau_I}\underline{I}_p \tag{6.5.29}$$

其中电流模式下的电时间常数为

$$\tau_I = R_f C_f \tag{6.5.30}$$

电压模式下，阻抗转换器（电压跟随器）用于在输出端为探测器元件提供低阻抗电压。串联电阻 R_G 决定了阻抗转换器的工作点。假设理想运算放大器（OV）的增益为 a_v，则有

$$\underline{\Delta V}_{S,V} = \frac{R_V a_V}{1 + j\omega\tau_V}\underline{I}_P \tag{6.5.31}$$

其中电压模式下的电时间常数为

$$\tau_V = R_V C_V \tag{6.5.32}$$

根据输入电路中的电阻 R_V 和电容 C_V 可得

$$\frac{1}{R_V} = \frac{1}{R_p} + \frac{1}{R_{\tan\delta}} + \frac{1}{R_G} \tag{6.5.33}$$

$$C_V = C_P + C_E \tag{6.5.34}$$

式中：C_E 为阻抗转换器的输入电容。

例 6.9 热释电探测器元件的电气特性。

出于以下考虑，假设一个小信号电路现象，这意味着所有材料参数均可认为是线性和常数。尺寸 $A_S = 1\text{mm} \times 1\text{mm}$ 的探测器元件位于尺寸为 $2\text{mm} \times 2\text{mm}$、厚度 $d_S = 10\mu\text{m}$ 的钽酸锂热释电芯片中央。利用表 6.5.2 中的材料参数和电阻率 $\rho \approx 10^{12}\Omega \cdot \text{m}$，可得探测器元件参数如下：

$$R_P = \rho \frac{d_S}{A_S} = 1 \times 10^{12}\Omega \cdot \text{m} \frac{10\mu\text{m}}{1\ \text{mm}^2} = 1 \times 10^{13}\Omega \tag{6.5.35}$$

$$C_P = \frac{\varepsilon_0 \varepsilon_r A_S}{d_S} = \frac{8.854 \times 10^{-12}\text{F} \cdot \text{m}^{-1} \times 47 \times 1\ \text{mm}^2}{10\mu\text{m}} = 41.6\text{pF} \tag{6.5.36}$$

$$R_{\tan\delta}(f_{Ch} = 10\text{Hz}) = \frac{1}{\omega_{Ch} C_P \tan\delta} = \frac{1}{62.83\text{Hz} \times 41.6\text{pF} \times 1 \times 10^{-3}} = 3.83 \times 10^{11}\Omega \tag{6.5.37}$$

使用上述计算结果可得

$$R'_P = R_{\tan\delta} = 3.83 \times 10^{11}\Omega$$

例如，对于探测器温度变化为 $\Delta\tilde{T}(f_{Ch} = 10\text{Hz}) = 0.1\text{K}$ 的情况，热释电电流的有效值为

$$\tilde{i}_P(f_{Ch} = 10\text{Hz}) = \omega_{Ch} \pi_P A_S \Delta\tilde{T}_S = 62.83\text{Hz} \times 230 \times 10^{-6}\text{C} \cdot \text{m}^2 \cdot \text{K}^{-1} \times 1\text{mm}^2 \times 0.1\text{K} = 1.45\text{nA} \tag{6.5.38}$$

对于探测器元件开路的情况，产生的热释电电压为

$$\begin{aligned}\tilde{v}_P(f_{Ch} = 10\text{Hz}) &= \frac{R'_P\ \tilde{i}_P}{\sqrt{1 + (\omega_{Ch} R'_P C_P)^2}} \\ &= \frac{3.83 \times 10^{11}\Omega \times 1.45\text{nA}}{\sqrt{1 + (62.83\text{Hz} \times 7.65 \times 10^{11}\Omega \times 41.6\text{pF})^2}} \\ &= 0.28\text{V}\end{aligned} \tag{6.5.39}$$

如果没有电线连接，例如在制造过程中，那么探测器元件上的开路电压就会变得非常大。仅仅几十开的温度变化就会导致探测器电极之间产生的电压高于材料的击穿电压，并导致相邻电极之间产生电弧。

根据式（6.2.1）、式（6.1.19）和式（6.2.17），热容 C_{th}、由热辐射产生的热导 $G_{th,R}$ 和热时间常数 τ_{th} 分别为

$$\begin{aligned}C_{th} &= c_P A_S d_S = 3.2 \times 10^{-6}\ \text{Wsm}^{-3}\text{K}^{-1} \times 1\ \text{mm}^2 \times 10\mu\text{m} \\ &= 3.2 \times 10^{-5}\text{W} \cdot \text{s/K}\end{aligned} \tag{6.5.40}$$

$$G_{\mathrm{th,S}} = 4\varepsilon\sigma T_{\mathrm{S}}^{3}A_{\mathrm{S}} = 4 \times 1 \times 5.671 \times 10^{-8}\mathrm{W\cdot m^{-2}K^{-4}} \times (300\mathrm{K})^{2} \times 1\mathrm{mm}^{2}$$
$$= 6.12 \times 10^{-6}\mathrm{W/K} \tag{6.5.41}$$

$$\tau_{\mathrm{th}} = \frac{C_{\mathrm{th}}}{G_{\mathrm{th}}} = \frac{3.2 \times 10^{-5}\mathrm{W\cdot s/K}}{6.12 \times 10^{-6}\mathrm{W/K}} = 5.2\mathrm{s} \tag{6.5.42}$$

例 6.10 热释电探测器元件的噪声电流。

由图 6.5.5（a）可直接推导出热释电探测器元件的噪声模型，如图 6.5.7所示。

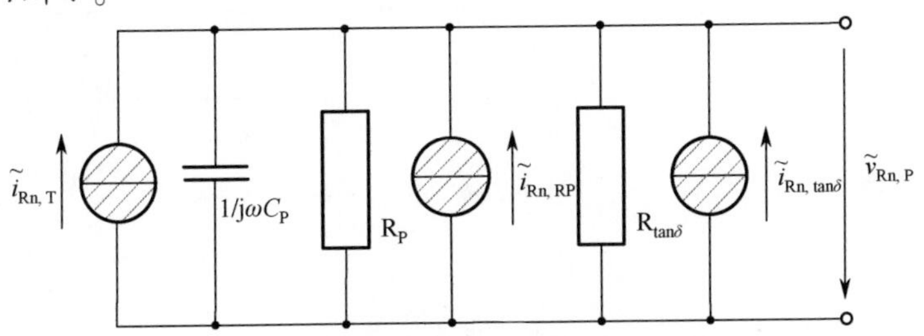

图6.5.7 热释电探测器元件的噪声模型

欧姆电阻 $\mathrm{R_P}$ 和 $\mathrm{R}_{\tan\delta}$ 均对总噪声有贡献。直流电阻的噪声电流由式（4.2.3）计算，$\tan\delta$ 的噪声电流 $\tilde{i}_{\mathrm{Rn},\ \tan\delta}$ 由式（4.2.7）计算。唯一的非电噪声源是温度波动产生的噪声电流 $\tilde{i}_{\mathrm{Rn},\ \mathrm{T}}$（4.2.5 节），则可由式（4.2.45）和式（6.5.22）计算：

$$\tilde{i}^{\,2}_{\mathrm{Rn,T}} = \omega_{\mathrm{Ch}}^{2}\pi_{\mathrm{P}}^{2}A_{\mathrm{S}}^{2}\frac{4k_{\mathrm{B}}}{G_{\mathrm{th}}}\frac{T_{\mathrm{S}}^{2}}{1 + \omega_{\mathrm{Ch}}^{2}\tau_{\mathrm{th}}^{2}} \tag{6.5.43}$$

在没有任何噪声带宽限制且忽略温度波动噪声的情况下，根据式（4.2.10），探测器元件的 kTC 噪声为

$$\tilde{v}^{\,2}_{\mathrm{R,kTC}} = \sqrt{\frac{k_{\mathrm{B}}T_{\mathrm{S}}}{C_{\mathrm{P}}}} = \sqrt{\frac{1.381 \times 10^{-23}\mathrm{W\cdot s\cdot K^{-1}} \times 300\mathrm{K}}{41.6\mathrm{pF}}} = 10\mu\mathrm{V} \tag{6.5.44}$$

探测器元件的总噪声电流为

$$\tilde{i}^{\,2}_{\mathrm{Rn,P}} = \tilde{i}^{\,2}_{\mathrm{Rn,T}} + \tilde{i}^{\,2}_{\mathrm{Rn,RP}} + \tilde{i}^{\,2}_{\mathrm{Rn},\tan\delta} \tag{6.5.45}$$

例 6.11 电流模式噪声。

电流模式下，例 6.9 中描述的探测器元件按照图 6.5.6（a）所示进行连接，一种具有较小的输入电流（FET 输入级）和极低的电流噪声的运算放大器适合作为放大元件。本例中，电流噪声 $\tilde{i}_{\text{Rn, OV}} = 0.5\text{fA}/\sqrt{\text{Hz}}$，电压噪声 $\tilde{v}_{\text{Rn, OV}}(100\text{Hz}) = 30\text{nV}/\sqrt{\text{Hz}}$，并且电压噪声表现为典型的 $1/f$ 噪声特性。

图 6.5.8 示出了电流模式下热释电探测器元件的噪声模型。

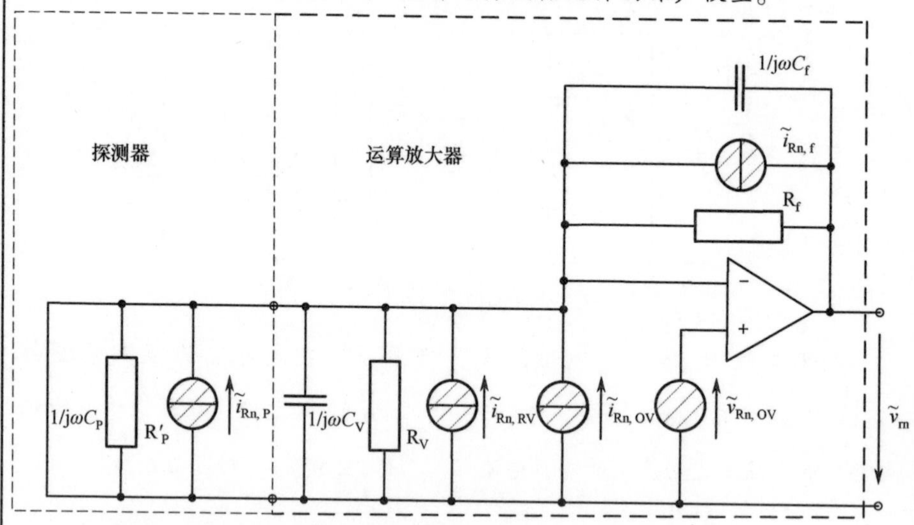

图 6.5.8 电流模式下热释电探测器元件的噪声模型

电路的阻抗取决于运算放大器反馈回路的阻抗：

$$Z_{\text{f}} = \frac{R_{\text{f}}}{\sqrt{1 + \omega^2 \tau_{\text{I}}^2}} \tag{6.5.46}$$

式中：τ_{I} 为电时间常数，且有

$$\tau_{\text{I}} = R_{\text{f}} C_{\text{f}} = 1 \times 10^{10}\Omega \times 2\text{pF} = 20\text{ms}$$

电流模式下连接热释电探测器输出端的噪声电压 $\tilde{v}_{\text{Rn}}$ 可按下式计算：

$$\tilde{v}_{\text{Rn}}^2 = (\tilde{i}_{\text{Rn,P}}^2 + \tilde{i}_{\text{Rn,RV}}^2 + \tilde{i}_{\text{Rn,OV}}^2 + \tilde{i}_{\text{Rn,f}}^2) Z_{\text{f}}^2 + \left(1 + \frac{Z_{\text{f}}}{Z_{\text{P}}}\right)^2 \tilde{v}_{\text{Rn,OV}}^2 \tag{6.5.47}$$

并且

$$Z_{\text{P}} = \frac{R'_{\text{P}} /\!/ R_{\text{V}}}{\sqrt{1 + \omega^2 (C_{\text{P}} + C_{\text{V}})^2 (R'_{\text{P}} /\!/ R_{\text{V}})^2}} \tag{6.5.48}$$

本例中 $1+\dfrac{Z_f}{Z_P}\approx 1$。

图 6.5.9 示出了根据式（6.5.47）确定的总噪声电压和各个噪声分量的贡献。

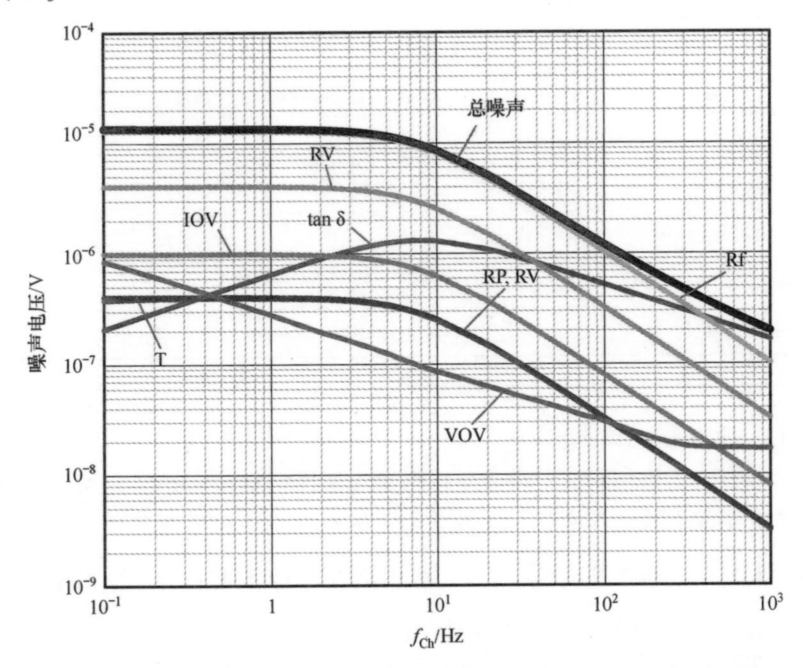

图 6.5.9　电流模式下热释电探测器元件的归一化噪声电压 $\tilde{v}_{Rn}$（$LiTaO_3$ 探测器所用元件参数见表 6.5.3；噪声分量的简写见表 6.5.4）

反馈电阻 R_f 的取值决定了各个噪声分量之间的关系。最重要的是，为了使放大器的电压噪声不占主导地位，反馈电阻 R_f 和运算放大器的增益必须尽量大。

表 6.5.3　图 6.5.8 所示电路的探测器元件参数

参数名称	参数符号	参数值
热释电元件的损耗角	$\tan\delta$	0. 001
热释电元件的直流电阻	R_P	$1\times10^{-13}\Omega$
运算放大器的输入电阻	R_V	$1\times10^{11}\Omega$
反馈电阻	R_f	$1\times10^{10}\Omega$
反馈电容	C_f	2pF
探测器温度	T_S	300K

表6.5.4 图6.5.9和图6.5.11中噪声分量的简写

噪声电压分量	简写	图6.5.8的计算规则	图6.5.10的计算规则
温度波动噪声	T	$Z_f\ \tilde{i}_{Rn,T}$	$Z_V\ \tilde{i}_{Rn,T}$
热释电元件的电阻噪声	R_P	$Z_f\ \tilde{i}_{Rn,RP}$	$Z_V\ \tilde{i}_{Rn,RP}$
损失角噪声	$\tan\delta$	$Z_f\ \tilde{i}_{Rn,\tan\delta}$	$Z_V\ \tilde{i}_{Rn,\tan\delta}$
运算放大器的输入电阻噪声	RV	$Z_f\ \tilde{i}_{Rn,RV}$	—
反馈电阻噪声	Rf	$Z_f\ \tilde{i}_{Rn,f}$	—
串联电阻噪声	RG	—	$Z_V\ \tilde{i}_{Rn,RG}$
运算放大器的电流噪声	IOV	$Z_f\ \tilde{i}_{Rn,OV}$	$Z_V\ \tilde{i}_{Rn,OV}$
运算放大器的电压噪声	VOV	$\tilde{v}_{Rn,OV}$	$\tilde{v}_{Rn,OV}$
输出端的噪声电压	总噪声	式（6.5.47）	式（6.5.49）

例6.12 电压模式噪声。

电压模式下，例6.9中描述的探测器元件按照图6.5.6（b）所示进行连接，具有非常小的输入电流和非常低的电压噪声的电压跟随器合适作为放大元件。本例中，噪声电流 $\tilde{i}_{Rn,OV} = 5\text{fA}/\sqrt{\text{Hz}}$、噪声电压 $\tilde{v}_{Rn,OV}(100\text{Hz}) = 5\text{nV}/\sqrt{\text{Hz}}$，且噪声电压表现为典型的$1/f$噪声特性。在图6.5.10所示的噪声模型中，忽略运算放大器的输入电阻，因为它远大于R_G。

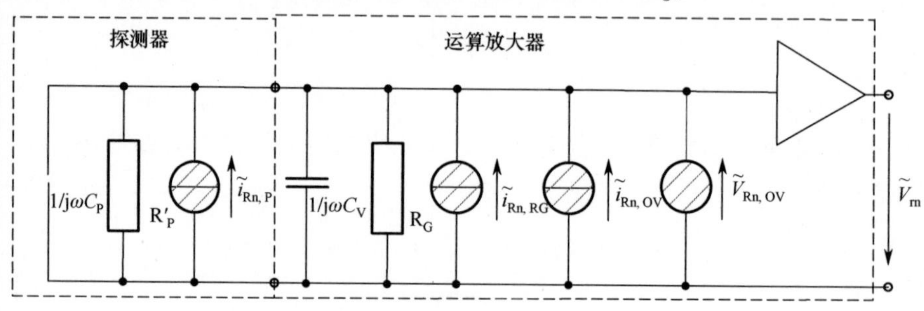

图6.5.10 电压模式下热释电探测器元件的噪声模型

电压模式噪声输出电压为

$$\tilde{v}_{Rn}^2 = [(\tilde{i}_{Rn,P}^2 + \tilde{i}_{Rn,RG}^2 + \tilde{i}_{Rn,OV}^2)Z_V^2 + \tilde{v}_{Rn,OV}^2]a_V^2 \quad (6.5.49)$$

式中：Z_V为输入电路的阻抗（图5.6.11），且有

$$Z_V = \frac{R'_P\ //R_G}{\sqrt{1+\omega^2\tau_V^2}} \quad (6.5.50)$$

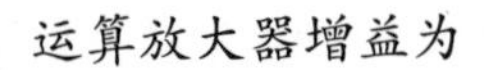
运算放大器增益为

$$a_V = 1 \tag{6.5.51}$$

电时间常数为

$$\tau_V = (C_P + C_V)R'_P /\!/ R_G \tag{6.5.52}$$

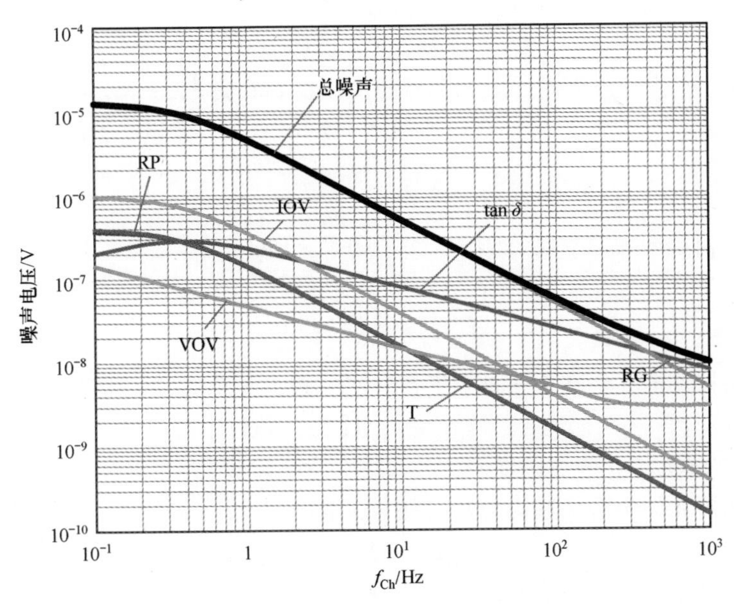

图 6.5.11　电压模式下热释电探测器元件的归一化噪声电压 $\tilde{v}_{Rn}$（$LiTaO_3$ 探测器所用元件参数见表 6.5.5；噪声分量的简写见表 6.5.4）

表 6.5.5　图 6.5.10 所示电路的探测器元件参数

参数名称	参数符号	参数值
热释电元件的损耗角	$\tan\delta$	0.001
热释电元件的直流电阻	R_P	$1\times10^{13}\Omega$
输入电路的串联电阻	R_G	$1\times10^{11}\Omega$
热释电元件的电容	C_P	41.6pF
串联放大器的输入电容	C_V	1pF
探测器温度	T_S	300K
串联放大器的增益	a_V	1

6.5.1.2　颤噪效应

为了描述颤噪效应，给出探测器参数的加速度响应率的定义如下：

$$R_{Va} = \frac{\tilde{V}_m}{\tilde{a}} \tag{6.5.53}$$

加速度响应率通常与重力引起的加速度有关

$$\tilde{a} = g = 9.80665\text{m/s} \tag{6.5.54}$$

单位为 V/g。

对于热释电探测器，主要关注探测器元件表面法线方向上的压电效应。通过这种方式，就可以使用简单的一维公式。因此，由式（6.5.8）可知

$$D = d_{\text{P}} T_{\text{m}} + \varepsilon_0 \varepsilon_{\text{r}} E \tag{6.5.55}$$

式中：d_{P}、ε_{r} 为探测器元件表面法线方向上的材料常数。

根据式（6.5.52）可计算电压模式（$D = 0$）下探测器元件的电场强度：

$$E = -\frac{d_{\text{P}}}{\varepsilon_0 \varepsilon_{\text{r}}} T_{\text{m}} \tag{6.5.56}$$

通过对探测器厚度进行积分，得到相应的电压：

$$V_{\text{m}} = -\int_0^{d_{\text{S}}} E(z)\,\text{d}z \tag{6.5.57}$$

如果探测器元件在 z 方向上正弦加速，则它会受到力$\underline{F}$ 的影响：

$$\underline{F} = \rho A_{\text{S}} z \underline{a} \tag{6.5.58}$$

式中：ρ 为密度；$\underline{a}$ 为加速度。

探测器元件中的机械应力$\underline{T}_{\text{m}}$可按下式计算：

$$\underline{T}_{\text{m}} = \frac{F}{A_{\text{S}}} = \rho z \underline{a} \tag{6.5.59}$$

在电压模式下，使用式（6.5.56）～式（6.5.59），压电电压可写为

$$\underline{V}_{\text{m}} = \int_0^{d_{\text{S}}} \frac{d_{\text{P}}}{\varepsilon_0 \varepsilon_{\text{r}}} z \rho \underline{a}\,\text{d}z = \frac{1}{2}\frac{d_{\text{P}}}{\varepsilon_0 \varepsilon_{\text{r}}} \rho d_{\text{S}}^2 \underline{a} \tag{6.5.60}$$

根据式（6.5.53），加速度响应率为

$$R_{\text{Va}} = \frac{|\underline{V}_{\text{m}}|}{|\underline{a}|} = \frac{1}{2}\frac{d_{\text{P}}}{\varepsilon_0 \varepsilon_{\text{r}}} \rho d_{\text{S}}^2 \tag{6.5.61}$$

例 6.13 热释电探测器的加速度响应率。

式（6.5.61）中的加速度响应率描述了在极化方向上力的颤噪效应（纵向效应）。实践中，还可能出现横向极化力（横向效应）和剪切极化力（剪切效应）。探测器元件中的电压关系主要取决于探测器的实际设计。本例中，探测器芯片的结构设计和悬挂尤为重要。实际应用中，只能使用有限元法（FEM）或 SPICE 等数值模型才能计算出加速度响应率[13-15]。

图 6.5.12 为图 6.5.16 所示探测器类型的加速度响应率的主曲线。几千赫时加速度响应率的大幅波动是由探测器芯片的机械共振引起的。

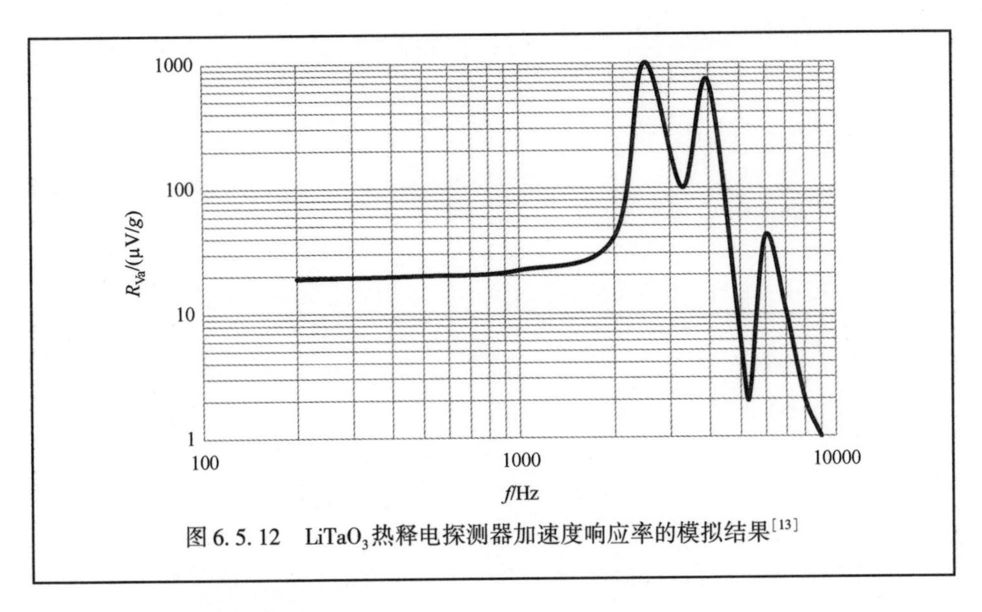

图 6.5.12　$LiTaO_3$热释电探测器加速度响应率的模拟结果[13]

6.5.2　热分辨率

热释电探测器的电压响应率可以分别采用式（6.5.22）和式（6.5.29）或者式（6.2.23）、式（6.5.31）以及式（6.2.27）计算得出：

$$R_V = \frac{\alpha\pi_P T_R A_S}{G_{th}} \frac{\omega_{Ch}}{\sqrt{1+\omega_{Ch}^2\tau_{th}^2}} Z_E \tag{6.5.62}$$

阻抗 Z_E 由探测器连接的输入阻抗确定。对于电压模式，根据式（6.5.50）和式（6.5.51）可得

$$Z_E = a_V Z_V \tag{6.5.63}$$

对于电流模式，则根据式（6.5.47）可得

$$Z_E = Z_f \tag{6.5.64}$$

当辐射恒定（$\omega_{Ch}=0$）时，探测器的电压响应率 $R_V=0$（图 5.1.2(b)）。热释电探测器不是恒定光敏传感器，原因在于根据（式 6.5.22），热释电短路电流I_P取决于温度随时间的变化 d（ΔT_S）/dt。换言之，热释电元件引起的温度变化反过来又由电阻 R_P和 $R_{\tan\delta}$进行补偿（图 6.5.5）。由此可知，在辐射恒定或缓慢变化条件下应用热释电探测器时必须先对其进行调制，即斩波。

对于足够大的斩波频率（$\omega_{Ch}^2 \gg 1/\tau_{th}^2$），电压响应率可写为

$$R_V = \frac{\alpha\pi_P T_R A_S}{C_{th}} Z_E = \frac{\alpha\pi_P T_R}{c_S d_S} Z_E \tag{6.5.65}$$

如果选择一个足够大的斩波频率，使得电时间常数满足 $\omega_{Ch}^2 \gg 1/\tau_E^2$，则式（6.5.65)变为

$$R_V = \frac{\alpha\pi_P T_R}{c_S d_S}\frac{R_E a_V}{\omega_{Ch}} \tag{6.5.66}$$

对于电压模式（图6.5.5（b）），有下式成立：

$$R_E = R_G \tag{6.5.67}$$

或者，对于电流模式（图6.5.5（a）），则有

$$R_E = R_f \tag{6.5.68}$$

对于电流模式，由式（6.5.65）得到热释电探测器电压响应率的常用公式为

$$R_V = \frac{\alpha\pi_P T_R}{c_S d_S}\frac{1}{\omega_{Ch} C_f} \tag{6.5.69}$$

并且对于电压模式（ $C_V \approx C_P$ ），则常用公式为

$$R_V = \frac{\alpha\pi_P T_R}{c_S d_S}\frac{a_V}{\omega_{Ch} C_P} = \frac{\alpha\pi_P T_R}{c_S \varepsilon_0 \varepsilon_r}\frac{a_V}{\omega_{Ch} A_S} \tag{6.5.70}$$

由上式可见，电压响应率与斩波频率 ω_{Ch} 成反比关系。

对于电流模式，当 $\omega_{Ch}^2 R_f^2 C_f^2 \ll 1$ 时也是有意义的，即

$$R_V = \frac{\alpha\pi_P T_R R_f}{c_S d_S} \tag{6.5.71}$$

由上式可见，电压响应率与斩波频率无关。

例 6.14 热释电探测器的响应率。

下面计算例 6.5.1～例 6.5.4 中电流、电压模式下的电压响应率。图 6.5.13示出了电流和电压模式下的电压响应率与斩波频率之间的关系。

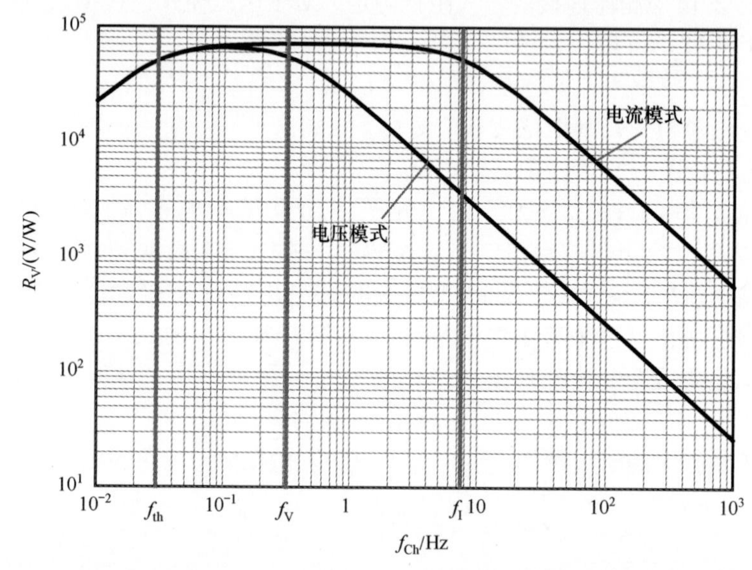

图 6.5.13 热释电探测器在电流和电压模式下的电压响应率与斩波频率之间的关系

对于热导率，根据式（6.5.41）采用通过辐射方式的传热。热时间常数 τ_{th} 决定了具有较低的频率限制，即

$$f_{th}=\frac{1}{2\pi\tau_{th}}=\frac{1}{2\pi\times5.23\ \mathrm{s}}=0.03\mathrm{Hz} \tag{6.5.72}$$

除了辐射传热外，还存在通过环境气体（空气）和芯片安装座的热传导，因此实际的热频率限制通常在 0.3～0.9Hz 的范围内。电压响应率 R_V 的频率上限可使用电时间常数计算。

对于电流模式，有

$$f_I=\frac{1}{2\pi\tau_I}=\frac{1}{2\pi\times0.02\mathrm{s}}=7.96\mathrm{Hz} \tag{6.5.73}$$

当电压模式下的电时间常数 $R'_P=R_{\tan\delta}$ 时，应用式（6.5.52）和 $f_{Ch}=10\mathrm{Hz}$ 可得

$$\tau_V=\frac{R_G(C_P+C_V)}{1+\omega_{Ch}C_PR_G\tan\delta}=\frac{1\times10^{10}\Omega\times(41.6\mathrm{pF}+1\mathrm{pF})}{1+62.83\mathrm{Hz}\times41.6\mathrm{pF}\times1\times10^{10}\Omega\times0.001}=426\mathrm{ms} \tag{6.5.74}$$

式（6.5.74）的输入电容 C_V 通常可以忽略，并且分母为 1，因此可以化简为

$$\tau_V\approx R_GC_P \tag{6.5.75}$$

由此可得电压响应率的频率上限为

$$f_V=\frac{1}{2\pi\tau_V}=\frac{1}{2\pi\times0.426\mathrm{s}}=0.37\mathrm{Hz} \tag{6.5.76}$$

对于特定噪声等效功率 NEP，由式（5.2.3）可知

$$\mathrm{NEP}^*=\frac{\tilde{v}_{Rn}}{R_V} \tag{6.5.77}$$

热释电探测器的比较通常表示为比探测率 D^*（式（5.3.2））。对于电流模式，有

$$D_I^*=\frac{\alpha\pi_PT_R\sqrt{A_S^3}}{G_{th}}\frac{\omega_{Ch}}{\sqrt{1+\omega_{Ch}^2\tau_{th}^2}}\frac{1}{\sqrt{\tilde{i}^2_{Rn,P}+\tilde{i}^2_{Rn,RV}+\tilde{i}^2_{Rn,OV}+\tilde{i}^2_{Rn,f}+\dfrac{\tilde{i}^2_{Rn,OV}}{Z_f^2}}} \tag{6.5.78}$$

对于电压模式，则有

$$D_{\mathrm{V}}^{*}=\frac{\alpha\pi_{\mathrm{P}}T_{\mathrm{R}}\sqrt{A_{\mathrm{S}}^{3}}}{G_{\mathrm{th}}}\frac{\omega_{\mathrm{Ch}}}{\sqrt{1+\omega_{\mathrm{Ch}}^{2}\tau_{\mathrm{th}}^{2}}}\frac{1}{\sqrt{\tilde{i}_{\mathrm{Rn,P}}^{2}+\tilde{i}_{\mathrm{Rn,RG}}^{2}+\tilde{i}_{\mathrm{Rn,OV}}^{2}+\frac{\tilde{v}_{\mathrm{Rn,OV}}^{2}}{Z_{\mathrm{V}}^{2}}}} \tag{6.5.79}$$

为了评估各个噪声源的影响，根据式（5.3.3）将比探测率的各个分量表示为品质因数是有用的。

在热释电探测器元件中，温度波动噪声和损耗角 $\tan\delta$ 噪声的贡献尤为重要。这两个组件都独立于探测器元件的电气连接。关于温度波动噪声对比探测率的贡献可用下式描述：

$$D_{\mathrm{T}}^{*}=\frac{\alpha\sqrt{A_{\mathrm{S}}}}{\sqrt{4k_{\mathrm{B}}T_{\mathrm{S}}^{2}G_{\mathrm{th}}}} \tag{6.5.80}$$

通过辐射插入热导 $G_{\mathrm{th,R}}$ 而不是总热导 G_{th}，就可得到 BLIP 探测率（式（5.3.4））。

损耗角 $\tan\delta$ 噪声对比探测率的贡献，可用下式描述：

$$D_{\tan\delta}^{*}=\frac{\alpha\pi_{\mathrm{P}}T_{\mathrm{R}}\sqrt{A_{\mathrm{S}}}}{G_{\mathrm{th}}}\frac{\omega_{\mathrm{Ch}}}{\sqrt{1+\omega_{\mathrm{Ch}}^{2}\tau_{\mathrm{th}}^{2}}}\frac{1}{\sqrt{4k_{\mathrm{B}}T_{\mathrm{S}}\omega_{\mathrm{Ch}}C_{\mathrm{P}}\tan\delta}} \tag{6.5.81}$$

输入电路中另一个重要的噪声源是串联放大器的输入电阻 $\mathrm{R_G}$（电压模式）或 $\mathrm{R_V}$（电流模式）的噪声：

$$D_{\mathrm{VG}}^{*}=\frac{\alpha\pi_{\mathrm{P}}T_{\mathrm{R}}\sqrt{A_{\mathrm{S}}^{3}}}{G_{\mathrm{th}}}\frac{\omega_{\mathrm{Ch}}}{\sqrt{1+\omega_{\mathrm{Ch}}^{2}\tau_{\mathrm{th}}^{2}}}\sqrt{\frac{R_{\mathrm{V,G}}}{4k_{\mathrm{B}}T_{\mathrm{S}}}} \tag{6.5.82}$$

式中：$R_{\mathrm{V,G}}$ 为电阻 R_{G}（电压模式）或 R_{V}（电流模式）。

反馈电阻 $\mathrm{R_f}$ 对比探测率也能产生一定贡献，即

$$D_{\mathrm{f}}^{*}=\frac{\alpha\pi_{\mathrm{P}}T_{\mathrm{R}}\sqrt{A_{\mathrm{S}}^{3}}}{G_{\mathrm{th}}}\frac{\omega_{\mathrm{Ch}}}{\sqrt{1+\omega_{\mathrm{Ch}}^{2}\tau_{\mathrm{th}}^{2}}}\sqrt{\frac{R_{\mathrm{f}}}{4k_{\mathrm{B}}T_{\mathrm{S}}}} \tag{6.5.83}$$

串联放大器包含两个噪声源，串联放大器的电压和电流噪声对比探测率的贡献分别为

$$D_{\mathrm{VOV}}^{*}=\frac{\alpha\pi_{\mathrm{P}}T_{\mathrm{R}}\sqrt{A_{\mathrm{S}}^{3}}}{G_{\mathrm{th}}}\frac{\omega_{\mathrm{Ch}}}{\sqrt{1+\omega_{\mathrm{Ch}}^{2}\tau_{\mathrm{th}}^{2}}}\frac{Z_{\mathrm{E}}}{\tilde{u}_{\mathrm{Rn,OV}}} \tag{6.5.84}$$

$$D_{\mathrm{IOV}}^{*}=\frac{\alpha\pi_{\mathrm{P}}T_{\mathrm{R}}\sqrt{A_{\mathrm{S}}^{3}}}{G_{\mathrm{th}}}\frac{\omega_{\mathrm{Ch}}}{\sqrt{1+\omega_{\mathrm{Ch}}^{2}\tau_{\mathrm{th}}^{2}}}\frac{1}{\tilde{i}_{\mathrm{Rn,OV}}} \tag{6.5.85}$$

通常品质因数适用于特定的频率范围。在斩波频率较高的情况下，频率（$\omega_{\mathrm{Ch}}^{2}\gg 1/\tau_{\mathrm{E}}^{2}$；根据式（6.5.66）的电压响应率），式（5.5.81）~式（6.5.85）与斩波频率 f_{Ch} 无关。因此，可以求出品质因数如下：

$$D^*_{\tan\delta} = \frac{\alpha\pi_P T_R}{c_S} \frac{1}{\sqrt{4k_B T_S d_S \varepsilon\omega_{Ch}\tan\delta}} \tag{6.5.86}$$

$$D^*_{VG} = \frac{\alpha\pi_P T_R \sqrt{A_S}}{c_S d_S} \sqrt{\frac{R_{V,G}}{4k_B T_S}} \tag{6.5.87}$$

$$D^*_f = \frac{\alpha\pi_P T_R \sqrt{A_S}}{c_S d_S} \sqrt{\frac{R_f}{4k_B T_S}} \tag{6.5.88}$$

$$D^*_{VOV} = \frac{\alpha\pi_P T_R \sqrt{A_S}}{c_S d_S} \frac{Z_E}{\tilde{v}_{Rn,OV}} \tag{6.5.89}$$

以及

$$D^*_{IOV} = \frac{\alpha\pi_P T_R \sqrt{A_S}}{c_S d_S} \frac{1}{\tilde{i}_{Rn,OV}} \tag{6.5.90}$$

电流模式下，探测器的比探测率为

$$D^*_I = \frac{\alpha\pi_P T_R \sqrt{A_S}}{c_S d_S} \frac{1}{\sqrt{\tilde{i}^2_{Rn,P} + \tilde{i}^2_{Rn,RV} + \tilde{i}^2_{Rn,OV} + \tilde{i}^2_{Rn,f} + \dfrac{\tilde{v}^2_{Rn,OV}}{Z_f^2}}} \tag{6.5.91}$$

电压模式下，探测器的比探测率为

$$D^*_V = \frac{\alpha\pi_P T_R \sqrt{A_S}}{c_S d_S} \frac{1}{\sqrt{\tilde{i}^2_{Rn,P} + \tilde{i}^2_{Rn,RG} + \tilde{i}^2_{Rn,OV} + \dfrac{\tilde{v}^2_{Rn,OV}}{Z_V^2}}} \tag{6.5.92}$$

最后，可通过式（5.4.6）计算 NETD。

例 6.15　热释电探测器的比探测率和 NETD。

下面计算示例 6.5.1 ~ 例 6.5.5（图 6.5.14 和图 6.5.15）中探测器分别在电流、电压模式下的比探测率 D^*。BLIP 探测率为 1.81×10^8 m · Hz$^{1/2}$/W，并且在本例中与 D^*_T 对应。

电流和电流之间的比探测率或 NETD 的比较。电压模式表明两种工作模式实际上是等效的。差异在于连接问题和响应率的频率行为。在电流模式下，可以实现大的频率无关响应率范围，这对斩波频率大于 100 Hz 的应用特别适用。当前模式的另一个优点是由于接触问题导致输出信号的小 DC 偏移。

图 6.5.16 示出了根据比探测率 D^* 得到的温度分辨率 NETD。电流模式和电压模式下各自的比探测率 D^* 或 NETD 的比较表明，这两种工作模式

实际上是等效的，不同之处在于连接问题和电压响应率的频率特性。在电流模式下，电压响应率可以在较大范围内与频率无关，这对斩波频率大于100Hz的应用特别有用。电流模式的另一个优点是，由于接触问题，输出信号的直流偏移分量很小。

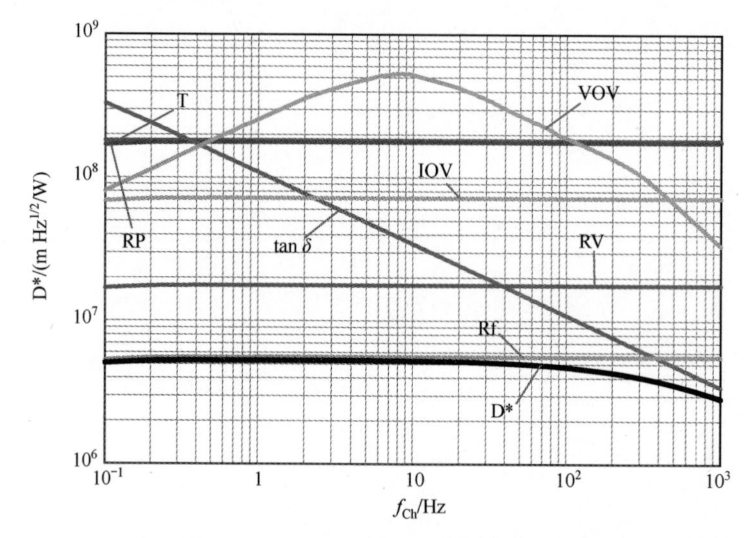

图 6.5.14　电流模式下热释电探测器的比探测率 D^*（参数见表 6.5.4）

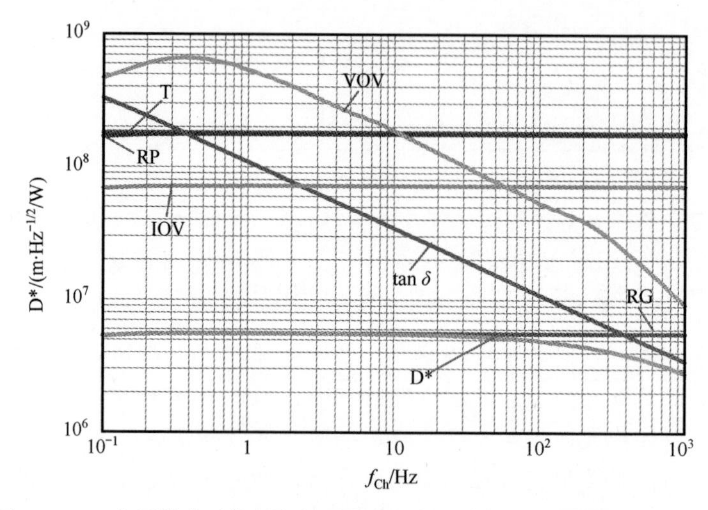

图 6.5.15　电压模式下热释电探测器的比探测率 D^*（参数见表 6.5.4）

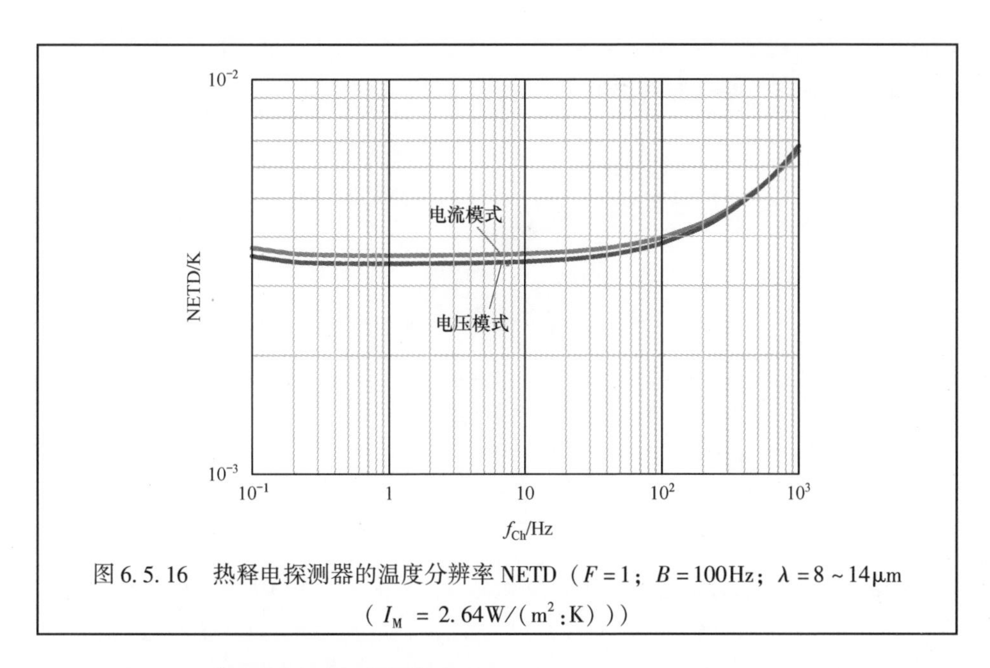

图 6.5.16　热释电探测器的温度分辨率 NETD（$F=1$；$B=100\text{Hz}$；$\lambda=8\sim14\mu\text{m}$（$I_M=2.64\text{W}/(\text{m}^2\cdot\text{K})$））

6.5.3　热释电探测器的设计

除了热释电探测器元件外，热释电探测器还总包括一个串联放大器和必需的最大欧姆电阻（R_f或 R_G），只有这样才能获得很大的信噪比。热释电探测器可以根据应用场合的不同进行结构设计[16]。下文中将热释电探测器的结构看作分立元件。

电压模式下（图 6.5.17），通常集成一个具有极低噪声的场效应晶体管

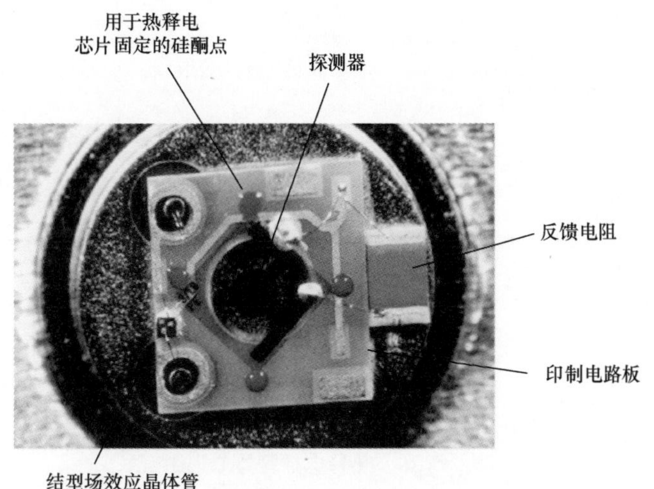

图 6.5.17　集成结型场效应晶体管的热释电探测器（芯片尺寸为 3mm×3mm；探测器元件直径 φ1mm，黑色涂层作为吸收剂；$R_G=100\text{G}\Omega$；外壳 TO39（插座直径 9.2mm））

(JFET)。电流模式下（图 6.5.18），外壳内含一个极低噪声的运算放大器和一个极大的欧姆电阻，且无须进一步的外部接线连接。

图 6.5.18 电流模式下的温度补偿热释电探测器（Typ LME-335；探测器元件面积 $A_S=2\text{mm}\times 2\text{mm}$，涂有黑色吸收剂；$R_f=100\text{G}\Omega$；$C_f=0.2\text{pF}$；外壳 TO39（插座直径 9.2mm））

例 6.16 集成 FET 热释电探测器的响应率。

根据式（6.5.69）和式（6.5.70）能够电压计算热释电探测器的响应率。例 6.13 中，假设集成运算放大器的放大倍数 $a_V=1$。如果集成的是场效应晶体管（FET）而不是运算放大器，则该假设不再有效。然后放大取决于探测器的外部接线方式，FET 最简单的外部接线方式是具有电阻 R_S 的源极跟随器电路（图 6.5.19（a））。对于电压增益，有

$$a_V \approx \frac{g_m R_S}{1+g_m R_S} \tag{6.5.93}$$

式中：g_m 为 FET 的跨导。

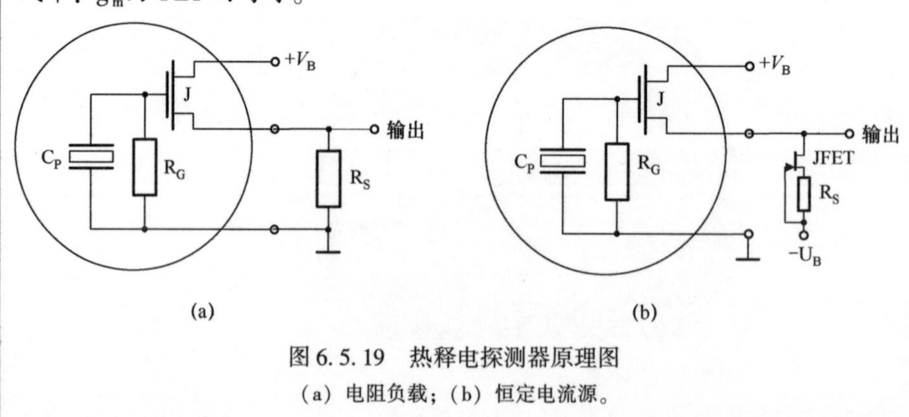

图 6.5.19 热释电探测器原理图

（a）电阻负载；（b）恒定电流源。

由于源电阻 R_S 决定电路的输出电阻，因此不能采用任意大的值。这意味着，增益始终为 $a_V < 1$，实践中该值一般在 0.8 ~0.9 之间。该电路的一个重要缺点是增益与工作点（漏极电流）和温度有关，优点是 FET 与电流源的连接（图 6.5.19（b））。在这种情况下，增益 $a_V \approx 1$。

为了补偿环境温度的干扰，可以计算两个热释电探测器元件串联或并联的差值，其中只有一个元件接受红外辐射（图 6.5.20）。此处，两个探测器元件以相反极性的方式连接，即两个元件的自发极化方向是相反的。仅探测器元件 C_P 接收信号辐射通量。第二探测器元件 C_C 是光学不敏感的（盲元件）。

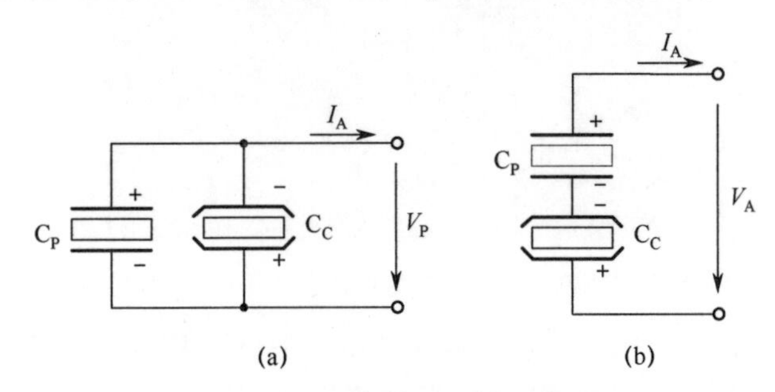

图 6.5.20　补偿型热释电探测器

（a）并联；（b）串联。

C_P—有源热释电探测器元件；C_C—无活性热释电探测器元件。

利用热释电短路电流可以解释补偿的工作原理。无论是并联还是串联，有源探测器元件的热释电电流 I_P 和补偿元件的热释电电流 I_C 之和为输出电流 I_A：

$$I_A = I_P + I_C \tag{6.5.94}$$

如果只有有源探测器元件接收到辐射通量，则它提供所需的电流 I_P。补偿元件 I_C 的电流为零，则有

$$I_A = I_P(\Delta\Phi) \tag{6.5.95}$$

如果温度发生变化，例如探测器外壳的温度变化 ΔT_0，则两个探测器元件处于相同的额外温度影响范围内。这意味着，二者会产生相同的热释电电流，但由于它们以相反极性方式连接，因此有

$$I_P(\Delta T_0) = -I_C(\Delta T_0) \tag{6.5.96}$$

所以输出信号为零，即

$$I_A(\Delta T_0) = I_P(\Delta T_0) - I_C(\Delta T_0) = 0 \tag{6.5.97}$$

或

$$I_A(\Delta\Phi, \Delta T_0) = I_P(\Delta\Phi) \tag{6.5.98}$$

电流模式下，并联并不会改变响应率。计算噪声时，必须考虑到第二个热释电探测器元件。然而，只有运算放大器的电压噪声随着阻抗 Z_P 的减小而增加

(式(6.5.47)和式(6.5.48)),这实际上对总噪声电压没有任何影响。

电压模式下,由于两个相同探测器元件的串联导致元件功率减少1/2。对于并联电路,则增加了1倍。因此,信噪比的降低取决于探测器元件的特定布线连接。

除了所描述的仅具有一个探测器元件(单元探测器)的热释电探测器之外,还有具有若干敏感元件的商业热释电探测器(图6.5.21)。

图6.5.21　热释电探测器的结构(左为单通道;中间为四通道;右为双通道)

图6.5.22示出了一组像素间距为50μm的线阵热释电探测器元件的图像。文献[21]则提出了一种热释电焦平面阵列(320×240像素),像素间距为48.5μm,非常适合热成像应用。

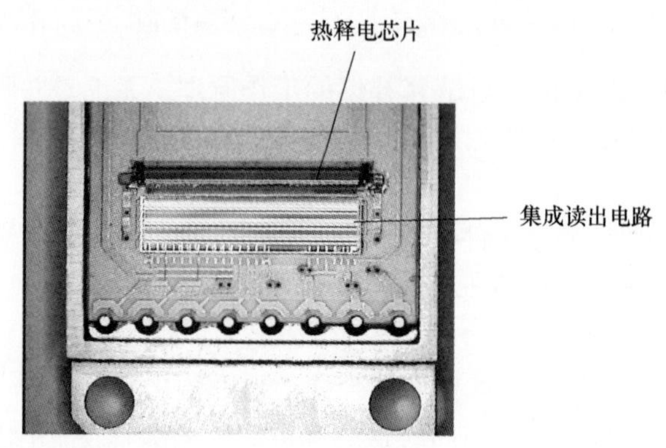

图6.5.22　$LiTaO_3$热释电线阵探测器(128个探测器元件;A_S = 90μm×100μm;像素间距100μm)

6.6　微测辐射热计

6.6.1　工作原理

测辐射热计是一种红外传感器,由于所吸收辐射通量$\Delta\Phi_S$的变化,引起探测器元件的温度变化ΔT_S,从而导致电阻R_B的变化。图6.6.1示出了两种确定测辐射热计电阻的基本电路，通过评估由工作电流 I_B 或流经测辐射热计电阻 R_B 的电流 ΔI_B 所引起的电压变化 ΔV_B 。

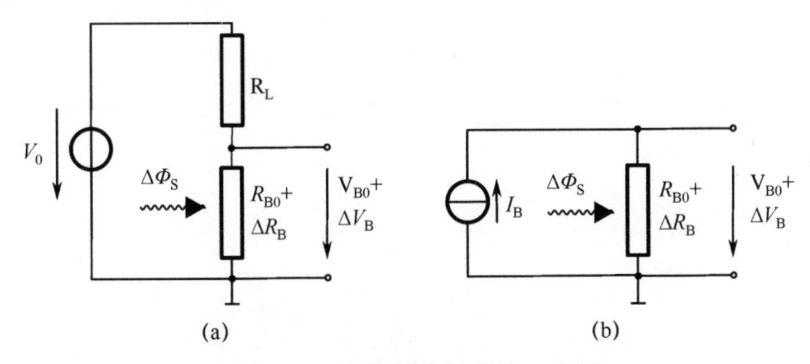

图 6.6.1　测辐射热计的基本电路

(a) 负载电阻 R_L 和恒定工作电压 V_0；(b) 恒流源 I_B。

由温度变化引起的测辐射热计电阻的变化 ΔR_B 通常使用温度系数 α_B（电阻温度系数（TCR））来描述：

$$\alpha_B = \text{TCR} = \frac{1}{R_B}\frac{\mathrm{d}R_B}{\mathrm{d}T_S} \tag{6.6.1}$$

根据金属和半导体材料的不同，可以区分测辐射热计电阻随温度的变化关系。

6.6.1.1　金属

金属具有正的电阻温度系数。随着温度的升高，金属的晶格振动减小。这降低了电子的自由路径长度，因此降低了电导率，增加了测辐射热计的电阻。在接近环境温度的情况下，下式成立：

$$R_B(T) = R_{B0}(1 + \alpha_B \Delta T_S) \tag{6.6.2}$$

式中：R_{B0} 为参考电阻，且有

$$R_{B0} = R_B(T_0) \tag{6.6.3}$$

在工作点温度 T_0 以及温度变化为

$$\Delta T_S = T_S - T_0 \tag{6.6.4}$$

式中：T_S 为探测器元件的温度。

6.6.1.2　半导体

半导体的电导率取决于导带的占比。在 0K 时，由于半导体是绝缘体，导带是空的。随着温度的升高，电子可以从价带移动到导带。这意味着，在导带中有可自由移动的电子，在价带中有空穴。两者都有助于导电。随着温度的升高，电导率增加，测辐射热计电阻减小，导致 TCR 为负。一般来说，适用于

$$R_B(T) = R_0 e^{\frac{E_a}{k_B T}} \tag{6.6.5}$$

式中：E_a 为激发能，等于带隙能的 1/2；R_0 为参考电阻。

根据式（6.6.1）可得

$$\alpha_B = \frac{1}{R_B}\frac{dR_B(T_S)}{dT_S} = -\frac{E_a}{k_B T_S^2} \tag{6.6.6}$$

表6.6.1列出了一些不同金属和半导体材料的TCR。注意，与厚质材料相比，薄层材料通常具有较低的TCR材料。金属薄层的TCR通常在+0.2%/K的范围内。由于粒度、方向和纹理的不同，因此半导体材料的TCR严重依赖于制造工艺。表中所述值均为典型值。

表6.6.1　在环境温度下不同测辐射热计材料的TCR

金属		半导体	
材料类型	α_B/(%/K)	材料类型	α_B/(%/K)
Ag	0.38	VO_x	-2.7
Al	0.39	Ni-Co-Mn-Oxid	-4.0
Au	0.34	YBaCuO	-3.5
Cu	0.39	GaAs	-9
Ni	0.60	a-Si②	-3.0
Ni-Fe①	0.23	a-Ge②	-2.1
Pt①	0.18	poly-Si：Ge	-1.4

① 薄层；

② 非晶半导体材料。

6.6.2　热分辨率

通过测量电压 V_B（图6.6.1（b））评估由温度变化引起的电阻变化。对于金属测辐射热计，电压变化为

$$\Delta V_B = I_B P_{B0}\alpha_B \Delta T_S \tag{6.6.7}$$

由此就可以计算与探测器温度变化 ΔT_S 相关的响应率 $R_{\Delta T}$，即

$$R_{\Delta T} = \frac{d(\Delta V_B)}{d(\Delta T_S)} = I_B R_{B0}\alpha_B \tag{6.6.8}$$

可以使用式（5.1.1）和式（6.2.13）计算电压响应率：

$$R_V = \frac{R_{\Delta T}}{G_{th}\sqrt{1+\omega_{Ch}^2\tau_{th}^2}} = \frac{\alpha_B I_B R_{B0}}{G_{th}\sqrt{1+\omega_{Ch}^2\tau_{th}^2}} \tag{6.6.9}$$

对于半导体测辐射热计，则有

$$V_B = I_B R_0 e^{\frac{E_g}{k_B T_S}} = I_B R_B(T_S) \tag{6.6.10}$$

响应率为式（6.6.10）中 $V_B - T_S$ 曲线的斜率，则式（6.6.8）结果可写为

$$R_{\Delta T} = \frac{dV_B}{dT_S} = I_B R_B(T_S)\alpha_B \tag{6.6.11}$$

那么，半导体测辐射热计的电压响应率为

$$R_V = \frac{R_{\Delta T}}{G_{th}\sqrt{1+\omega_{Ch}^2\tau_{th}^2}} = \frac{\alpha_B I_B R_B}{G_{th}\sqrt{1+\omega_{Ch}^2\tau_{th}^2}} \tag{6.6.12}$$

一般来说，根据式（6.6.9）和式（6.6.12），测辐射热计的电压响应率与偏置电流 I_B 成正比。

例 6.17　测辐射热计的电压响应率。

本例将分别计算两个微测辐射热计的参数，其中电阻器材料分别选用氧化钒 VO_x 和非晶硅 a-Si。这两型是目前唯一可商用的微测辐射热计焦平面阵列。例 6.21 给出了热参数 G_{th}、C_{th} 和 τ_{th} 的计算过程。根据表 6.6.2 中的典型值，当 $\omega_{Ch}=0$ 时，电压响应率变为：

$$VO_x: R_V = -328000\ V/W$$

$$a\text{-}Si: R_V = -732000\ V/W$$

表 6.6.2　微测辐射热计的特征值

材料	VO_x	a - Si
TCR/K^{-1}	-0.027	-0.03
G_{th}/（W/K）	2.05×10^{-7}	1.02×10^{-7}
R_B/kΩ	50	
I_B/μA	50	

例 6.17 表明，当 TCR 为负时，电压响应率也变为负值。为了计算温度分辨率，只需要响应率的绝对值即可。因此，下文将仅使用响应率的绝对值。

在计算响应率时，必须考虑到测辐射热计的电阻 R_B 也是偏置电流 I_B 和测辐射热计温度 T_S 的函数。在静态情况下，可以直接从图 6.2.1 的热网络中得出，即

$$G_{th}(T_S - T_0) = i_B^2 R_B(T_S) + \Phi_S \tag{6.6.13}$$

此外，应用欧姆定律

$$R_B = \frac{V_B}{I_B} \tag{6.6.14}$$

将式（6.6.13）代入式（6.6.4）并根据 ΔT_S 进行变换，可得

$$\Delta T_S = T_S - T_0 = \frac{I_B V_B + \Phi_S}{G_{th}} \tag{6.6.15}$$

对于金属测辐射热计，得到电流—电压比为

$$V_B(T_S) = R_{B0}\left(1 + \alpha_B\frac{I_B V_B + \Phi_S}{G_{th}}\right) \tag{6.6.16}$$

或求出 V_B，有

$$V_B(I_B) = \frac{I_B R_{B0}\left(1 + \alpha_B \dfrac{\Phi_S}{G_{th}}\right)}{1 - \alpha_B I_B^2 \dfrac{R_{B0}}{G_{th}}} \tag{6.6.17}$$

对于正的 TCR，存在一个极点：

$$1 - \alpha_B I_B^2 \frac{R_{B0}}{G_{th}} = 0 \tag{6.6.18}$$

为了使测量电路变得稳定，测辐射热计的偏置电流 I_B 必须限制在某个值以内；否则，测辐射热计电阻将会“爆炸”。换句话说，如果由于温度升高导致电阻增加，电压以及功耗也会增加。由于 TCR 为正，这会导致电阻的进一步增加。

对于半导体测辐射热计，适用以下电流—电压关系：

$$V_B = I_B R_{B0} e^{\frac{E_g}{2k_B\left(T_0 + \frac{I_B V_B + \Phi_S}{G_{th}}\right)}} \tag{6.6.19}$$

遗憾的是，对于 V_B 或 I_B，无法常规求解。在以下示例中，将提供一种数值解法，求解工具使用的是微软的 Excel 软件。

例 6.18 测辐射热计的电流—电压曲线。

图 6.6.2 给出了计算得到的金属和半导体测辐射热计的 I/V 曲线。对于金属测辐射热计，极点位于约 $I_B = 70\mu A$ 的偏置电流处。对于半导体测辐射热计，曲线的最大值约为 $I_B = 6\mu A$。

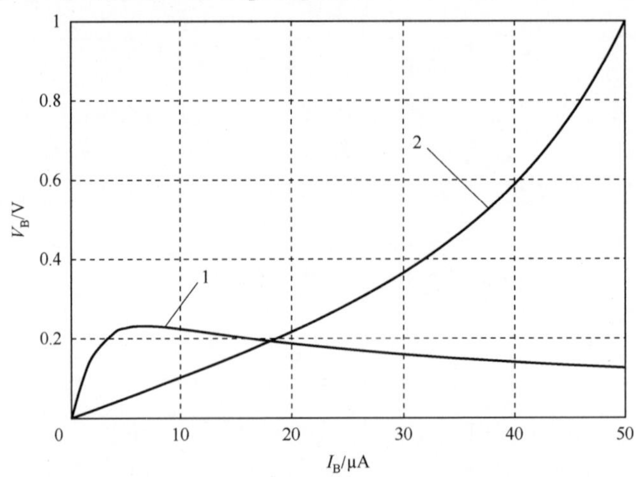

图 6.6.2 在环境温度（T_S = 300 K）、无红外辐射（Φ_S =0）条件下金属和半导体测辐射热计的电流与电压关系（热导 $G_{th} = 10^{-7}$W/K）

曲线 1—半导体测辐射热计，$\alpha_B = -0.03$/K，R_B（300K）=100kΩ；

曲线 2—金属测辐射热计，$\alpha_B = 0.002$/K，R_{B0} =10kΩ。

微测辐射热计中的主要噪声源是 $1/f$ 噪声、电阻噪声和温度波动噪声。上述噪声在4.2节中已有详细介绍。所有能够指定的噪声源都位于微测辐射热计电桥中，它们在统计上是不相关的，因此它们的平方值可以叠加（噪声功率叠加）。对于低噪声的读出电子器件，在后续的信号处理中可以忽略噪声源。

例6.19 微测辐射热计像素的噪声。

下面计算将氧化钒 VO_x 和非晶硅a-Si作为电阻材料的半导体测辐射热计像素的噪声。表6.6.3中参数将应用于微测辐射热计像素。

表6.6.3 例6.19中应用的参数

材料	VO_x	a-Si
像素面积 A_P	30μm×30μm	
发射率 ε	1	
工作温度 T_S/K	300	
测辐射热计电阻 R_B（300K）/kΩ	50	
负载电阻 R_L/kΩ	50	
偏置电流 i_B/μA	10	
通过热传导的热导 $G_{th.,Leg}$（根据例6.21）/（W/K）	2.05×10^{-7}	1.02×10^{-7}
电压响应率 R_V（根据例6.17）/（V/K）	328 000	732 000
热时间常数 τ_{th}/ms	3.5	1.1

对于后续的信号评估，将对像素信号进行积分。积分时间 t_I = 64 μs，应用式（4.1.85），噪声等效带宽为

$$B_{eq}=\frac{1}{2t_i}=7.8(\text{kHz}) \tag{6.6.20}$$

已经在例4.8中介绍了微测辐射热计桥的热噪声。如果忽略场效应晶体管的漏电流，电阻噪声变为

$$\tilde{V}^2_{Rn.R}=4kT(R_B /\!/ R_L) \tag{6.6.21}$$

根据4.2.3节，微测辐射热计电桥的 $1/f$ 噪声为

$$\tilde{V}^2_{Rn,1/f}=i_B^2R_B^2\frac{n}{f} \tag{6.6.22}$$

式中：n 为材料因子，对于 VO_x，$n\approx1\times10^{-13}$，a-Si，$n\approx1\times10^{-11}$。

对式（6.6.22）在带宽 $B=f_2-f_1$ 内进行积分，可得噪声电压为

$$\tilde{V}^2_{R,1/f}=\sqrt{\int_{f1}^{f_2}\tilde{V}^2_{Rn,1/f}\mathrm{d}f}=i_BR_B\sqrt{n\ln\frac{f_2}{f_1}} \tag{6.6.23}$$

频率下限f_1由观察时间t_0决定：

$$f_1 \approx \frac{1}{4t_0} \tag{6.6.24}$$

对于频率上限f_2，根据式（6.6.18）确定的噪声等效带宽，可得

$$f_2 = B_{eq} \tag{6.6.25}$$

观察或测量时间t_0对闪变噪声电压的影响非常低。实际上，观察时间设置为两个快门过程之间的时间差，如$t_B = 40\mathrm{min}$。

温度波动噪声的噪声贡献可按式（4.6.15）和式（4.6.12）分为辐射噪声分量和通过电桥管脚热传导而引起的噪声分量两种，即

$$\overline{\Phi^2_{Rn,T}} = 16\varepsilon k_B \sigma T_S^5 A_P + 4k_B G_{th,Leg} T_S^2 \tag{6.6.26}$$

由温度波动噪声引起的噪声带宽$B_{eq\Phi}$远小于电子带宽B_{eq}，因此噪声带宽由热低通决定。根据式（4.6.7）可得

$$B_{eq\Phi} = \frac{1}{4\tau_{th}}$$

对于 VO_x，噪声带宽$B_{eq\,\Phi} = 71.4\ \mathrm{Hz}$。对于 a-Si，噪声带宽$B_{eq\,\Phi} = 227\ \mathrm{Hz}$。应用电压响应率，可得噪声电压为

$$\tilde{v}_{Rn,T} = \overline{\Phi_{Rn,T}} R_V \tag{6.6.27}$$

总噪声是所有噪声分量的平方根：

$$\tilde{v}_{R,B} = \sqrt{(\tilde{v}^2_{Rn,R} + \tilde{v}^2_{Rn,1/f}) B_{eq} + \tilde{v}^2_{Rn,T} B_{eq\Phi}} \tag{6.6.28}$$

表6.6.4总结了所有计算值。对于现有的微测辐射热计，1/f噪声是主要的噪声源。

表6.6.4 微测辐射热计像素的计算噪声

测辐射热计材料	a - Si	VO_x
电阻噪声 $\tilde{v}_{Rn,R}$/μV	1.80	1.80
1/f噪声 $\tilde{v}_{Rn,1/f}$/μV	32.4	3.2
温度波动噪声 $\tilde{v}_{Rn,T}$/μV	7.87	2.84
总噪声 $\tilde{v}_{R,B}$/μV	33.3	4.67

如果已知电压响应率和噪声值，就可以用来计算 NEP、D^*和 NETD。理论上的限制来自测辐射热计对应的 BLIP 值（参见第5章）。

例 6.20　微测辐射热计的温度分辨率。

下面将应用例 6.17 来计算微测辐射热计像素的 NETD。根据式（5.4.9），假设光学系统 F = 1、工作波长为 8 ~ 14μm（差分辐射出射度 I_M = 2.64 W/（m^2 · K））。

表 6.6.5 列出了 NEP、R_T、D^* 和 NETD 的计算结果。

表 6.6.5　环境温度下微测辐射热计的计算温度分辨率

测辐射热计材料	计算式	a – Si	VO_x
NEP/pW	式（5.2.2）	45.6	14.2
D^*/（m · $Hz^{1/2}$/W）	式（5.3.2）	5.8×10^7	1.8×10^8
R_T/（μV/K）	式（5.1.35）	348	156
NETD（300K）/mK	式（5.4.9）	96	30

6.6.3　微测辐射热计阵列的设计

为了实现所需的隔热效果（参见 6.2 节），微测辐射热计电阻制造为真空微电桥。图 6.6.3 示出了这种像素的简化结构，像素面积通常处于 15μm × 15μm ~ 55μm × 55μm 范围内。图 6.6.4 是 a-Si 微测辐射热计的真实微电桥结构图。像素中的四个孔用于去除在测辐射热计层的制造过程中沉积的牺牲层。

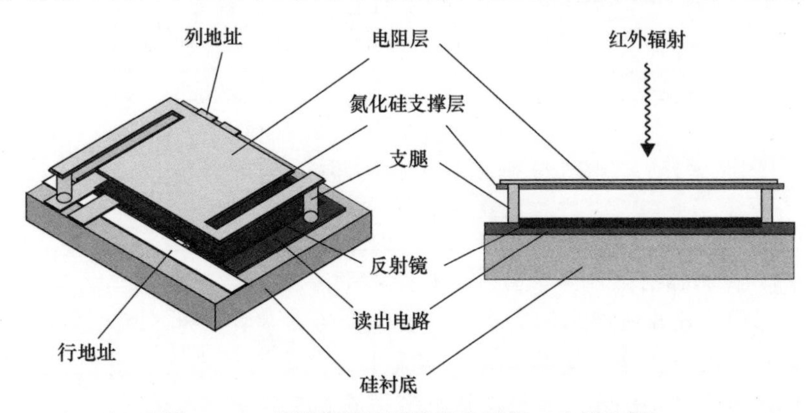

图 6.6.3　微测辐射热计像素的结构（未按比例）

电桥结构由两个用于电气连接的支撑臂（腿）、作为衬底层的薄膜和沉积在其上的测辐射热电阻组成。此外，还有其他层，如用于吸收入射的红外辐射或提供电桥机械稳定的层（图 6.6.5）。电桥的厚度可达几百纳米。为了尽可能保证测辐射热计电阻的隔热效果，整个结构处于真空中。支撑臂也有助于隔热。将支架连接到电阻区域，作为测辐射热计电阻的支撑悬架，这样电桥到芯片表面或反射层的距离约为 2.5μm。电桥和反射器（读出电路上方的反射镜）

作为光学谐振器（λ/4 吸收器）来吸收红外辐射（参见示例 2.2）。读出电路则位于电桥下方。

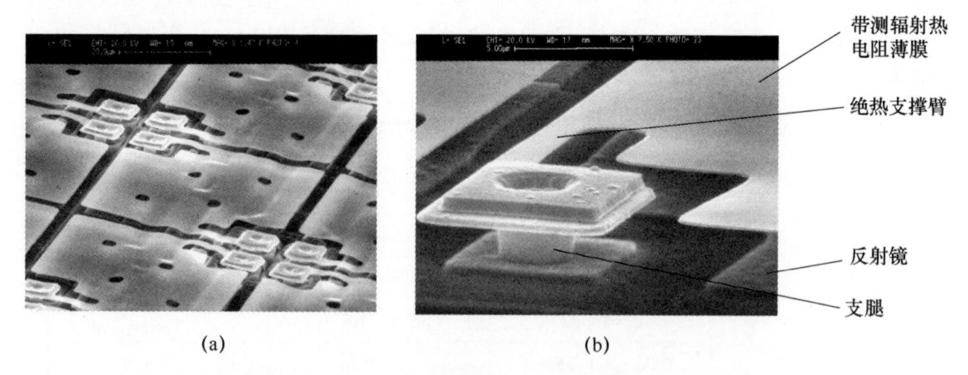

(a) (b)

图 6.6.4 微测辐射热计电桥结构的图像（像素间距 50μm；桥高 2.5μm）
（a）几个像素的总视图；（b）图像的细节。

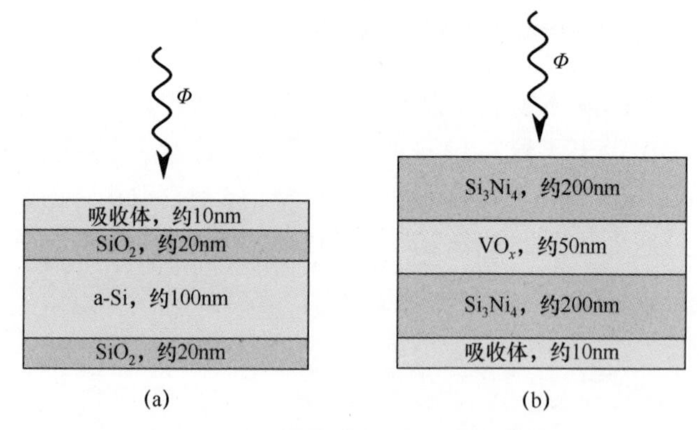

(a) (b)

图 6.6.5 微测辐射热计电桥的层系
（a）a-Si，（b）VO_x。

例 6.21 微测辐射热计像素的热参数。

计算图 6.6.6 所示几何尺寸条件下像素的热参数。为了保证通过支撑臂的热传导最小，这些支撑臂应尽可能长。只考虑一半支持臂的截面积，光学填充因子 $Z=0.64$。结构设计应与图 6.6.5 其中一个保持一致。对于发射率 $\varepsilon=0.8$ 的情况，根据式（6.1.14），通过辐射的热导为 $G_{\mathrm{th,A}}=9\times10^{-9}\mathrm{W/K}$。

支撑臂的热导决定了通过管脚到 Si 电路的导热能力，原因在于管脚因其具有较大的横截面积和较低的高度而被认为是热质量。因此，支撑臂的热导为

$$G_{\text{th,L}} = \frac{2\lambda_{\text{th}} A_{\text{S}}}{l_{\text{S}}} \tag{6.6.29}$$

式中：λ_{th}为热导率；A_{S}为横截面积；l_{S}为长度；系数 2 为考虑到像素是安装在两个支撑臂上。

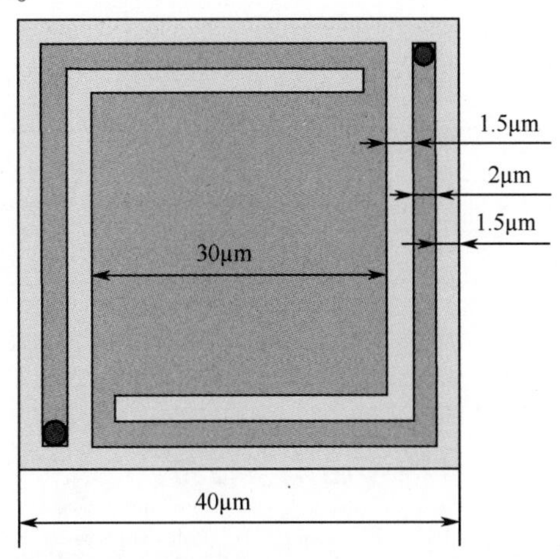

图 6.6.6　微测辐射热计像素的几何尺寸（基区面积 40μm×40μm；像素面积 30μm×30μm；支撑臂长度 60μm）

表 6.6.6 列出了一些重要的材料常数。

表 6.6.6　测辐射热计像素设计用重要材料的热导率和比热容的材料常数

材料名称	热导率λ_{th}/（W/（m/·K））	体积比热容 c'_{p}/（W·s/（m^3·K））
a-Si	30.0	1.6×10^6
SiO_2	0.9	2.6×10^6
Si_3N_4	3.2	1.6×10^6
VO_X	22.0	2.1×10^6

周围气体的热传导忽略了微测辐射热计在真空中工作的事实，并且残余气体的热容极低（例 6.2）。因此，总热导为

$$G_{\text{th}} = G_{\text{th,A}} + G_{\text{th,S}} \tag{6.6.30}$$

像素的热容 C_{th}是各层热容之和，即

$$C_{\text{th}} = \sum_i c'_{\text{p}i} V_i \tag{6.6.31}$$

式中：$c'_{\text{p}i}$ 为第 i 层体积 V_i的体积比热容。

表 6.6.7 比较了所述示例热导和热量的计算结果。对于 a-Si 非晶硅微桥，忽略了氧化层。对于 VO_x氧化钒电桥，热导的计算考虑了各层热导的

并联。对于这两座电桥，热导率主要通过支撑臂产生，因此它们的热导应尽可能小。

表 6.6.7　计算结果示例

测辐射热计层	a - Si	VO_x
$G_{th,A}$/（W/K）	9×10^{-9}	9×10^{-9}
$G_{th,L}$/（W/K）	2×10^{-7}	9.7×10^{-8}
G_{th}/（W/K）	2.1×10^{-7}	1.1×10^{-7}
测辐射热计层的 C_{th}/（W·s/K）	1.4×10^{-10}	9.5×10^{-11}
衬底层的 C_{th}/（W·s/K）	9.4×10^{-11}	2.9×10^{-10}
C_{th}/（W·s/K）	2.4×10^{-10}	3.9×10^{-10}
T_{th}/ms	1.1	3.5

6.6.4　微测辐射热计的读出电子设备

使用集成在像素下方硅芯片中的读出电路来测量微测辐射热计中电阻的变化（图6.6.7）。

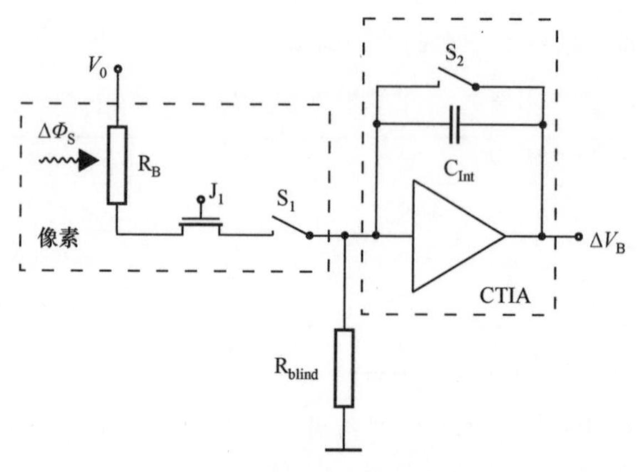

图6.6.7　用于评估测辐射热计像素电阻变化的电路[17]

如图6.6.7所示，在每个微测辐射热计电桥下方，都有一个集成电路放大器 J_1 和开关 S_1。如果开关 S_1 断开，则没有电流流过测辐射热计电阻 R_B。为了能够读出像素，即测辐射热计的 R_B，将开关 S_1 闭合。S_1 闭合后，偏置电流 I_B 就通过阻值为 R_{blind} 的盲测辐射热计像素流向地面。盲测辐射热计像素被误认为是“正常”像素，这是由于它们之间热短路，因此不会显示任何信号变化。它们可以补偿工作温度的不必要波动并平衡电阻因制造工艺技术导致的公差。测辐射热计和盲测辐射热计的 R_B 或 R_{blind} 构成一个半桥电路。如果由于电阻变化，导致电流 I_B 变化，则该变化的电流 ΔI_B 由电容反馈放大器（CTIA）进行积分。在经历 t_{Int} 的积分时间后，得到信号电压 ΔV_B 作为 CTIA 的输出信号。积分时间取决于刷新率和像素数。上例中，积分时间 t_{Int} 设为 $64\mu s$ 。积分完成后，对输出信号进行采样，并通过开关 S_2 复位 CTIA，然后读出下一个像素。

图 6.6.8 给出了一个 $m \times n$ 微测辐射热计阵列的示意图（该阵列为 m 列 n 行）。

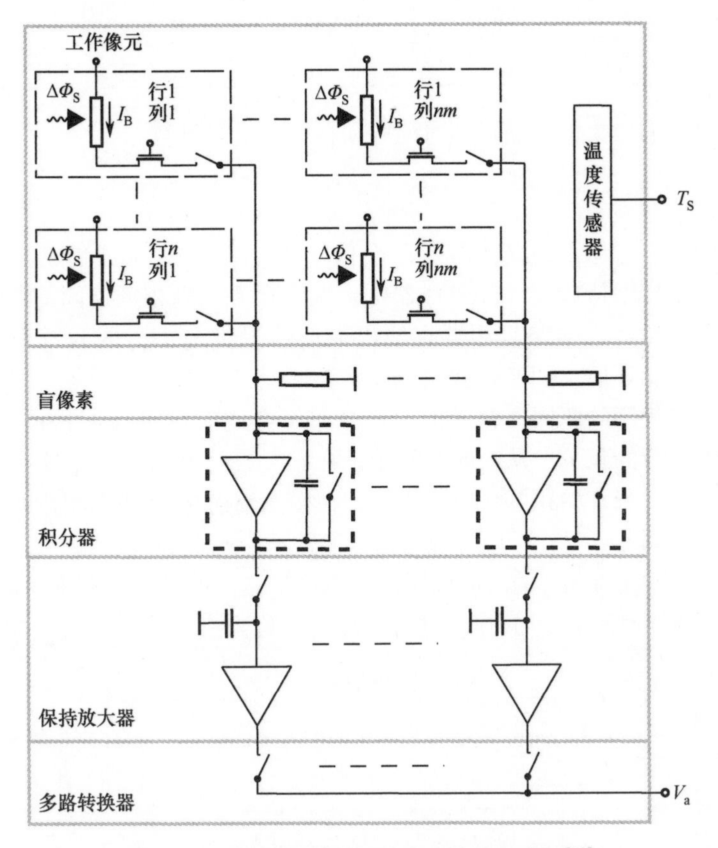

图 6.6.8 微测辐射热计读出电路的示意图[17]

表 6.6.8 说明了常见的图像格式以及相应的像素频率和积分时间。由于读出电路内部组织需要在行和帧之间的增加时钟，因此构成了像素频率得最小值。在欧洲，常见的图像频率 f_B = 50Hz ，在美国 f_B = 60Hz ，均对应于各自的电视标准。图像格式也遵循电视标准。

表 6.6.8　微测辐射热计阵列的图像格式和相应的最小像素频率

格式 ($m \times n$)	像素数	最小像素频率/MHz		最大积分时间/μs	
		f_B = 50Hz	f_B = 60Hz	f_B = 50Hz	f_B = 60Hz
160 × 120	19200	0.9600	1.15200	167	139
320 × 240	76800	3.8400	4.60800	83	69
384 × 288	110592	5.5296	6.63552	69	58
640 × 480	307200	15.3600	18.43200	42	35
1024 × 768	786432	39.3216	47.18592	26	22
1920 × 1080	2073600	103.68	124.41	18.5	15.4
注：m 为列数；n 为行数					

积分时间的最大值可通过帧时间 t_F 和行数 n 进行计算

$$t_{Int} < \frac{t_F}{n} \tag{6.6.32}$$

同时读出一行像素信号，需要 m 个积分器（CTIA）。完成集成后，输出信号被缓冲在采样保持放大（S&H）器中，从而在下一列积分期间 CTIA 可作为多路复用器。然后，多路复用器在输出端连续提供前一行的 m 个像素信号。经过 n 次读出循环后，图像就被完全读出。

由于读取程序的原因，帧中的温度分布不会同时记录（图 6.6.9）。信号记录，即第一行的积分，从 t_0 时刻开始，在 $t_0 + t_{Int}$ 时刻结束。此时，读取第一行数据并对第二行开始积分，以此类推。在微测辐射热计记录的图像中，第一行包含时间间隔 $t_0 \sim (t_0 + t_{Int})$ 期间的温度数据。与此对应，最后一行包含从 $t_0 + (n-1)t_{Int}$ 到 $t_0 + nt_{Int}$ 的时间间隔内的温度信息。时间差实际上对应于 20ms 或 16.7 ms 的帧时间 $t_F = 1/f_F$。这种读取程序称为滚动帧。

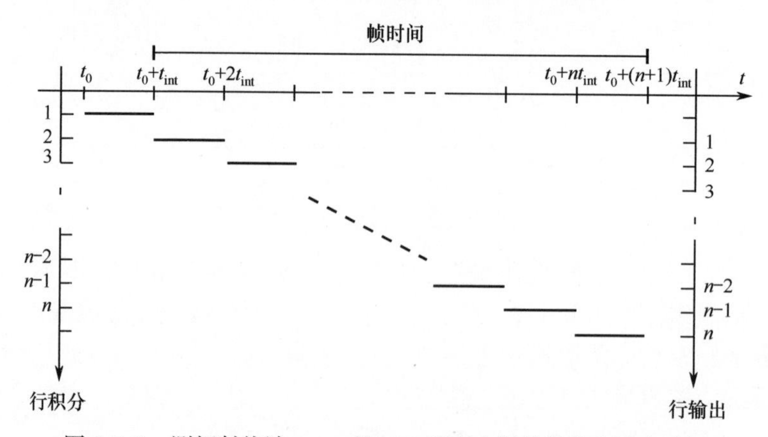

图 6.6.9　测辐射热计 $m \times n$ 的 FPA 阵列中行的积分和读出时间

例 6.22 偏置电流引起测辐射热计的温度变化。

像素的偏置电流 I_B 仅在用于读出目的（脉冲模式）的积分期间接通。这样做的优点是整个阵列的功耗很低。然而，在电流脉冲期间，会发生相当大的电能消耗，并转换为像素中不期望发生的温度变化。

下面使用 6.2 节中的简单热模型来计算该温度变化（图 6.2.1）。将电源功率 P_E 考虑在内，则馈入探测器的电功率为

$$P_S = \alpha\Delta\Phi_S(t) + P_E(t) \tag{6.6.33}$$

对于电源功率，有

$$P_E(t) = I_B^2(t)R_B(t) = R_{B0}(1 + \alpha_B\Delta T)I_B^2(t) \tag{6.6.34}$$

因此，由式（6.2.3）可知

$$\alpha\Delta\Phi_S(t) + P_E(t) = C_{th}\frac{d[\Delta T_S(t)]}{dt} + G_{th}\Delta T_S(t) \tag{6.6.35}$$

由于电功率和吸收的辐射功率彼此无关，上述微分方程可以在两个激励下分别求解，由此产生的温度差可以叠加。为了计算由于偏置电流引起的温度变化，下面将吸收的辐射功率设为零（$\alpha\Delta\Phi_S(t) = 0$）。因此，式（6.6.35）变为

$$\tau_{th}\frac{d\Delta T(t)}{dt} + \Delta T(t) = \frac{R_{B0}(1 + \alpha_B\Delta T)}{G_{th}}I_B^2(t) \tag{6.6.36}$$

当 $t \geqslant 0$ 且初始条件为 $\Delta T(0) = 0$ 时，求解上述微分式（在 $t = 0$ 时刻接通恒定偏置电流 I_B），电流脉冲期间的温度变化为

$$\Delta T_{on}(t) = \frac{\Delta T_0}{1 - \alpha_B\Delta T_0}\left(1 - e^{-\frac{1-\alpha_B\Delta T_0}{\tau_{th}}t}\right) \tag{6.6.37}$$

式中：ΔT_0 为温度变化，且有

$$\Delta T_0 = \frac{R_{B0}I_B^2}{G_{th}} \tag{6.6.38}$$

在 $t = t_0$ 时，断开偏置电流 I_B（当 $t > t_0$ 时，$I_B = 0$），则会发生冷却。因此，关闭电流脉冲后的温度变化为

$$\Delta T_{off}(t) = \Delta T_{on}(t_0)e^{-\frac{t-t_0}{\tau_{th}}} \tag{6.6.39}$$

图 6.6.10 给出了温度随像素变化的时间曲线。由于热电阻与温度有关，因此在像素加热过程中，热时间常数为原来的 $1/(1 - \alpha_B\Delta T_0)$。这意味着，像素升温比降温快。计算中必须考虑偏置电流引起的温度变化对探测器参数的影响。Kruse 和 Skatrud 给出了相应的示例计算[18]。

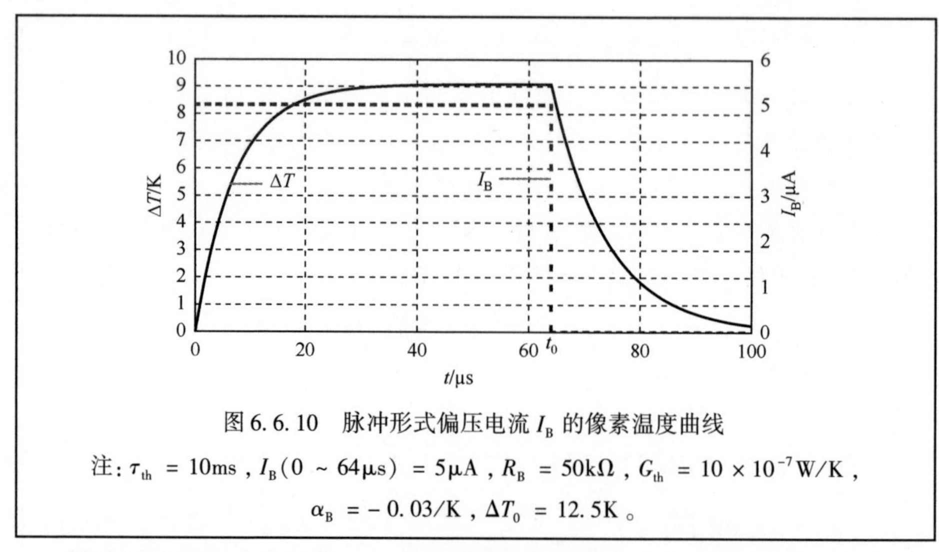

图 6.6.10 脉冲形式偏压电流 I_B 的像素温度曲线

注：τ_{th} = 10ms，I_B(0 ~ 64μs) = 5μA，R_B = 50kΩ，G_{th} = 10×10^{-7}W/K，α_B = −0.03/K，ΔT_0 = 12.5K。

除微测辐射热计阵列外，完整的微测辐射热计阵列探测器还可包括其他组件，如温度传感器、珀耳帖元件（热电冷却器 TEC）和真空吸气剂。

温度传感器用于确定测辐射热计温度，并集成到读出电路中（图 6.6.8）。与 TEC 相关，探测器温度可以设定为恒定值，且允许的偏差小于 0.1K。如果选择的探测器温度在 20 ~ 30℃ 的环境范围内，则可以实现低功耗。对于低成本探测器，不使用 TEC，称为无冷却微测辐射热计。

为了保持真空，外壳包括所谓的吸气剂，由吸收残余气体的活性材料制成。为了激活吸气剂，通常必须用电流加热吸气剂。为此，壳体上设计有专用的销钉，但是吸气剂很少需要激活。

图 6.6.11 示出了具有完整外壳的芯片和微测辐射热计阵列的图像。由于锗在 8 ~ 14μm 工作波长范围内具有最佳的光学性能，所以探测器窗完全由锗制成，通常厚为 1mm。传感器窗口的透射能力取决于锗的抗反射涂层。通常，主要有两类不同的抗反射涂层：宽带抗反射涂层和带通抗反射涂层。

图 6.6.12 给出了两个典型涂层的透射率曲线。带通抗反射涂层的优点是不需要在光通道中使用任何其他滤光片。对于制造商来说，宽频带抗反射涂层的优点是传感器具有相当好的热分辨率（将 NETD 值降低到约 50%）。对于温度测量摄像机系统来说，阻止 7.5μm 以下波长的辐射是至关重要的，因为在 5 ~ 7.5μm 的波长范围内，大气湿度对红外辐射具有很强的吸收作用。

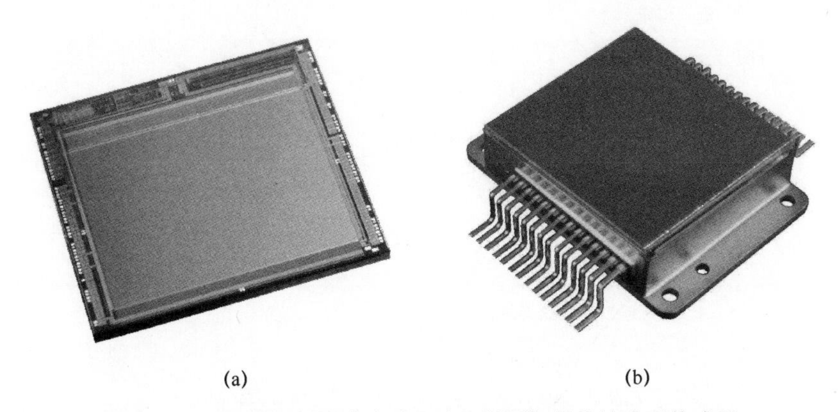

图 6.6.11　微测辐射热计阵列芯片和微测辐射热计阵列传感器

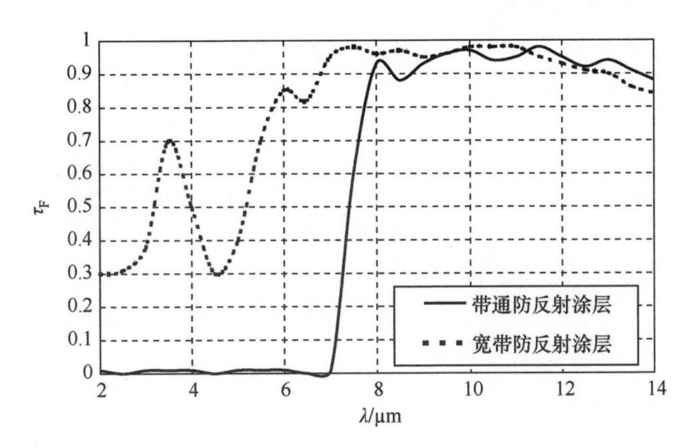

图 6.6.12　典型光学窗口材料的透射率曲线[19-20]

6.7　其他热红外探测器

6.7.1　双晶红外探测器

由于双金属或双晶片的热膨胀系数不同，它们在温度变化过程中会发生变形，即膨胀或弯曲。这种效应可用于微机械双晶元件中，用于测量入射红外辐射引起的温度变化。为此，这种传感器称为微悬臂梁探测器。其挠度可以通过电容[22]、压阻[23]或光学[31]等方式进行测量。

电容式信号读出电路如图 6.7.1 所示，当上电极被抬高 Δz，并由此产生角度 $\Delta\varphi$ 的倾斜时，探测器电容的变化量为 ΔC_S。

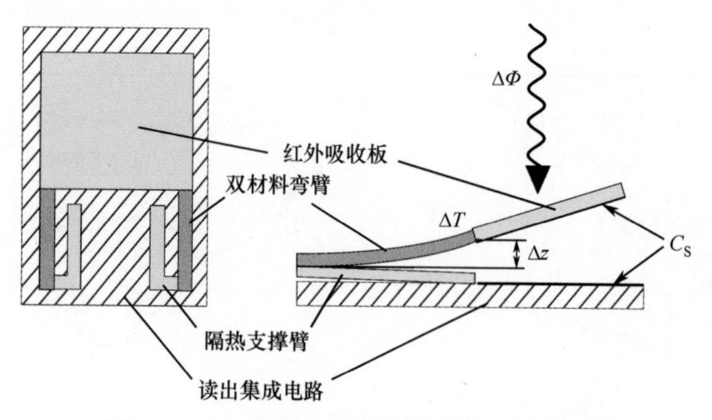

图 6.7.1 电容读出式微机械悬臂梁温度探测器

例 6.23 倾斜电极探测器的电容。

如图 6.7.1 所示，电极倾斜角度为 φ，其电容按下式计算：

$$C_S = \varepsilon_0 \int_{A_S} \frac{dx\ dy}{z(y)} \tag{6.7.1}$$

电极面积为

$$A_S = ab \tag{6.7.2}$$

通过倾斜上电极，则电极距离为

$$z(y) = z_0 + y\tan\varphi \tag{6.7.3}$$

式中：z_0 为无偏斜时的电极间距。

因此，由式 (6.7.1) 可得

$$C_S = \varepsilon_0 \frac{b}{z_0} \int_0^a \frac{dy}{1 + \frac{\tan\varphi}{z_0} y} \tag{6.7.4}$$

假设存在一个小的角度 φ，小到足以忽略偏转后电容有效面积的减小，则上述积分的解为

$$C_S = \varepsilon_0 \frac{b}{\tan\varphi} \ln\left(1 + \frac{a}{z_0}\tan\varphi\right) \tag{6.7.5}$$

上述结果适用于很小的角度，即 $\varphi \ll 1$，即

$$\tan\varphi \approx \varphi \tag{6.7.6}$$

并且

$$\ln(1 + x) \approx x \tag{6.7.7}$$

式中

$$x = \frac{a}{z_0}\tan\varphi \ll 1$$

那么根据式（6.7.5），可得常见的平板电容计算公式为

$$C_S = \varepsilon_0 \frac{ab}{z_0} \tag{6.7.8}$$

在两种材料厚度 s 和弹性模量均相同的情况下，挠度[1]为

$$\Delta z = \frac{3l^2 \Delta\alpha_M \Delta T}{8s} \tag{6.7.9}$$

式中：l 为两种材料的悬臂长度；$\Delta\alpha_M$ 为两种材料热膨胀系数 α_{M1} 和 α_{M2} 的差值，即

$$\Delta\alpha_M = \alpha_{M1} - \alpha_{M2} \tag{6.7.10}$$

对于微小的温度变化，可以忽略电极的倾斜。可以用式（6.7.8）计算电容。对于工作点 z_0 附近的容量电容变化，则有

$$\frac{dC_S}{dz} = -\frac{\varepsilon_0 A}{z_0^2} = -\frac{C_{S0}}{z_0} \tag{6.7.11}$$

式中：C_{S0} 为工作点的探测器电容。

由式（6.7.9）可得

$$dz = \frac{3l^2 \Delta\alpha_M}{8s} dT \tag{6.7.12}$$

因此，式（6.7.11）可写为

$$\frac{dC_S}{dT} = -\frac{C_{S0}}{z_0} \frac{3l^2 \Delta\alpha_M}{8s} \tag{6.7.13}$$

与电阻式探测器的 TCR 等效（测辐射热计，参见 6.6 节），可以定义电容温度系数（TCC）来描述电容式红外探测器[24]：

$$\mathrm{TCC} = \frac{1}{C_S} \frac{dC_S}{dT} \tag{6.7.14}$$

根据以上计算结果，TCC 进一步可推导为

$$\mathrm{TCC} = -\frac{3}{8} \frac{l^2 \Delta\alpha_M}{s\ z_0} \tag{6.7.15}$$

这意味着，电容温度系数 TCC 取决于两材料几何结构及其热膨胀系数的差值 $\Delta\alpha_M$ 。

图 6.7.2 所示的半桥评估电路用于计算电压响应率，则输出电压变化量为

$$\Delta V_S = V_E \frac{\Delta C_S}{C_E} \tag{6.7.16}$$

式中：V_E 、C_E 分别为脉冲型偏置电压、电容。

C_E 是由桥接电容和后续放大器电路（通常为积分器）的输入电容组成。由于静电力相互吸引电极，电压 V_E 不能设置为任意值。

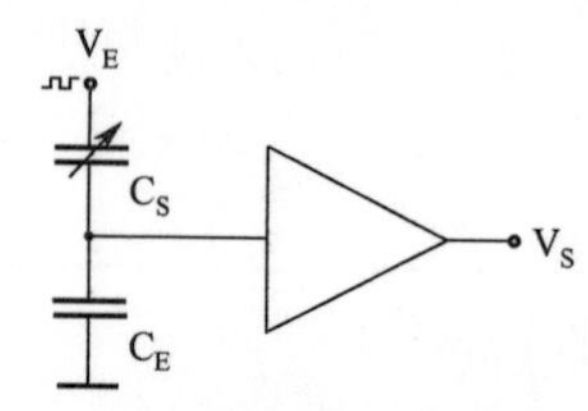

图 6.7.2　电容变化的测量电路

温度变化引起的电容变化可由式（6.7.11）计算，并转换为差商的形式，即

$$\Delta C_{\mathrm{S}} = -C_{\mathrm{S0}} \frac{\Delta z}{z_0} \tag{6.7.17}$$

因此，电压变化为

$$\Delta V_{\mathrm{S}} = -V_{\mathrm{E}} \frac{C_{\mathrm{S0}}}{C_{\mathrm{E}}} \frac{\Delta z}{z_0} = -V_{\mathrm{E}} \frac{C_{\mathrm{S0}}}{C_{\mathrm{E}}} \frac{3l^2 \Delta\alpha_{\mathrm{M}}}{8s\ z_0} \Delta T \tag{6.7.18}$$

由式（6.2.4）可计算电压响应率为

$$R_{\mathrm{V}} = \frac{\alpha}{G_{\mathrm{th}}} \frac{V_{\mathrm{E}} C_{\mathrm{S0}}}{C_{\mathrm{E}}} \frac{3l^2 \alpha_{\mathrm{M}}}{8s\ z_0} \tag{6.7.19}$$

式（6.7.19）等号右边的最左侧项描述了辐射的吸收和隔热；中间项包含电子信号评估；右侧项是根据式（6.7.15）描述的温度系数 TCC。

主要的电噪声源是 kTC 噪声，由式（4.2.10）可得

$$\tilde{V}_{\mathrm{R,a}}^2 = \frac{k_{\mathrm{B}} T_{\mathrm{S}}}{C_{\mathrm{S0}} + C_{\mathrm{E}}} \tag{6.7.20}$$

忽略其他噪声源，则 NEP 为

$$\mathrm{NEP} = \sqrt{\frac{k_{\mathrm{B}} T_{\mathrm{S}}}{C_{\mathrm{S0}} + C_{\mathrm{E}}}} \frac{G_{\mathrm{th}}}{\alpha} \frac{C_{\mathrm{E}}}{V_{\mathrm{E}} C_{\mathrm{S0}}} \frac{8s\ z_0}{3l^2 \alpha_{\mathrm{M}}} \tag{6.7.21}$$

例 6.24　悬臂的温度分辨率。

面积为 50μm×50μm 的像素由两条长度 100μm、宽度 2μm 的悬臂支撑。悬臂弯曲情况如图 6.7.1 所示，其中一半悬臂用于隔离，另一半由两种材料构成。在工作点，像素在读出电路上方 $z_0 = 2.5\mu\mathrm{m}$。根据式（6.7.8），电容 C_{S0} 变为

$$C_{\mathrm{S0}} = \frac{\varepsilon_0\ (50\mu\mathrm{m})^2}{2.5\mu\mathrm{m}} = 8.85 \times 10^{-15}\mathrm{F} \tag{6.7.22}$$

假设电容 C_{E} 相同，即

$$C_{\mathrm{E}} = C_{\mathrm{S0}} \tag{6.7.23}$$

这种两种材料悬臂由铝（热膨胀系数 $\alpha_{M1}=25\times10^{-6}/K$）和二氧化硅（热膨胀系数 $\alpha_{M2}=0.35\times10^{-6}/K$）组成。两种材料厚度均为0.2μm。由此可推导出电容温度系数为

$$\mathrm{TCC}=-\frac{3}{8}\times\frac{(50\mu m)^2}{0.2\mu m\times2.5\mu m}(25\times10^{-6}-0.35\times10^{-6})/K=-4.62\%/K \tag{6.7.24}$$

热导 G_{th} 由两种材料悬臂和两个支撑臂组成：

$$\frac{1}{G_{th}}=\frac{1}{2G_{th,Al}}+\frac{1}{2G_{th,iso}} \tag{6.7.25}$$

在两种材料悬臂中，铝层决定的热导为

$$G_{th,Al}=\frac{\lambda_{th,Al}A_{Arm}}{l_{Arm}}=\frac{237W/(m\cdot K)(0.2\mu m\times2\mu m)}{50\mu m}=1.9\times10^{-6}W/K \tag{6.7.26}$$

对于相同的几何尺寸，隔离臂的热导为

$$G_{th,iso}=\frac{\lambda_{th,iso}A_{iso}}{l_{iso}}=\frac{0.9W/(m\cdot K)(0.2\mu m\times2\mu m)}{50\mu m}=7.2\times10^{-9}W/K \tag{6.7.27}$$

所有温差实际上只在隔离臂上产生。上述两种材料悬臂受热均匀的假设与实际受热条件一致，意味着：

$$G_{th}=2G_{th,iso} \tag{6.7.28}$$

当吸收率 $\alpha=1$，工作电压 $V_E=1V$ 时，NEP变为

$$\begin{aligned}\mathrm{NEP}&=\sqrt{\frac{k_BT_S}{2C_{S0}}}\frac{G_{th}}{C_E}\frac{8s\ \ z_0}{3l^2\alpha_M}\\&=\sqrt{\frac{k_B\times300K}{28.85\times10^{-15}F}}\frac{2\times7.2\times10^{-9}W/K}{1V}\\&\quad\frac{8\times0.2\mu m\times2.5\mu m}{3\times(50\mu m)^2(25\times10^{-6}-0.35\times10^{-6})/K}\\&=1.16\times10^{-10}(W)\end{aligned} \tag{6.7.29}$$

因此，根据式（5.4.9），在27℃和8～14μm的波长范围内应用NEP和 $F=1$ 计算悬臂探测器的NETD，则有

$$\mathrm{NETD}=\frac{4F^2+1}{A_S}\frac{\mathrm{NEP}}{I_M}=\frac{5}{(50\mu m\times50\mu m)}\frac{1.16\times10^{-8}W}{2.64W/(m^2\cdot K)}=0.09K \tag{6.7.30}$$

悬臂在噪声等效温差 NETD 下的挠度，可根据式（6.7.9）求得

$$\Delta z = \frac{3 \times (50\mu m)^2 (25 \times 10^{-6} - 0.35 \times 10^{-6})/K}{8 \times 0.2\mu m} \times 0.09K = 10.5nm \tag{6.7.31}$$

最后，计算热时间常数。为此，需要先计算热容，它由两种材料悬臂和吸收区的热容量组成：

$$C_{th} = 2C_{th,bi} + C_{th,Ab} \tag{6.7.32}$$

两种材料悬臂的热容是用体积比热容 c' 和 Al 和 SiO_2 两种材料的体积 V 来计算的：

$$C_{th,bi} = c'_{Alu} V_{Al} + c'_{SiO_2} V_{SiO} \tag{6.7.33}$$

本例中，两种材料体积是相同的：

$$V_{Alu} = V_{SiO_z} = 50\mu m \times 2\mu m \times 0.2\mu m = 2 \times 10^{-17} m^3 \tag{6.7.34}$$

因此，两种材料悬臂的热容为

$$\begin{aligned} C_{th,bi} &= 2 \times 10^{-17} m^3 \times (2.4 \times 10^6 W \cdot s/(K \cdot m^3) + 2.6 \times 10^6 W \cdot s/(K \cdot m^3)) \\ &= 4.86 \times 10^{-11} W \cdot s/K \end{aligned} \tag{6.7.35}$$

吸收区主要由厚度为 0.2μm 的氮化硅（Si_3N_4）组成，可以忽略用于吸收目的的薄金属层，有：

$$\begin{aligned} C_{th,Ab} &= c'_{Si_3N_4} V_{Ab} = 1.6 \times 10^6 W \cdot s/(K \cdot m^3) \times (50\mu m)^2 \times 0.2\mu m \\ &= 8 \times 10^{-10} W \cdot s/K \end{aligned} \tag{6.7.36}$$

这意味着热容由吸收区面积决定，则热时间常数变为

$$\tau_{th} = \frac{C_{th}}{G_{th}} = \frac{8 \times 10^{-10} W \cdot s/K}{1.44 \times 10^{-8} W/K} = 55ms \tag{6.7.37}$$

6.7.2 微型戈莱盒

戈莱盒由一个密闭、隔热良好的气体容积（气室）组成，它会因吸收辐射而产生温升[25]。通常，通过测量由于气室内气体压力增加而导致戈莱盒外壁变形的挠度，从而可以计算气体的温度变化。戈莱盒属于光声或光气动探测器。对于典型的戈莱盒，其壁面挠度可以通过光学程序确定，如激光干涉测量法。因此，这类探测器尺寸很大，并且不太坚固。

如图 6.7.3 所示，微型戈莱盒使用微机械工艺制造。在基体（硅圈）上有一个开口，该开口的上方用硬盖封闭，下方用柔性膜（弯曲板）封闭。上层薄膜，如由 Si_3N_4/SiO_2 制成，与吸收剂（金属化，如铂金）一起吸收红外辐射。以 Si_3N_4 为例，弯曲板受限于气体压力的变化而变形。基板和弯曲板的下方为金属，它们之间的距离只有几微米。这样弯曲板和基板就构成了可变电容

C_G。弯曲板的变形导致容量变化 ΔC_G[26]。

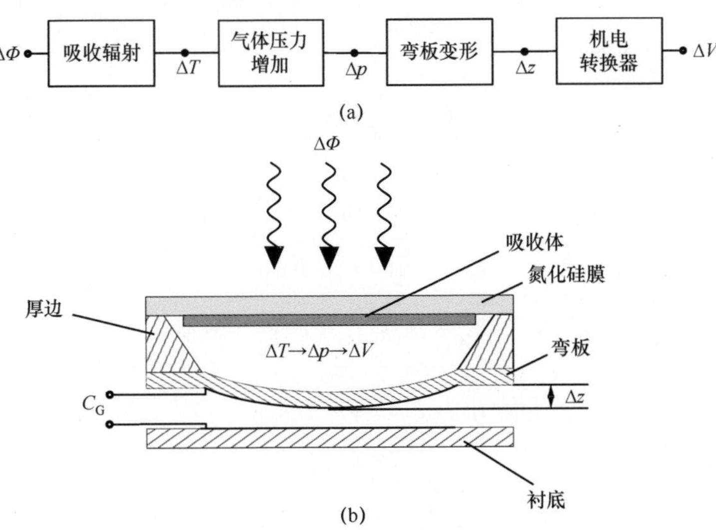

图 6.7.3　戈莱盒工作原理及其具有电容读出电路的微型戈莱盒结构

例如，还可以用其他方法来确定弯曲板的挠度，如测量弯曲板和基板之间的隧道电流或使用压敏电阻进行评估[27]。

理想气体定律能够证明这一点

$$pV = nRT \tag{6.7.38}$$

式中：p 为气体压力；V 为气体体积；R 为一般气体常数；n 为气体物质的量。

下面考查其工作点 p_0，V_0 以及 T_0 周围的微小变化。因此，就可根据式（6.7.38）对 T 求导，有

$$\frac{\mathrm{d}p}{\mathrm{d}T}V + \frac{\mathrm{d}V}{\mathrm{d}T}p = nR \tag{6.7.39}$$

通过变形可得

$$\frac{\mathrm{d}p}{p} + \frac{\mathrm{d}V}{V} = \frac{nR}{pV}\mathrm{d}T \tag{6.7.40}$$

将式（6.7.38）代入式（6.7.40），可得

$$\frac{\mathrm{d}p}{p} + \frac{\mathrm{d}V}{V} = \frac{\mathrm{d}T}{T} \tag{6.7.41}$$

变换为差商，则有

$$\frac{\Delta p}{p_0} + \frac{\Delta V}{V_0} = \frac{\Delta T}{T_0} \tag{6.7.42}$$

吸收的辐射通量 $\Delta\Phi$ 决定了气体温度的变化。由于气体压力增加引起的体积变化可以使用弯曲板的变形来计算。对于边长为 $2a$ 的方形板的变形量 $w(x, y)$，可近似表达为[28]

$$w(x,y) = \frac{0.383\Delta p}{18a^4 D}(x^2 - a^2)^2(y^2 - a^2)^2 \tag{6.7.43}$$

式中：D 为弯曲强度，且有

$$D = \frac{Ed^3}{12(1 - v)} \tag{6.7.44}$$

式中：d 为薄膜厚度；E 为弹性模量；v 为泊松比。

由变形量 $w(x, y)$ 导致的体积变化量为

$$\Delta V = \int_A w(x,y)\mathrm{d}x\mathrm{d}y \tag{6.7.45}$$

由于压力与位置无关，因此式（6.7.45）中的积分很容易求解：

$$\Delta V = \frac{0.383\Delta p}{18a^4 D}\int_{-a}^{+a}\int_{-a}^{+a}(x^2 - a^2)^2(y^2 - a^2)^2\mathrm{d}x\mathrm{d}y \tag{6.7.46}$$

对于 dx 的积分：

$$\int_{-a}^{+a}(x^2 - a^2)^2\mathrm{d}x = \frac{1}{5}x^5 - \frac{2}{3}a^2x^3 + a^4x\bigg|_{-a}^{a} = \frac{16}{15}a^5 \tag{6.7.47}$$

对于 dy 的积分，可以得到相同的结果。因此，体积变化量为

$$\Delta V = \frac{0.383\Delta p}{18a^4 D}\frac{256}{225}a^{10} = 2.42\times 10^{-2}\frac{a^6}{D}\Delta p \tag{6.7.48}$$

利用式（6.7.42）和式（6.7.48）计算压力变化量 Δp 作为温度变化量 ΔT 的函数：

$$\Delta p = \frac{p_0}{T_0}\frac{\Delta T}{1 + \frac{p_0}{V_0}\left(2.42\times 10^{-2}\times\frac{a^6}{D}\right)} \tag{6.7.49}$$

由式（6.7.48）和式（6.7.49）可知，体积变化与温度变化成正比，即

$$\Delta V = W\Delta T \tag{6.7.50}$$

与温度相关的体积变化

$$W = 2.42\times 10^{-2}\times\frac{a^6}{D}\times\frac{p_0}{T_0}\frac{1}{1 + \frac{p_0}{V_0}\left(2.42\times 10^{-2}\times\frac{a^6}{D}\right)} = \frac{p_0}{T_0}\times\frac{1}{41.3\times\frac{D}{a^6} + \frac{p_0}{V_0}} \tag{6.7.51}$$

电容为

$$C_{\mathrm{G}} = \varepsilon_0\int_A\frac{\mathrm{d}x\mathrm{d}y}{z_0 - w(x,y)} \tag{6.7.52}$$

使用变形量 $w(x, y)$ 和式（6.7.14），可以计算电容 C_{G} 的电容温度系数。对于工作点附近的电容 C_{G0}（（$\Delta T = 0$，因此 $w(x, y) = 0$)，有

$$C_{\mathrm{G0}} = \varepsilon_0\frac{a^2}{z_0} \tag{6.7.53}$$

与面积相关的电容为

$$C''_G = \frac{\varepsilon_0}{z_0} \tag{6.7.54}$$

随着电容的变化

$$\frac{\mathrm{d}C''_G}{\mathrm{d}z} = -\frac{\varepsilon_0}{z_0^2} \tag{6.7.55}$$

变化量 dz 对应于式（6.7.43）中的变形量 w（x，y），即

$$\mathrm{d}z = w(x,y) \tag{6.7.56}$$

这样就可以使用式（6.7.55）对电容面积 A_G 进行积分，从而计算电容变化为

$$\mathrm{d}C_G = \int_{A_G} \mathrm{d}C''_G \mathrm{d}A = -\frac{\varepsilon_0}{z_0^2} W \mathrm{d}T \tag{6.7.57}$$

这意味着，电容变化与体积变化成正比。因此，电容温度系数为

$$\mathrm{TCC} = -\frac{\varepsilon_0}{z_0^2}\frac{1}{C_{G0}}W = -\frac{W}{z_0 a^2} \tag{6.7.58}$$

例 6.25　微型戈莱盒的电容温度系数。

假设一个微型戈莱盒，其硅基体探测器面积为 4mm × 4mm，戈莱盒深度 h = 500μm。在计算弯曲板的体积和尺寸时，必须考虑其与硅基体所成 55°的倾斜角度，则弯曲板的边长 a 变为

$$a = b - 2(h\tan 55°) = 2.57(\mathrm{mm}) \tag{6.7.59}$$

式中：b 为探测器边长，b = 4 mm。

戈莱盒体积为

$$V_0 = a^2 h + 4\left[a\left(\frac{b-a}{2}\right)\frac{h}{2}\right] = 5.14(\mathrm{mm}^3) \tag{6.7.60}$$

当板厚 d = 0.2 μm，弹性模量 E = 330MPa，泊松比 v = 0.3 时，根据式（6.7.44）得到板的弯曲强度为

$$D = \frac{3.3\times 10^8 \mathrm{N/m^2} \times (0.2\mu\mathrm{m})^3}{12\times(1-0.3)} = 3.14\times 10^{-13}(\mathrm{N\cdot m}) \tag{6.7.61}$$

对于体积变化量 ΔV，则有

$$\Delta V = 2.42\times 10^{-2} \times \frac{(2.57\mathrm{mm})^6}{3.14\times 10^{-13}\mathrm{N\cdot m}}\Delta p = 2.23\times 10^{-5}\Delta p(\mathrm{m^5/N}) \tag{6.7.62}$$

对于压力变化量 Δp，可按照式（6.7.49）计算：

$$\Delta p = \frac{1\times 10^5 \mathrm{N/m^2}}{300\mathrm{K}} \frac{\Delta T}{\frac{1\times 10^5\mathrm{N/m^2}}{5.14\times 10^{-9}\mathrm{m^3}} \times \left(2.42\times 10^{-2}\times\frac{(2.57\mathrm{mm})^6}{3.14\times 10^{-13}\mathrm{N\cdot m}}\right)} = 7.7\times 10^{-7}\Delta T(\mathrm{N/(m^2\cdot K)}) \tag{6.7.63}$$

现在可以使用式（6.7.43）计算弯曲板的变形量。图6.7.4为温度变化$\Delta T=0.1\mathrm{K}$时弯曲板的变形情况，最大形变处在中间位置（$x=y=0$），有

$$w_{\max}=w(x=0,y=0)=228(\mathrm{nm})$$

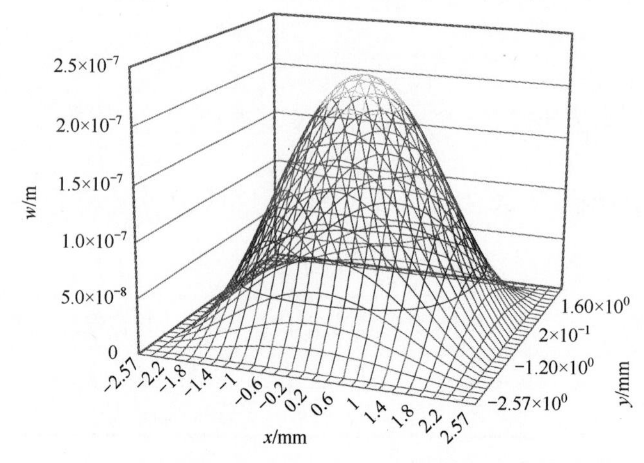

图6.7.4　温度变化$\Delta T=0.1\mathrm{K}$时弯曲板的变形情况

对式（6.7.42）中各项的计算结果如下：

$$\frac{\Delta p}{p0}=\frac{7.7\times10^{-7}\Delta T}{1\times10^{5}}=7.7\times10^{-12}\Delta T/\mathrm{K} \tag{6.7.64}$$

$$\frac{\Delta V}{V_0}=\frac{W\Delta T}{5.14\times10^{-9}}=3.33\times10^{-3}\Delta T/\mathrm{K} \tag{6.7.65}$$

$$\frac{\Delta T}{T_0}=\frac{\Delta T}{300\mathrm{K}}=3.33\times10^{-3}\Delta T/\mathrm{K} \tag{6.7.66}$$

这意味着，压力变化$\Delta p/p_0$可以忽略不计，且有

$$\Delta V\approx\frac{V_0}{T_0}\Delta T \tag{6.7.67}$$

根据式（6.7.51）可以得到与上述相同的结果，即由于

$$\frac{D}{a^6}\ll\frac{p_0}{V_0} \tag{6.7.68}$$

则有

$$W=\frac{V_0}{T_0} \tag{6.7.69}$$

这意味着弯板的弯曲刚度在实践中不会产生任何实质性影响。压力板只要具有足够的弹性就能屈服于压力。因此，电容温度系数变为

$$\mathrm{TCC}=-\frac{V_0}{T_0}\frac{1}{z_0a^2} \tag{6.7.70}$$

本例的计算结果为

$$\mathrm{TCC} = -\frac{5.14\times10^{-9}\mathrm{m}^3}{300\mathrm{K}}\frac{1}{5\mu\mathrm{m}\times(2.57\mathrm{mm})^2} = -0.518/\mathrm{K} \quad (6.7.71)$$

这是一个非常大的值。当实际温度变化 ΔT 通常在几个毫升的范围内时，就可以认为这是正确的。

通常应用如图 6.7.2 所示的半桥电路来评估电容变化。由式（6.7.16）、式（6.7.53）、式（6.7.57）和式（6.7.67）可得电压变化为

$$\Delta V_S = -V_E\frac{C_{G0}}{C_E}\frac{V_0}{T_0 z_0 a^2}\Delta T = V_E\frac{C_{G0}}{C_E}\times\mathrm{TCC}\times\Delta T \quad (6.7.72)$$

利用式（6.2.4）得到的电压响应率为

$$R_V = \frac{a}{G_{th,G}}\frac{V_E C_{G0}}{C_E}\mathrm{TCC} \quad (6.7.73)$$

根据式（4.2.10），电容性读出电路表明主要电噪声是 kTC 噪声。因此，NEP 为

$$\mathrm{NEP} = \sqrt{\frac{k_B T_S}{C_{G0}+C_E}}\frac{G_{th,G}}{a}\frac{C_E}{V_E C_{G0}}\frac{1}{\mathrm{TCC}} \quad (6.7.74)$$

例 6.26　微型戈莱盒探测器的热分辨率。

下面估算例 6.25 中微型戈莱盒探测器的温度分辨率 NETD。为此，首先必须计算探测器的热导 G_{th}。吸收器中产生的热量基本上通过戈莱盒中的气体（空气）传递到基板上，流入基体的热量可忽略。由于弯板和基板之间的距离很小，可将其视为热地面，有

$$G_{th,G} = \frac{\lambda_{Air}a^2}{h} = \frac{0.025\mathrm{W}/(\mathrm{K}\cdot\mathrm{m})\times(2.57\mathrm{mm})^2}{0.5\mathrm{mm}} = 3.3\times10^{-4}\mathrm{W/K} \quad (6.7.75)$$

根据式（6.7.52），则电容 C_{G0} 为

$$C_{G0} = \varepsilon_0\frac{a^2}{z_0} = 8.854\times10^{-12}\mathrm{A\cdot s/(V\cdot m)}\frac{(2.567\mathrm{mm})^2}{5\mu\mathrm{m}} = 11.7\mathrm{pF} \quad (6.7.76)$$

根据式（6.7.70），在完全吸收辐射（$a=1$）和偏置电压 $V_E=1\mathrm{V}$ 的条件下，电压响应率为

$$R_V = \frac{1}{3.3\times10^{-4}\mathrm{W/K}}\frac{1\mathrm{V}\times11.7\mathrm{pF}}{11.7\mathrm{pF}}\frac{0.52}{\mathrm{K}} = 1571\mathrm{V/W} \quad (6.7.77)$$

由式（4.2.10）可得 kTC 噪声为

$$\tilde{V}_{R,a} = \sqrt{\frac{k_B\times300\mathrm{K}}{2\times11.7\mathrm{pF}}} = 13.3\mu\mathrm{V} \quad (6.7.78)$$

噪声等效功率变为

$$\mathrm{NEP}=\frac{\tilde{V}_{\mathrm{R,a}}}{R_{\mathrm{V}}}=\frac{13.3\mu\mathrm{V}}{1571\mathrm{V/W}}=8.5\mathrm{nW} \tag{6.7.79}$$

根据式（5.4.9），当 $F=1$，$T_0=27℃$时，计算 8 ~ 14μm 波长范围内微型戈莱盒探测器的 NETD，则有

$$\mathrm{NETD}=\frac{4k^2+1}{A_{\mathrm{S}}}\frac{\mathrm{NEP}}{I_{\mathrm{M}}}=\frac{5}{(4\mathrm{mm})^2}\frac{8.5\times10^{-9}\mathrm{W}}{2.64\mathrm{W/(m^2\cdot K)}}=0.001\mathrm{K} \tag{6.7.80}$$

该例表明微型戈莱盒探测器具有非常好的温度分辨率，但缺点是结构相对复杂和坚固性有限。

6.8 热探测器的比较

不同类型的热探测器只能根据将温度变化 ΔT 转换为输出信号（主要是电压 ΔV）方式的差异加以区分，因此所有热探测器的设计意图都是力求使探测器元件温度变化的最大化。根据式（6.2.11）和式（6.2.32），这就要求探测器元件隔热最大化，同时厚度最小，以获得较小的热时间常数。所有其他参数，如探测器元件的尺寸和形状、外壳等，则通常根据应用需求确定。表 6.8.1对本书中介绍的热探测器的几种主要特性进行了比较。

表 6.8.1　热探测器特性的比较

工作原理	探测器类型	输出信号与温度的关系	确定材料参数	热分辨率极限	备注
能量转换器	热电（热电偶）	ΔT	α_{S}	$\frac{\sqrt{M}}{2}$BLIP	M：与材料相关
参数转换器	热释电	$\frac{\mathrm{d}T}{\mathrm{d}t}$	π_{P}	BLIP	
	微测辐射热计	T	$\alpha_{\mathrm{B}}=\mathrm{TCR}$	BLIP	要求真空
	双压电晶片	T	TCC	BLIP	要求真空
	微型戈莱盒	T	TCC	BLIP	

热释电探测器专门检测随时间变化的信号，因此主要应用领域是运动检测器，其中待测物体（如人体）已经通过其运动产生变化信号。热电探测器的其他重要应用领域是高温计和光谱器件。在高温计中，入射辐射通常通过机械和时间调制，如通过旋转盘（斩波器）。在这种情况下，使用斩波器的温度作为参考信号。在光谱学中，如气体分析装置，通常使用脉冲辐射源。热释电探

测器的优点是结构简单，价格低廉，检测率高，长期稳定性好；缺点是需要斩波器（而这在运动检测器中却成了优点），以及它们对振动（颤噪效应）非常敏感。

由于微机械制造工艺的巨大进步，热电探测器（热电堆）是一种价格低廉、应用广泛的热敏传感器，并且不需要斩波器。它们的主要应用领域是低频非接触式温度测量，一个非常流行的例子是耳温计。热电堆的一个重要优势是，它们可以很容易地利用半导体制造的标准技术进行集成，从而实现低成本的大规模生产；缺点是必要的参考点温度以及由此带来的相当复杂的信号评估。良好的温度分辨率需要许多串联的热电偶（热电堆），但所需的空间限制了热电传感器的小型化。

微测辐射热计专门用于热成像系统中的成像探测器，它们也不需要斩波器。微测辐射热计的优点是它们与半导体标准制造工艺具有的良好兼容性，探测器像素与其各自的布线连接的空间能够简单集成，简单的信号读出电路，良好的长期稳定性和对机械振动不敏感；缺点是像素的工作环境应为真空。

双晶型探测器是近几年发展起来的一种新型传感器，目前仍处于实验阶段。原则上，它们具有与微测辐射热计相同的潜力。然而，还存在许多问题如机械噪声、长期稳定性或颤噪效应等，尚未得到解决。

微型戈莱盒体积相对较大，它们基本上仅用于实验室中的特殊应用，例如太赫兹辐射的检测。

对于热探测器，还有其他几种信号评估方法，如用 PN 结测量探测器元件温度[29]。但是，它们还没有任何实际意义。由于几乎所有的物理效应都取决于温度，因此参数型探测器的原理的其他选项似乎是可能的并且可以开发出来。

对于热传感器，还有其他几个信号评估过程，如使用 PN 结[29]测量传感器元件的温度。然而，它们还没有实际意义。由于几乎所有的物理效应都依赖于温度，因此参数传感器工作原理还可以进一步研究和发展。

参考文献

[1] Gerlach, G. and D€otzel, W. (2007) Introduction to Microsystem Technology, JohnWiley & Sons Ltd, Chichester.

[2] Erikson, P., Andersson, J. Y. and Stemme, G. (1997) Thermal characterization of surface-micromachined silicon nitride membrans for thermal infrared detectors. Journal of Microelectromechanical Systems, 6 (1), 55 - 61.

[3] Graf, A., Arndt, M., Sauer, M. and Gerlach, G. (2007) Review of micromachined thermopiles for infrared detection. Measurement Science and Technology, 18, R59 - R75.

[4] V€olklein, F., Wiegand, A. and Baier, V. (1991) High-sensitivity radiation thermopiles made of Bi-Sb-Te

Films. Sensors and Actuators A, 29, 87 - 91.

[5]Ghanem, W. (1999) Development and Characterization of a Sensor for Human Information: a Contribution to Innovative House Technique; Erlanger Berichte Mikroelektronik, Shaker Verlag, Aachen.

[6]Birkholz, U., Fettig, R. and Rosenzweig, J. (1987) Fast semiconductor thermoelectric devices. Sensors and Actuators, 12, 179 - 184.

[7]PerkinElmar Optoelectronics GmbH, (2001) Remote temperature measurement with PerkinElmer thermopile sensors (pyrometry): A practical guide to quantitative results.

[8]Van Herwaarden, A. W. and Sarro, P. M. (1986) Thermal sensors based on the Seebeck effect. Sensors and Actuators, 10, 321 - 346.

[9]Tichy, J. and Gautschi, G. (1980) Piezoelektrische Meßtechnik (Piezoelectric Measurement Technology), Springer-Verlag, Berlin.

[10]Moulson, A. J. and Herbert, J. M. (2003) Electroceramics, John Wiley & Sons Ltd, Chichester.

[11]Ivers-Tiffee, E. and von M€unch, W. (2007) Werkstoffe der Elektrotechnik (Materials in Electrical Engineering), Stuttgart, B. G. Teubner Verlag.

[12]Kittel, Ch. (2004) Introduction to Solid State Physics, 8th edn, John Wiley& Sons Ltd, Chichester.

[13]Shvedov, D. (2008) Beschleunigungsempfindlichkeit Pyroelektrischer Sensoren (Acceleration Sensitivity of Pyrolelectric Sensors), Dissertation, TUDpress, TU Dresden.

[14]Norkus, V., Gerlach, G., Shvedov, D. et al. (2008) Acceleration sensitivity of pyroelectric single-element detectors based on lithium tantalate. Proc. IRS2, AMA Fachverband f€ur Sensorik, pp. 283 - 287.

[15]Neumann, N. and S€anze, H. (2008) How to reduce the microphonic effect in pyroelectric detectors? AMA Fachverband f€ur Sensorik. Proc. IRS2, pp. 277 - 282.

[16]Muralt, P. (2005) Micromachined infrared detectors based on pyroelectric thin films, in Electroceramic-based MEMS: Fabrication-Technology and Applications (ed. N. Setter), Springer Science + Business Media.

[17]Tissot, J. L., Rothan, F., Vedel, C. et al. (1998) LETI/LIR's uncooled microbolometer development. SPIE, 3436, 605 - 610.

[18]Kruse, P. W. and Skatrud, D. D. (1997) Uncooled Infrared Imaging Arrays and Systems; Semiconductors and Semimetals, vol. 47, Academic Press, London.

[19]Technical Data Package UL03081; ULIS (Frankreich); 05. 11. 2004.

[20]Data sheet U3000AR; Boeing (USA); Mai (1999).

[21]Hanson, C. M., Beratan, H. R. and Arbuthnot, D. L. (2008) Uncooled thermal imaging with thin-film ferroelectric detectors. Proceedings of SPIE, Vol. 6940, 694025 - 1 - 694025 - 12.

[22]Hunter, S. R., Maurer, G., Jiang, L. and Simelgor, G. (2006) High sensitivity uncooled microcantilever infrared imaging arrays. Proceedings of SPIE, Vol. 6206, 62061J - 1 - 12.

[23]Ivanova, K., Ivanov, Tzv. and Rangelow, I. W. (2005) Micromachined arch-type cantilever as high sensitivity uncooled infrared detector. Journal of Vacuum Science & Technology, B23(6), 3153 - 3157.

[24]Kwon, I. W., Kim, J. E., Hwang, C. H. et al. (2008) A high fill-factor uncooled infrared detector with low noise characteristic. Proceedings of SPIE, 6940, 694014J - 1 - 10.

[25] Golay, M. J. E. (1947) A pneumatic infra-red detector. The Review of Scientific Instruments, 18, 5, 357 - 362.

[26]Yamashita, K., Murata, A. and Okuyama, M. (1998) Miniturised infrared sensor using diaphragm based

戈莱盒. Sensors and Actuators A, 66, 29 - 32.

[27] Kenny, T. W. (1997) Tunneling infrared sensors, in Uncooled Infrared Imaging Arrays and Systems; Semiconductors and Semimetals, Vol. 47 (eds P. W. Kruse and D. D. Skatrud) Academic Press, pp. 227 - 267.

[28] Dym, C. L. and Shames, I. H. (1973) Solid Mechanics: A Variational Approach, McGraw-Hill, New York.

[29] Ishikawa, T., Ueno, M., Endo, K. et al. (1999) Low-cost 320 × 240 uncooled IRFPA using conventional silicon IC process. SPIE, Vol. 3698, 556 - 564.

[30] Logan, R. M. and McLean, T. P. (1973) Analysis of thermal spread in a pyroelectric imaging system. Infrared Physics, 3, 15 - 24.

[31] Erdtmann, M., Zhang, L., Jin, G. et al. (2009) Optical readout photomechanical imager: from design to implementation. SPIE Conference on Infrared Technology and Application XXXV, SPIE, Vol. 7298, pp. I-1 - I-7.

第7章　热红外探测器的应用

7.1　综述

热红外探测器的主要应用领域是非接触式温度测量装置（高温计和热成像装置）、运动探测器、光谱仪和气体分析仪。表1.1.1给出了这些系统的一般测量链。

有关功能探测器参数的描述，参见第5章和第6章，包括热分辨率（探测率D^*）、空间分辨率（MTF）、时间分辨率（时间常数）。这些参数适用于与特定应用无关的所有领域，不同的应用领域对探测器提出了不同的要求。所需的功能参数和尺寸参数对计算很重要，例如探测器面积，它们是辐射源、传输路径、成像系统和探测器相互作用的结果。

对于辐射源的描述，通常假设为灰体，即一个发射率$\varepsilon<1$且与波长无关的黑体。如果能够为选定的波长范围确定合适的波段发射率，这些灰体通常足以描述自然辐射体。

原则上，热辐射体以其温度和发射率进行表征（见例3.4）。对于非热辐射体，必须考虑到除第2章和第5章所述的其他关系可能适用于辐射在路径上的传播以及光学投影，如激光发出的相干辐射，因此其光学参数（5.5节）和空间分辨率（MTF，5.6节）等的计算不适用于此处描述的方式。

考虑到辐射源，传输路径的传输决定了可使用的波长范围。传输路径要么不影响测量（如用于温度测量），要么它包括测量对象（如用于气体分析）。

如果使用大气作为传输路径，就只能使用大气窗口（图1.1.1）。最好的情况是辐射源的最大辐射出射度正好处于选定的波长范围内（维恩位移定律；式（2.3.6））。

成像系统通常由光学系统和滤光片组成，主要是将辐射汇聚到探测器元件上（5.5节）。对于简单成像系统，通常标配一个光学镜头。热成像系统还使用颜色校正透镜系统（至少两个透镜）。滤光片决定测量系统的波长范围，如光谱仪使用光栅和棱镜对辐射进行光谱分解。光学系统和滤光片一般集成到成像系统外壳上。

对于探测器的选择，主要参考下列功能参数：

(1) 黑体和光谱响应率 (5.1 节);
(2) 噪声电压/电流 (第 4 章);
(3) 噪声等效功率 (5.2 节);
(4) 探测率 (5.3 节);
(5) 探测器元件响应率的均匀性 (5.1 节);
(6) 一致性 (5.1 节);
(7) 时间常数 (5.1 节)。

为了计算功能参数，还需要一些设计参数，包括:
(1) 探测器元件的形状和面积;
(2) 孔径角度和视场 (5.5 节);
(3) 整个传感器的设计和尺寸。

如果已经确定了功能需求和设计参数，可以选择温度分辨率 NETD (5.4 节) 和空间分辨率 MTF (5.6 节)。

探测器的其他重要参数是工作参数:
(1) 偏置电流或电压;
(2) 电阻、电容;
(3) 信号输出类型，模拟或数字;
(4) 工作温度范围;
(5) 恒温和相应必需的电源以及可靠性参数;
(6) 储存和工作温度限制;
(7) 生命周期;
(8) 冲击、振动和颤噪效应。

7.2 高温测量

测量电磁辐射的装置称为辐射计或辐射测量仪。以非接触方式测量物体表面温度电磁辐射的装置称为高温计。

7.2.1 设计

图 7.2.1 示出了高温计的结构。

通常这些设备由表 7.2.1 所示的结构组件组成。

透镜系统收集被测对象发出的红外辐射。干涉边缘光线被孔径遮挡。滤光片决定光谱范围。如表 7.2.2 所示，可以在非常小 (光谱、比色高温计) 或非常大 (波段辐射高温计) 的波长范围内测量，也可以利用几乎整个光谱进行测量 (总辐射高温计)。

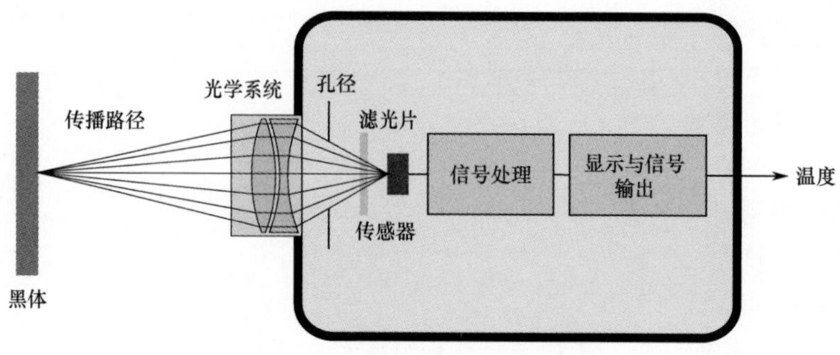

图 7.2.1 高温计的结构原理图

表 7.2.1 高温计结构组件及其功能[1-2]

组件	功能
测量对象（辐射源）	通常看作灰体（光谱或总发射率 $\varepsilon < 1$ 的黑体，参考式（2.2.33）或式（2.2.34））
调制器（传输路径）	周期性地中断光路（交变光法，参见例 6.2.2）
光学系统（成像系统）	汇聚测量对象发出的辐射（参见图 5.5.1，例 5.10）； 确定测量场（横向分辨力）； 通过视场影响热分辨率的方法； 使用滤光片限制光谱范围（式（2.25）~式（2.27））
传感器	将入射（投射）辐射转换为电信号（主要是热电堆或热释电传感器，参见 6.4 节、6.5 节）
传感器信号处理	以尽可能低的噪声放大（参考热电传感器的示例 6.5.3 和 6.5.4）； 分别实现最佳信噪比或最大探测率 D^*（式（6.5.78）或式（6.5.79））； 补偿环境温度波动的干扰； 包括计算测量温度值时的发射率（式（2.2.32）或式（2.2.34））； 线性化输出信号； 模拟的和/或数字的

表 7.2.2 高温计设计[2]

类型	功能	应用
光谱高温计	在非常小的波长范围内测量（$\lambda_1 - \lambda_2 \ll \lambda_{1,2}$）； 由干涉滤光片或特殊光子探测器确定波长范围	只有一小类具有高发射率 ε 的材料（金属，玻璃：$\lambda \approx 5\mu m$）
波段辐射高温计	与光谱高温计类似，只是波长范围更大（如 $\lambda_1 - \lambda_2 = 8 \sim 13\mu m$）	在特定波长范围内具有较高且稳定发射率 ε 的材料（如有机材料）
总辐射高温计	被测物体 90% 以上的辐射被检测到； 需要波段有源/透明镜头、滤光片和探测器	精度要求较低的应用场合（大气窗口和 $\varepsilon(\lambda)$ 造成的测量误差较大）

（续）

类型	功能	应用
比色高温计	测量 λ_1 和 λ_2 两种不同波长下的辐射通量，其中 $\lambda_1 < \lambda_2$（如 0.95μm 和 1.05μm），形成商并用于计算温度	困难的测量任务，如高温、遮挡视线（烟雾、颗粒物）、较小的测量对象（最多占测量视场的 10%）以及发射率未知等
四色高温计	同时测量四个不同光谱范围内的辐射通量；自适应发射率校正与教学	用于较小的和暂时不稳定的发射率

探测器主要采用热电堆或热释电传感器。信号处理采用现代微处理器技术。接口通常使用 RS－232、RS－485 或 USB。然而，也有使用 4～20mA 和 0～10V 的模拟输出信号。

根据交变光原理工作的高温计在光路中具有机械调制器，通常是摆动式或多叶片式斩波器（图 6.1.1）。因此，光路周期性地中断，探测器一方面测量目标辐射与（恒温）斩波器之间的差异，另一方面测量具有最小带宽的探测信号。这两种方法都提高了探测能力，从而能够获得更小的 NETD 值。

高温计还可以配备如下的其他组件。

（1）瞄准装置：通过镜头取景器或激光指示器，指示测量场及其中心。

（2）吹气帽：保护光学元件免受灰尘或颗粒物的影响，并防止因冷凝而起雾。

（3）冷却装置：辐射板、水冷板或冷却外壳。

7.2.2　实际辐射体的发射率

实际辐射体只能被认为是灰体的近似（图 7.2.2）。

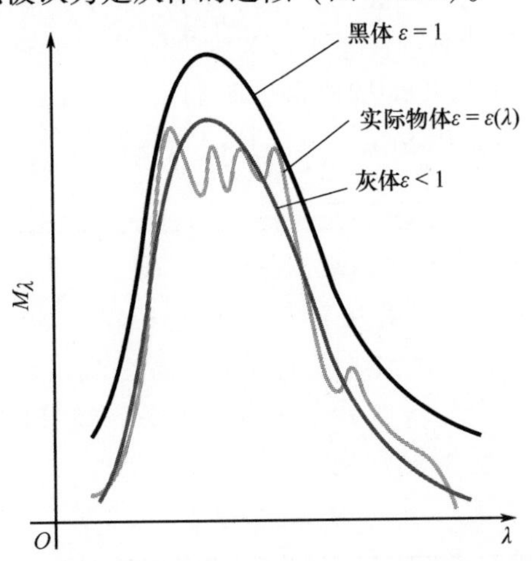

图 7.2.2　相同温度下黑体、灰体和实际辐射体的光谱辐射度

实际辐射体的发射率在越多的波段范围内呈现为常数，则与灰体的近似程度就越高（表 7.2.3）。

表 7.2.3 技术处理后材料表面的发射率 ε[2]

材料类型	材料名称	光谱范围		
		1.4 ~ 1.8μm	4.9 ~ 5.5μm	8 ~ 14μm
金属	钢，抛光	0.30 ~ 0.40	0.10 ~ 0.30	0.10 ~ 0.30
	钢，轧制	0.35 ~ 0.50	0.20 ~ 0.30	0.20 ~ 0.30
	钢，氧化	0.80 ~ 0.90	0.70 ~ 0.90	0.60 ~ 0.80
	铜，抛光	0.06 ~ 0.20	0.05 ~ 0.10	0.03 ~ 0.10
	铜，氧化	0.40 ~ 0.80	0.20 ~ 0.70	0.20 ~ 0.70
	铝，抛光	0.05 ~ 0.25	0.03 ~ 0.15	0.02 ~ 0.15
	铝，电镀	0.10 ~ 0.40	0.10 ~ 0.40	0.95
非金属	煤，石墨	0.70 ~ 0.95	0.70 ~ 0.95	0.70 ~ 0.95
	石头，土，陶瓷	0.40 ~ 0.70	0.50 ~ 0.80	0.60 ~ 0.95
	涂料，油漆	—	0.60 ~ 0.90	0.70 ~ 0.95
	木材，塑料，纸	—	0.60 ~ 0.90	0.80 ~ 0.95
	纺织品	0.70 ~ 0.85	0.70 ~ 0.95	0.75 ~ 0.95
	薄玻璃	0.05 ~ 0.20	0.70 ~ 0.95	0.75 ~ 0.95
	水，雪，冰	—	—	0.90 ~ 0.95

要用高温计测量被测物体的表面温度，就必须知道被测物体的发射率 ε。通常，将被测对象的发射率及其环境温度输入高温计，这两个值用于在传感器信号处理过程中计算温度。但是，金属的发射率是个问题：对于抛光表面来说，该值很低且随着波长的增加而减少；氧化或磨损的表面则具有相当高的发射率，且与温度和波长高度相关；光亮的金属表面反射最为强烈，甚至会改变测量条件。因此，金属是高温测量中最为困难的被测对象。

玻璃在小于 3μm 的波长范围内是透明的，而在 4 ~ 9μm 之间具有很高的发射率。实际上，主要使用 5μm 左右的波长，该波段大气透射率高，玻璃几乎不反射。

例 7.1 发射率错误假设下总辐射测量的系统偏差 ΔT

下面分析在使用黑体及其发射率 $\varepsilon = \varepsilon_0 + \Delta\varepsilon$（$\Delta\varepsilon$ 为发射率偏差）校准高温计后，给高温计示值温度带来的系统偏差 ΔT。

对于总辐射高温计（指数 T），与面积有关并投射到高温计探测器上的辐射通量 M 可由式（2.3.8）得出：

$$M = \varepsilon_T \sigma T_T^4 \qquad (7.2.1)$$

在正确发射率（ε_T）和错误假设发射率（$\varepsilon_T+\Delta\varepsilon$）条件下，辐射通量相同，则有

$$\varepsilon_T\sigma T_T^4 = (\varepsilon_T + \Delta\varepsilon)\sigma(T_T + \Delta T_T)^4 \tag{7.2.2}$$

变形后可得

$$\Delta T_T = \left(\frac{1}{\sqrt[4]{1+\dfrac{\Delta\varepsilon}{\varepsilon_T}}} - 1\right)T_T \tag{7.2.3}$$

通过近似方法

$$\frac{1}{(a+x)^n} \approx \frac{1}{a^n} - \frac{nx}{a^{n+1}}$$

根据的 $x=a$ 泰勒级数，可以推出

$$\Delta T_T \approx -\frac{1}{4}\frac{\Delta\varepsilon}{\varepsilon_T}T_T \tag{7.2.4}$$

图 7.2.3 示出了总辐射高温计输入错误的发射率值 $\Delta\varepsilon/\varepsilon_T$ 对计算温度的影响。

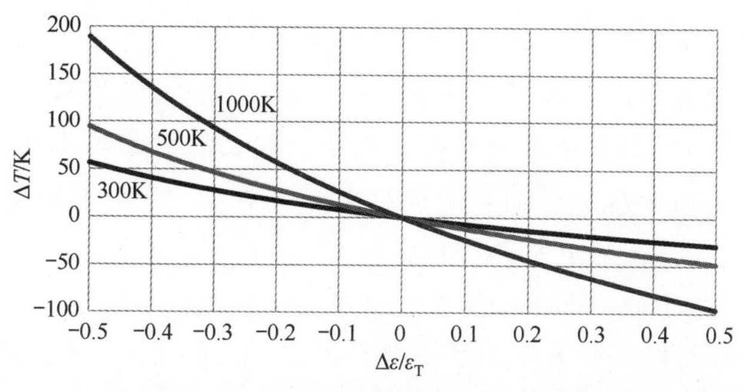

图 7.2.3 由于发射率的错误假设给总辐射高温计造成的系统偏差 ΔT
（参数：目标温度 T_T）

例 7.2 比色高温计的测温偏差。

如果辐射功率足够高，就能够在很小的光谱范围内进行测量，可以认为在这些光谱范围内物体的发射率 ε_S（S 为光谱标志）是恒定值。波长范围 $\lambda_1 \sim \lambda_2$ 要明显小于波长的中值 $\lambda_S((\lambda_2-\lambda_1) \ll \lambda_S = (\lambda_2+\lambda_1)/2)$。由式（2.3.7），采用近似值 $\exp\{c_2/(\lambda_S T)\} \gg 1$（误差小于 1%）的情况下，则辐射出射度为

$$M \approx \varepsilon_S\int_{\lambda_1}^{\lambda_2}\frac{c_1}{\lambda^5}\frac{1}{\exp\left\{\dfrac{c_2}{\lambda T}\right\}}d\lambda \tag{7.2.5}$$

利用积分法，如例 2.3.1 所示，应用式（2.3.17），特定辐射出射度为

$$M \approx \varepsilon_{S} \frac{c_1 T^4}{c_2^4} \exp\{-x\}(x^3+3x^2+6x+6) \tag{7.2.6}$$

式中

$$x \approx \frac{c_2}{\lambda_S T} \tag{7.2.7}$$

现在来确定这两种特定辐射出射度的商：

$$\frac{M_1}{M_2} = \frac{\varepsilon_{S1}}{\varepsilon_{S2}} \frac{\exp\{-x_1\}(x_1^3+3x_1^2+6x_1+6)}{\exp\{-x_2\}(x_2^3+3x_2^2+6x_2+6)} \approx \frac{\varepsilon_{S1}}{\varepsilon_{S2}} \frac{\exp\{-x_1\}}{\exp\{-x_2\}} \tag{7.2.8}$$

式中

$$x_1 \approx \frac{c_2}{\lambda_{S1} T} \tag{7.2.9}$$

$$x_2 \approx \frac{c_2}{\lambda_{S2} T} \tag{7.2.10}$$

为了四舍五入，假设中心波长 λ_{S1} 和 λ_{S2} 很接近。如果发射率为常数（$\varepsilon_{S1} = \varepsilon_{S2}$），则测量结果与发射率无关。比色测量法的优点在于发射率的变化不影响测量结果。如果测量对象不是灰体，则会有测量偏差：

$$\Delta\left(\frac{M_1}{M_2}\right) = \frac{\varepsilon_{S1}}{\varepsilon_{S2}} \frac{\exp(-x_1)}{\exp(-x_2)} - \frac{\exp(-x_1)}{\exp(-x_2)} \tag{7.2.11}$$

将式（7.2.11）设为零，可以计算出以 T_M 为测量温度，$\Delta T = T_M - T$ 为实际温度的系统测量偏差为 $\Delta T = T_M - T$，即

$$\frac{\varepsilon_{S1}}{\varepsilon_{S2}} \exp\left(\frac{\lambda_{S1}-\lambda_{S2}}{\lambda_{S1}\lambda_{S2}} \frac{c_2}{T_M}\right) = \exp\left(\frac{\lambda_{S1}-\lambda_{S2}}{\lambda_{S1}\lambda_{S2}} \frac{c_2}{T}\right) \tag{7.2.12}$$

经简单变形后，可得

$$\left(\frac{1}{T} - \frac{1}{T_M}\right) = \frac{1}{c_2} \frac{\lambda_{S1}\lambda_{S2}}{\lambda_{S1}-\lambda_{S2}} \ln \frac{\varepsilon_{S1}}{\varepsilon_{S2}} \tag{7.2.13}$$

式中

$$\frac{1}{T} - \frac{1}{T_M} = \frac{T_M - T}{T T_M} = \frac{\Delta T}{T} \frac{1}{T_M} \tag{7.2.14}$$

因此，温度偏差可写为

$$\frac{\Delta T}{T} = \frac{T_M}{c_2} \frac{\lambda_{S1}\lambda_{S2}}{\lambda_{S1}-\lambda_{S2}} \ln \frac{\varepsilon_{S1}}{\varepsilon_{S2}} \tag{7.2.15}$$

7.3 热成像相机

热成像相机（又称热像仪、热成像系统、红外相机）是一种近似场景温度分布的成像系统。它们以二维图像（热图像、红外图像）表示人体或物体发出的辐射。物体发出的辐射由物体自身的辐射、反射的环境辐射以及可能的背景辐射所组成。因此，热图像仅形成了对一个场景温度分布的近似表达。

带有热红外探测器的热成像相机也称为非制冷热成像相机，主要用于环境温度范围内的测量任务，因此通常在远红外范围（$\lambda = 8 \sim 13\mu m$）的大气窗口中工作；而在中红外波段（$\lambda = 3 \sim 5\mu m$），非制冷热成像相机仅适用于特定的应用场合，主要是高温测量[8]。

热成像相机的工作原理与传统相机在可见光光谱范围内的工作原理基本一致（图7.3.1），其中每个像素都可以看作一个高温计（7.2节）。因此，下面有选择性地仅对与探测器阵列相关的内容进行描述。

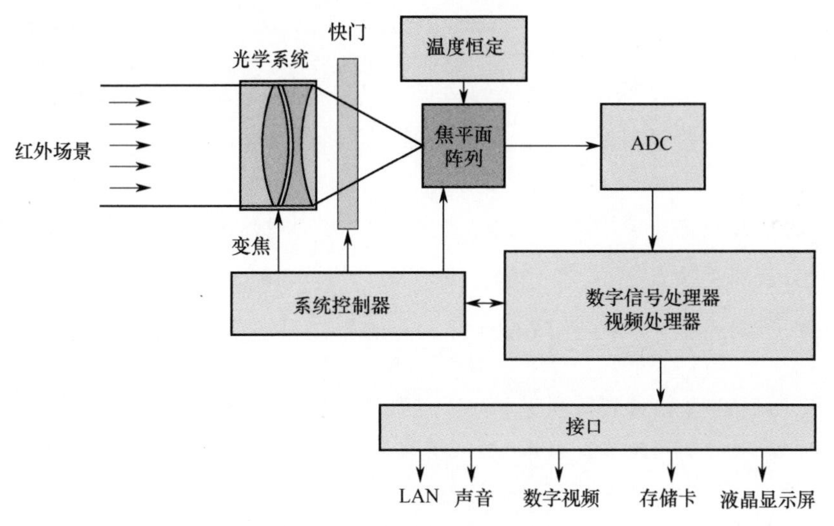

图7.3.1 热成像装置的设计

7.3.1 设计

图7.3.1示出了热成像相机的原理结构。红外光学系统将测量场景投射到图像探测器上。光学透镜由锗、硅或在远红外范围内具有高透射率的特殊玻璃制成。对于非制冷相机，通常使用大孔径光学器件（$F<1.4$）。自动对焦和变焦光学器件是目前最先进的技术。可实现的最小空间分辨率是在一个统一的尺度上产生的，即物体以1:1的比例投射到探测器阵列上（红外显微镜）。

光学通道的系统阻断组件是快门。它通过循环关闭，实现系统的重新校准。循环周期取决于相机的温度变化，特别是光学通道的温度变化，通常为几分钟。快门时间需要几百毫秒，这可能会干扰测量过程，因此通常将快门设置为触发式。这意味着，可以在特定时刻重新校准系统并关闭光学通道而不会干扰测量（例7.3）。

例7.3 相机自身辐射对热成像的影响。

单个像素接收的辐射照度等于物体自身的辐射 L_O 及其周围环境辐射 L_C 之和（图6.1.3）。本例中环境指的是相机外壳的内部环境：

$$E = L_O\omega_{FOV} + L_C\omega_C \tag{7.3.1}$$

式中：ω_C 为相机外壳辐射立体角的减小量，且有

$$\omega_C = \pi - \omega_{FOV} \tag{7.3.2}$$

为了防止光学通道中的反射，相机内部被涂黑。因此，相机可以看作黑体，则辐射为

$$L_C = \frac{\sigma}{\pi}T_C^4 \tag{7.3.3}$$

如果物体的辐射 L_O 是恒定的，但相机内部的温度 T_C 发生变化，那么每个像素接收的辐射照度也会发生变化，则辐射照度的变化量为

$$\Delta E = \Delta L_C\omega_C \tag{7.3.4}$$

由于每个像素立体角 ω_{FOV}（3.2.2.2节）的缩减量不同，所以每个像素的辐射照度变化也不同。由式（7.3.2）和式（3.2.40）可得

$$\omega_C = \frac{\pi}{2}\left(1 + \frac{a^2 + h^2 - r^2}{\sqrt{(a^2 + h^2 - r^2)^2 - 4r^2a^2}}\right) \tag{7.3.5}$$

式中：a 为单个像素到阵列光学中心的距离。

即使对于 f 数为 $F=1$ 的大口径光学镜头，相机辐射的减小立体角也比目标场景的要大得多（如图3.2.8和图3.2.9，$\omega_{FOV} = 0.62$sr、$\omega_C = 2.52$sr）。因此，即使相机温度的微小变化也会对热图像产生实质性影响（图7.3.2）。然而，阵列中心像素（$x = y = 0$mm）减小的立体角为2.52sr，但最远像素（$x = \pm 8$mm，$y = \pm 6$mm）处为2.71sr。

除了光学通道外，像素还可以看到不同的物体，如光学系统边缘和传感器外壳，并且相机的温度不均匀，因此式（7.3.4）不足以计算相机内部辐射的修正量。因此，光学系统暂时被已知温度的快门覆盖。然后根据所记录的热图像，就可以计算出每个像素的校正系数。

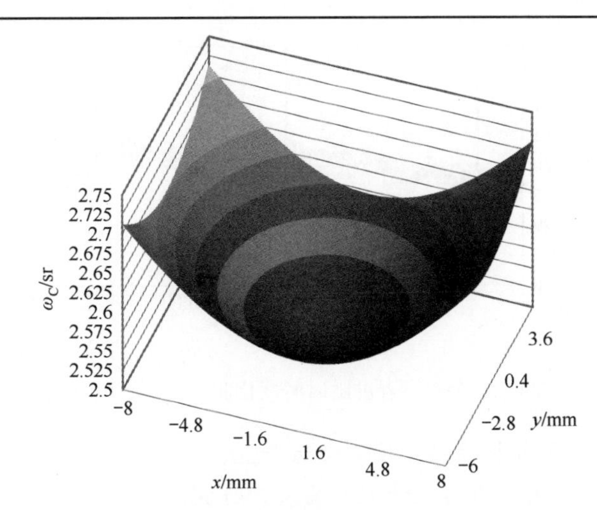

图 7.3.2　相机外壳辐射减少的立体角 ω_C

（$F=1$；$r=9$mm；$h=18$mm；传感器阵列面积 16mm × 12mm）

图 7.3.3（a）示出了经快门校正后在快门关闭时采集的热图像。所显示的温度大致相当于相机的内部温度（$T_C=39.0$℃）。图 7.3.3（b）是在图 7.3.3（a）之后约 30mim 采集的，温度发生了变化（$T_C=40.8$℃）。在图 7.3.2 中可以清楚地看到信号的不均匀变化。现在显示的温度与相机的内部温度不一致，因为相机的调节是根据 FOV 进行的，而现在每个像素都从整个半空间接收辐射。用热成像相机观察黑体，得到如图 7.3.4 所示的温度曲线。可以清楚地分辨出像素值的漂移，温度曲线的波动对应像素的噪声，从而对应 NETD 的噪声（约 100mK）。快门（快门关闭）时间 t_s 处出现较大的瞬态测量值是由快门温度（约 41℃）引起的，通常直接忽略。

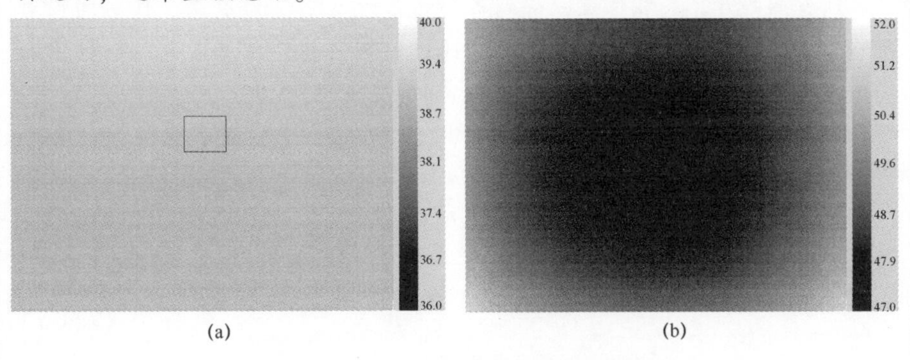

图 7.3.3　内部加热充分相机的热图像

（a）快门关闭后不久；（b）快门关闭 30min 后。

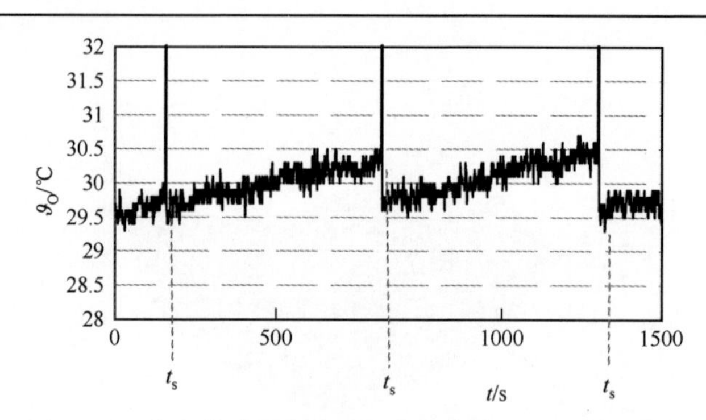

图 7.3.4　每个像素温度随时间变化曲线（t_s为快门时间）

因此，热成像相机的温度偏差由两个值表示：

NETD：一幅图像内的统计测量偏差，如 50mK。

绝对温度偏差：温度值相对于测量现场实际温度的最大允许测量偏差，如 1K ± 10%。

目前，商用热成像相机仅使用微测辐射热计阵列（6.6 节），热电成像传感器目前处于实验室阶段[9]。虽然热释电阵列传感器的发展非常先进[10]，但其应用范围非常有限。由于需要用斩波器对辐射进行调制，因此在图像中看不到相机温度的变化（例 7.4）。然而，斩波器——一个可移动的机械部件——可能是市场上难以出现大量热释电产品的原因。例如，用于光谱分析的线阵探测器（一维阵列、线阵列）[11]就是热释电阵列具有巨大潜力的明显例子。

例 7.4　螺旋斩波器。

旋转多叶片斩波器对辐射通量的时间调制产生了近似矩形的时间曲线（图 6.2.6）。在斩波相位结束时，信号达到最大值，必须进行采样。通过计算斩波器的开、关相位差，得到实际的信号 ΔV_S。为了在最佳时间内对所有像素进行采样，斩波器相位必须通过探测器芯片与集成电路的读出时间同步（图 6.6.9）。经过特别设计的斩波器几乎可以实现这一点[12]。一个充分的解决方案是阿基米德螺旋（螺旋斩波器），它能够对阵列的各个行进行等距斩波：

$$r = \alpha B + d \tag{7.3.6}$$

式中：角 $\alpha = (0 \sim 2\pi)$，且

$$B = \frac{h}{2\pi} \tag{7.3.7}$$

式中：h 为阵列高度，d 为阵列敏感区域与斩波中心的距离。

图 7.3.5 所示的螺旋斩波器实现了每转一圈各产生一个斩波开相和一个斩波关相。它是平衡的，因此不是圆形。

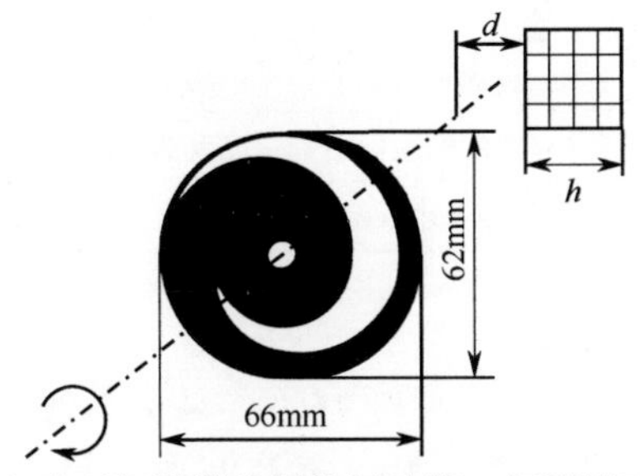

图 7.3.5　一种热释电阵列探测器的螺旋斩波器（探测器面积为 10mm × 10mm）

相应的光阑孔保证了只对物体的辐射通量进行调制。因此，像素不会看到任何调制后的相机外壳辐射，所以不需要用快门进行校正（例 7.3）。

对 14 ~ 16 位的探测器信号进行模/数转换，接着使用信号处理器对图像进行处理，然后将图像提供给用户使用。

区分两种不同热成像相机结构设计的方法如下：

（1）便携式相机：包括所有必要的控制装置、红外图像的存储容量和多种接口（图 7.3.1）。这些都是一般用途的通用红外相机。现代热成像系统通常包括一个可见光谱范围内的第二台相机，用于改进测量结果的可视化，但不用于温度测量。除了上述的可见光相机外，为了记录和评估测量结果，便携式相机通常还包括用于记录评论的录音接口和用于标记测量点的激光指示器；

（2）固定相机系统：是专为工业应用（集成系统）而设计的。它们通常只有一个接口，如以太网，并且外壳上没有任何直接的控制接口。相机外壳的设计适合于具体应用场景，这样就有可能达到所需的安全水平。

7.3.2　热成像相机的标定

在热成像相机的标定过程中，必须纠正探测器的缺陷（5.1.5 节）。标定需要几个步骤：修正特性曲线；替换无效像素和温度校准。

表 7.3.1 列出了非制冷热成像相机的典型调整顺序。

表 7.3.1　热成像相机的标定程序

步骤	操作方法
1	通过检测不正确的工作点来识别和纠正无效像素
2	为每个像素建立 V/T_0 曲线
3	计算每个像素特定校正系数
4	测量正态分布曲线与相机内部温度的关系

（续）

步骤	操作方法
5	计算内部温度的修正系数
6	在校正后的热图像中进一步识别响应率和噪声超出规定容差的无效像素；以及其他干扰
7	辐射定标：确定正态分布曲线的精确信号—温度曲线
8	将校正算法/系数集成到信号处理系统中

7.3.2.1 非均匀性校正

探测器阵列的工作点（偏移）和响应率具有特定实例和特定类型的空间分布，这主要是由像素之间的技术相关参数波动引起的。此外，由于光学成像的不同，特别是像素具有不同的视场，也会产生差异。

为了使探测器阵列在均匀辐射输入的情况下，实现一致的信号输出（平滑化），必须通过特定像素信号进行校正，以补偿其响应率的差异。这一点，可以使用几种不同的数学方法，特别是在校正自由度的数量方面。下面，将提供一种简单的方法来修正曲线[13-14]，例如包括更多的实例。

首先，必须将所有像素的曲线转换成一条均匀的曲线，即正态曲线。这意味着，必须对每个像素曲线的工作点（偏移量）和斜率（响应率）进行归一化处理。所有 N 个像素在目标温度 T_0 下的输出信号的平均值应符合正态曲线。

$$V_{\text{normal}}(T_0) = \frac{1}{N}\sum_{i=1}^{N} V_i(T_0) \tag{7.3.8}$$

校正像素值为

$$V_{\text{corr},\,i}(T_0) = [V_i(T_0) - \text{offset}_i] \times \text{gain}_i \tag{7.3.9}$$

其中两个校正因子分别为（图 7.3.6）：

$$\text{offset}_i = \frac{V_i(T_2) \times V_{\text{normal}}(T_1) - V_i(T_1) \times V_{\text{normal}}(T_2)}{V_{\text{normal}}(T_2) - V_{\text{normal}}(T_1)} \tag{7.3.10}$$

$$\text{gain}_i = \frac{V_{\text{normal}}(T_1)}{V_i(T_1) - \text{offset}_i} \tag{7.3.11}$$

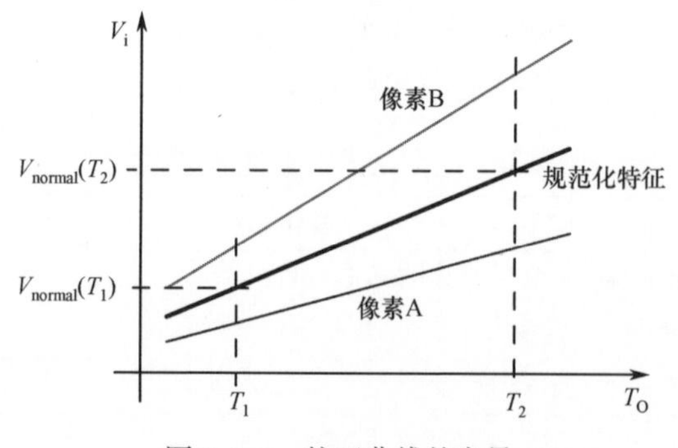

图 7.3.6 校正曲线的变量

offset_i是用于校正的纯计算变量，不构成特定温度下曲线差异的任何度量。

所提出的校正算法需要一条线性特征曲线，这意味着直线上的两点足以计算出校正系数（两点校正法）。对于非线性曲线，支撑点之间存在偏差。在这种情况下，曲线可以用二次多项式来描述（三点校正法）。

曲线校正的最后一步是确定正态曲线与相机内部温度的关系。快门用于补偿像素相关的变化，这意味着可以通过对正态曲线进行两点校正的方式以校正相机内部的温度。

7.3.2.2　辐射定标

在完成曲线校正后，必须确定正态曲线与目标温度的关系。为此，记录了目标的温度—信号电压曲线。通常，该曲线可以用一个基于普朗克定律的函数进行描述[15]：

$$V(T_0)=\frac{R}{\mathrm{e}^{\frac{B}{T_0}}-F}+O \tag{7.3.12}$$

式中：B、F、O 和 R 为常数，可以通过测量曲线来确定。

常数 R 可用于调节系统响应。常数 B 理论上对应于 c_2/λ（根据普朗克辐射定律），并描述了光谱行为，即系统的有效波长。常数 F 将根据系统的非线性进行调整，当辐射与信号之间是理想线性关系时，有 $F=1$。为了考虑系统的工作点，必须引入偏移量 O。为了通过非线性校正计算确定 4 个系数 B、F、O 和 R，至少需要 5 对 V/T_0测量值。

图 7.3.7 提供了一个示例。

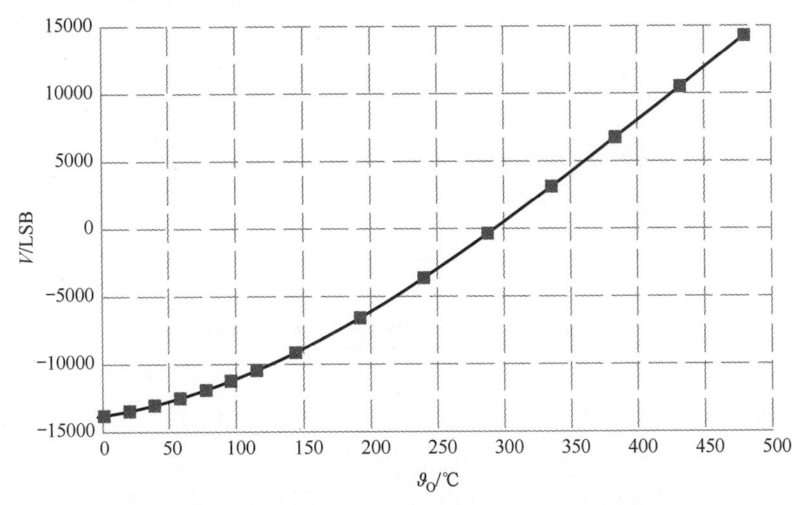

图 7.3.7　微测辐射热计热成像相机的目标温度与信号电压曲线（点：测量值；实线：根据式（7.3.12）的回归曲线，其中，$B=1575.3\mathrm{K}$，$F=-0.11173$，$O=-14560$ 和 $R=236840$）

例 7.5 非均匀等效温差。

尽管对像素曲线进行了校正，但各个像素之间仍然存在较小的偏差，这是由于存在像素噪声、非线性曲线以及测量装置的缺陷等不确定性因素。即使这些偏差是确定的，但对于任意（随机）场景，观察者将其视为噪声（参见 5.1.5 节），因此将其解释为空间噪声。

将 NETD 计算式（式（5.4.4））中的噪声电压替换为各个像素均匀辐照下的散射像素电压，得到非均匀等效温差 IETD。

图 7.3.8 为均匀温度场景（30.0℃）的热图像直方图，该图基于图 5.1.7（工作点电压直方图）中的阵列，并用于描述调整过程。现在可以使用近似高斯分布曲线直接读出散射：IETD = 80mK。

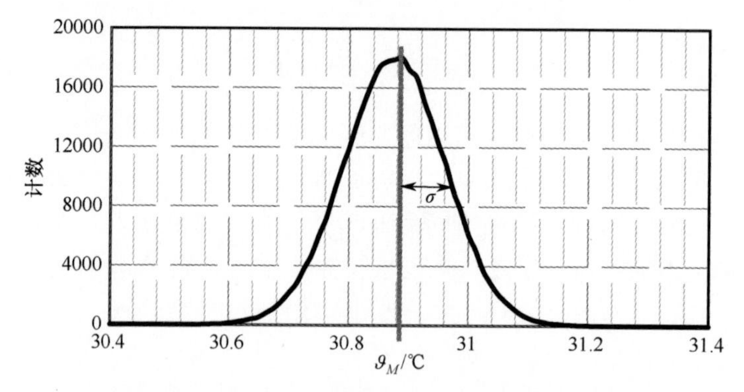

图 7.3.8 T_0 = 30.0℃时均匀场景热图像的直方图

然后，由时间和空间噪声等效温度分辨率的平方和计算总的 NETD：

$$\mathrm{NETD_{total}} = \sqrt{\mathrm{NETD}^2 + \mathrm{IETD}^2} \tag{7.3.13}$$

在示例所给定的系统中，NETD 的计算结果为 100mK。因此，$\mathrm{NETD_{total}}$ = 128mK，绝对测量偏差为 0.88K。

7.4 被动红外运动探测器

运动探测器用于在有人在场时开关特定的设备，如可能是当有人接近某个区域时打开的灯，或者是在未经授权的人接近时触发的警报。运动探测器根据普朗克辐射定律（式（2.3.3））和图 3.2.1 探测到人体温度范围内的热辐射，其最大辐射波长约为 10μm。由于人体本身就是辐射源，因此这种探测器称为被动红外运动探测器或简称 PIR 运动探测器[3]。

7.4.1　设计

典型运动探测器的结构如图 7.4.1 所示（表 7.4.1）。

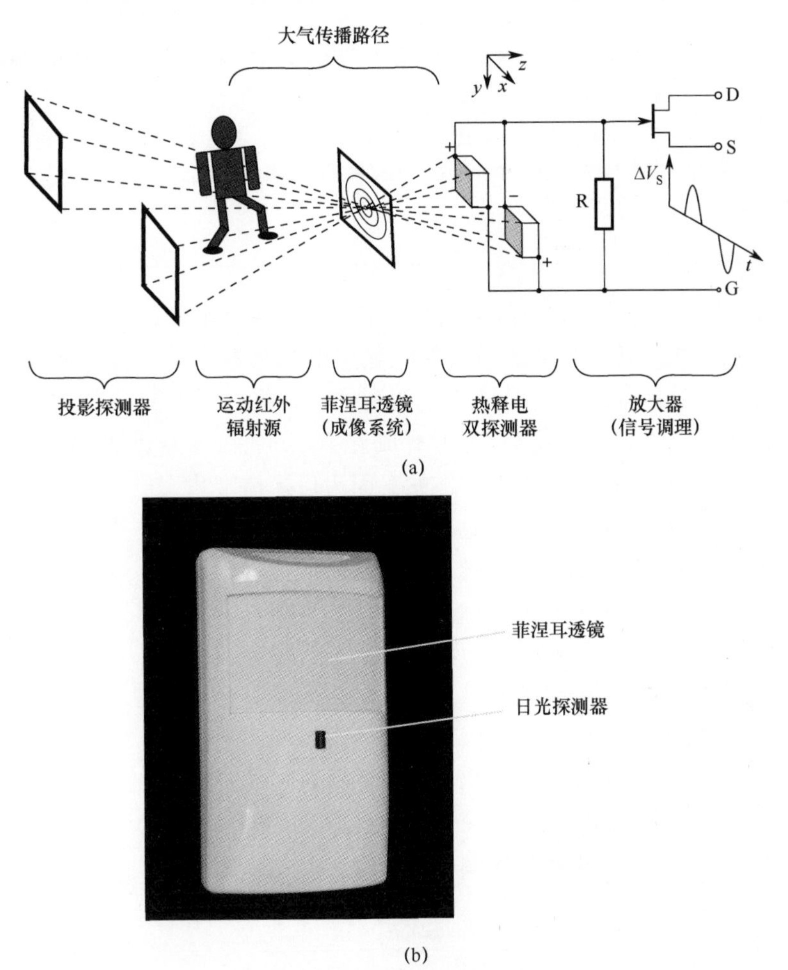

图 7.4.1　PIR 运动探测器的设计
（a）机构原理图；（b）实物图像。

表 7.4.1　运动探测器结构部件（图 7.4.1）

组件	功能
测量对象（辐射源）	认为是灰体辐射体； 光谱范围 8 ~ 13μm（室温，参见图 3.2.1）
光学（成像系统）	聚焦测量对象发射的辐射； 通常是菲涅耳透镜（7.4.2 节）； 测量对象的运动速度对运动探测器分辨率的影响

（续）

组件	功能
探测器	将入射（投影）辐射转换为电信号； 主要是双探测器； 通常由于热释电传感器依赖于 dT/dt：测量对象的运动速度越高，导致探测器元件的 dT/dt 变化越大（比较6.5节）
探测器信号处理（图7.4.3）	低噪声放大（对比例6.5.3和例6.5.4）和滤波，用于分离极快的（过往车辆的干扰）和极低的（太阳和云的影响）频率部分； 门限开关； 开关元件

进入运动探测器传输路径的人体红外辐射（在投影和双探测器的实际探测器元件之间的面积）通过透镜投射到热释电探测器上，使得探测器输出电信号 V_S。运动探测器大多使用热释电探测器，根据式（6.5.18）和其工作原理可知，产生的输出信号与温度不成正比，而是与温度的时间变化量 $d(\Delta T_S)/dt$ 成正比。这点是特别有趣的，因为目标是检测人员。一般情况下会使用双传感器，因为单个探测器具有相反的极性。这意味着，当投影从一个探测器传输到另一个探测器时，会产生放大2倍的传输信号。

检测只能在图7.4.1所示坐标系的 x 方向上进行。如果人沿坐标系主轴 y 或 z 方向移动，则传感器元件上的辐射通量不会改变，这意味着无法检测到此人。由于运动检测器需要检测到其检测区域内的所有运动，因此通常安装一个扭转装置。对于轴向靠近，外射线覆盖了用于切向和中心进近的双传感器的两个元件，并生成一个可评估的输出信号。因为这样的工作原理，切向接近会产生较大的响应信号（实际上，通常是沿轴线靠近的两倍大）。

表7.4.2总结了PIR运动探测器的分类。

表7.4.2　PIR运动探测器的结构设计

分类	结构设计
根据安装类型	表面的设备；隐藏的设备
根据应用	入侵检测系统；自动灯的开关；感测器（监视与人有关的空间）
根据监控区域	体积（检测角度86°、12m）；长距离（7°、20m）；窗帘（5°、10m）

7.4.2　红外光学系统

热释电双传感器输出信号 $\Delta V_S(t)$ 变大，原因如下：

（1）各个探测器敏感面积之间存在较大的辐射通量差 $\Delta\Phi(t)$；

（2）存在较大的辐射通量随时间变化量 $d(\Delta\Phi(t))/dt$。

对红外光学系统的要求如下：

(1) 由于运动探测器通常用于检测环境温度范围内的人和物体，根据图 3.2.1，光学器件必须在约 10μm 波长范围内具有较高的透过率；

(2) 为了利用单个运动探测器在大的立体角范围内实现不同视角的高响应率，必须为尽可能多的空间方向提供独立的基本镜头。这些单个镜头的配置决定了运动探测器的检测区域。如果要覆盖一个更大的水平运动范围，就必须在彼此上方安装上几排透镜。

(3) 当光学成像系统的投影导致空间温度梯度较大时，则探测器输出信号 $d(V_S(t))/dt$ 的时间变化也会增大。大量单个透镜的配置有助于实现这一目的。

平面凸透镜具有较大的"聚集面积"，即直径较大，通过折射将红外辐射投射到传感器元件上，其厚度相当大，因此体积和重量均较大。例如，厚的塑料透镜已经吸收了大部分的入射辐射，从而削弱了探测器接收到的辐射通量。阶梯透镜或菲涅耳透镜是另一种选择（图 7.4.2）。PIR 运动探测器中菲涅耳透镜的典型厚度仅为 0.4mm，因而可以很容易地通过压印塑料薄膜或注塑成型来制造。

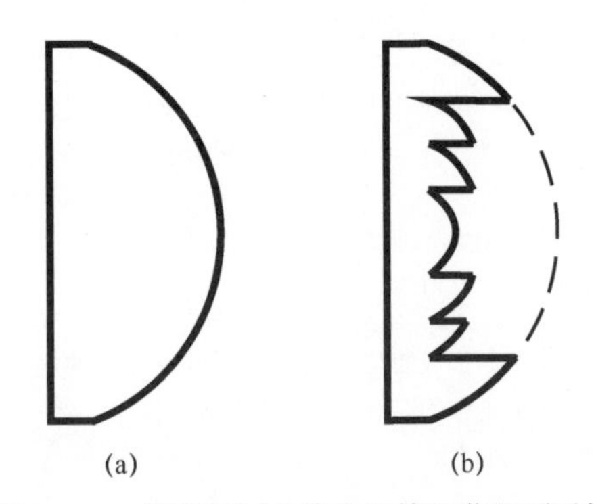

图 7.4.2　焦距相同的聚光透镜和菲涅耳透镜

7.4.3　信号处理

图 7.4.3 为自动电灯开关的典型原理框图。

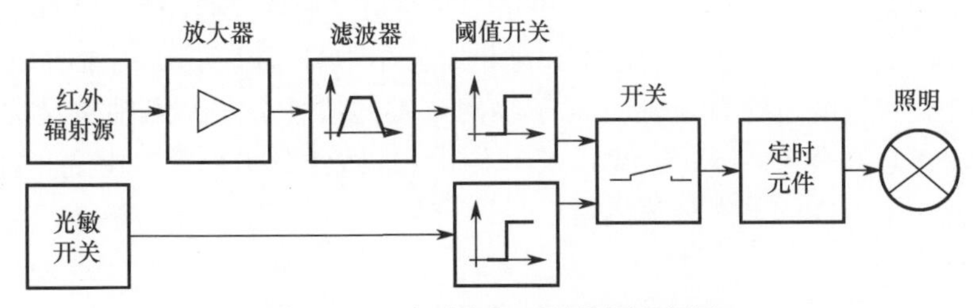

图 7.4.3　自动电灯开关的原理框图

红外传感器的电信号经过放大和带通滤波。滤波防止高频（过快的过程，如超车）或低频部分（过慢的过程，如太阳和云）触发不必要的开关过程。阈值开关确保只有来自检测区域内人员的足够大的信号才会触发开关，而来自动物或被风吹过的叶子等不需要的信号要小得多，通常会被屏蔽掉。

由于白天不必开灯，因此还需要一个日光传感器（光敏开关）。将日光传感器信号与定义的阈值进行比较，确定是否有足够的日光。

7.5 红外光谱法

7.5.1 气体的辐射吸收

原子和分子与电磁辐射有着多种多样的相互作用关系，这里指的是在所有频率和波长范围（表 7.5.1）。

表 7.5.1 原子和分子与电磁辐射的相互作用

波长范围	效应
无线电频率范围 (100m ~ 1cm)	电子自旋产生非常小的磁偶极子；反向自旋导致磁偶极子空间方向改变，从而与辐射的磁分量相互作用，并导致吸收或发射
微波范围 (1cm ~ 10μm)	具有永久偶极矩的分子根据辐射的电分量排列（旋转）；这导致了与波长有关的吸收或发射
红外波段 (100μm ~ 0.78μm)	分子中引起偶极矩变化的原子振荡与辐射的电分量（红外活性）相互作用。如果分子中的偶极矩在特定的振荡模式下保持不变，那么它就是非活性的（见表 7.5.2）
可见光/紫外线范围 (0.78μm ~ 10nm)	辐射的交变电场引起分子中电子的周期性偏转，从而引起偶极矩的变化；它使辐射在发生偏转的共振频率处产生吸收

表 7.5.2 给出了简单分子的基本振荡模式。如果一个分子有 N 个原子，每个原子的位置由三个坐标 x、y 和 z 决定，则该分子有 3 个自由度（DOF）。$3N$ 个自由度决定了分子原子间的键距和键角。分子本身可以在空间中向三个方向移动，并且可以绕三个轴旋转（对于绕两个轴的线性分子，纵轴是对称轴）。这意味着，总共有 $3N-5$（线性）或 $3N-6$（非线性分子）个自由度。每个自由度对应一个可能的基本振荡模式。

表 7.5.2　简单分子的基本振荡[4]

分子类型	示例		是否红外活性	波数 v/cm^{-1}
线性分子 DOF = 3N − 5	二氧化碳 CO_2  N = 3，DOF = 4	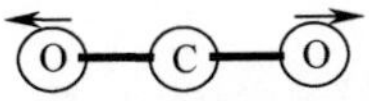 对称价态振荡	否	1330
		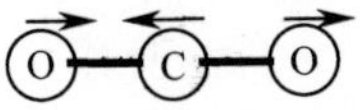 非对称价态振荡	是	2349
		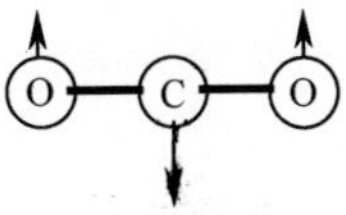 变形振荡	是	667.3
		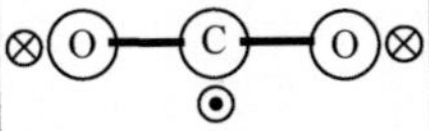 垂直于平面的变形振荡	是	667.3
非线性分子 DOF = 3N − 6	水 H_2O 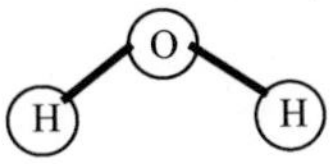 N = 3，DOF = 3	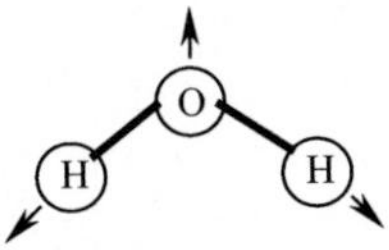 对称价态振荡，平行	是	3652
		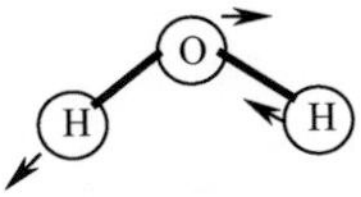 非对称价态振荡，垂直	是	3756
		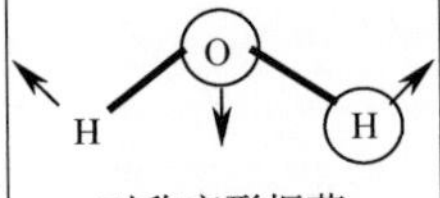 对称变形振荡	是	1593

不产生偶极矩的线性分子的基本振荡，例如：二氧化碳的对称价态振荡，是红外非活性的；其他的振荡在各自的共振频率或共振波数处吸收能量，是红外活性的。

偶极矩必须改变的这一前提条件是红外光谱法的一个限制因素。然而，利用某些振荡能否被观察到这一现象，则有助于分析分子结构。

在红外光谱分析中，不同的振荡同时发生——不仅是表 7.5.2 中的基本谐波振荡，而且有高频谐波振荡，即频率是这些基本频率的倍数，但其振荡强度随频率的增加而减小。此外，这些振荡还会相互影响，导致组合振荡。

由于有 3N − 6 或 3N − 5 个自由度，大分子的红外光谱表现出大量的正常振荡，可分为两类：

（1）骨架振荡：振荡由分子的许多原子组成。对于有机分子，通常在1400～700cm^{-1}的波长范围内。

（2）群振荡：它们只涉及分子的一小部分，主要是某些分子群（表7.5.3）。分子的其余部分或多或少保持静止状态。在弹簧－质量系统中，共振频率或波数v越大，末端群中振荡原子越轻。由于其振荡质量小，群振荡的波长范围不同于骨架振荡。

表7.5.3　不同分子群的特征价态振荡波数[4]

分子群	波数[a] v/cm^{-1}	分子群	波数① v/cm^{-1}
—OH	3650	>C=O	1720，1780[b]
—NH_2	3400	>C=O<	1650
≡CH	3300	>C=N<	1600
苯环—H	3060	吡咯烷环—N—	1350
=CH_2	3030	—C—C—	1200～1000
—CH_3	2970，2870，1460，1375 ②	—C—N<	1200～1000
—CH_2—	2930，2860，1470 ②	—C—O<	1200～1000
—SH	2580	>C=S	1100
—C≡N	2250	—C—F	1050
—C≡C—	2220		

① 近似值；
② 根据振荡类型（对称或非对称、拉伸或变形振荡）

图7.5.1示出了聚酰亚胺红外光谱分布。可以清楚地分辨出特征极性基团（酰亚胺环的=C=O或C=N－C基团）的特征吸收带。在图1.1中，大气的透射率也是以类似的方式确定的，吸收带由空气湿度、二氧化碳以及空气中的氮气含量引起的吸收来确定。

通过与已知化合物的光谱进行比较，就可以从红外光谱中获得关于化合物结构的大量信息。对于非常大的分子（例如聚合物），进行完整的光谱解释往往是相当困难的，甚至是不可能的。因此，通常只识别最强的频带，并将一些较弱的频带看作是谐波振荡或组合振荡。

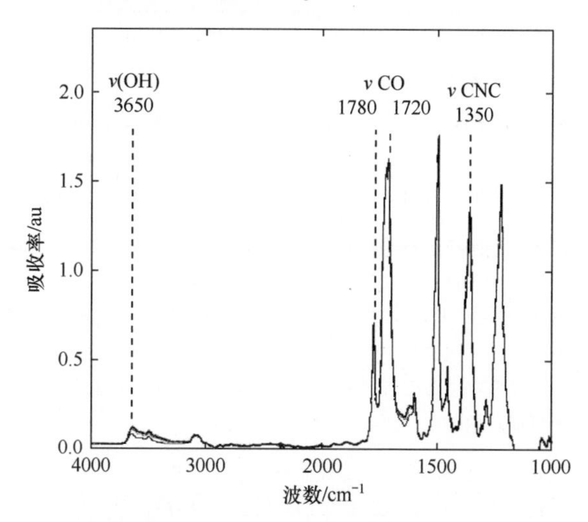

图 7.5.1　聚酰亚胺 PI 2540 的红外光谱[5]（$3650cm^{-1}$处的吸收带是由聚酰亚胺中吸收的水分子引起的）

7.5.2　红外光谱仪的设计

红外光谱仪用于红外辐射与物质相互作用的定性和定量测定。主要应用于红外光谱仪的吸收和反射实验，旨在解释化学成分的结构。图 7.5.2 给出了测量原理。红外光谱仪通常由表 7.5.4 所示的结构组件构成。

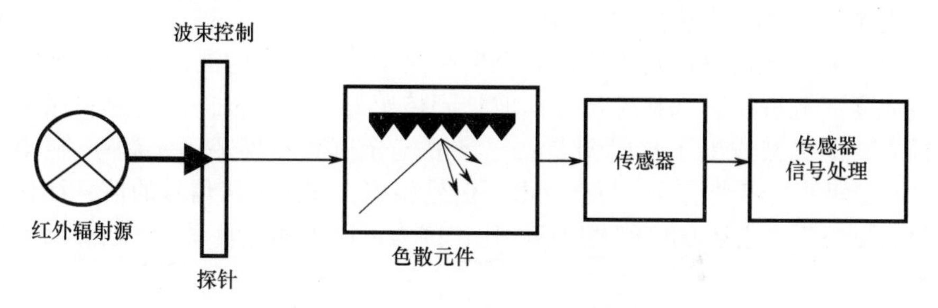

图 7.5.2　红外光谱仪的原理图

表 7.5.4　红外光谱仪的结构组件及其功能

组件名称	功能
红外辐射源	光谱宽带热发射体；灯丝被加热到炽热或白炽。 典型的：由稀土氧化物制成的“能斯特棒”或由碳化硅制成的“碳硅棒”
光束控制（传输路径）	通过铝或银蒸发镜引导和汇聚发射体（防止在透镜和普通镜子中发生吸收）。 探头中发射体的焦点

（续）

组件名称	功能
窗口（传输路径）	包围探头并保护探测器。 由红外波段透明的矿物盐组成：NaCl 或 KBr，用于波数大于 $650cm^{-1}$ 或 $400cm^{-1}$。 对于水溶液：AgCl 试管（$>430cm^{-1}$）或 CaF_2 试管（$<1200cm^{-1}$）
探头	液体：限制在红外透明矿物盐板（类似于窗口）之间，层厚约 10μm，稀释溶液为 0.1~10mm，以获得足够大的吸收长度。 气体：长 5~10cm 的试管（玻璃试管），两端由碱金属卤化物窗口封闭。在低压条件下，利用试管中的多次反射来实现气体的大吸收长度。 固体物质：主要在溶剂中或作为悬浮物形式存在，以防止红外辐射在单个粒子上的反射和散射
色散元件（传输路径）	主要是光栅，因为与棱镜（光栅光谱仪）相比吸收较小。 旋转光栅，用于将波长相关的衍射辐射投射到单元探测器上，并在探测器线路上固定光栅
探测器	主要是热释电传感器或热电堆（6.4 节和 6.5 节）。 热传感器在整个测量范围内对波长或波数的相关性不高
探测器信号处理	以尽可能低的噪声进行放大（热释电探测器的例 6.5.3、例 6.5.4 与其他的比较）。 利用基于时间信号的傅里叶变换计算光谱（如 FTIR 光谱仪，见表 7.5.5）

表 7.5.5 给出了最重要的红外光谱仪类型：

（1）吸收光谱仪：光源的辐射聚焦在探头上，相应的波数范围被吸收并通过光栅（分析仪）选择性地定向波长到传感器上。通常，在光源和探头之间插入一个机械或电子辐射调制器，将恒定光信号转换成固定频率在 10 ~ 100Hz 之间的交流光信号。与直流电压信号相比，交流电压信号的信号评估更容易、更可靠。它还具有较大的信噪比，因为可以用其他频率更好地抑制干扰信号。

（2）发射光谱仪：探头受到外部激励以发射辐射，从而成为辐射源本身。励磁可以由热或放电引起。然而，通常是由电磁辐射引起的。

（3）傅里叶变换红外光谱仪（FTIR）（图 7.5.3）：对于吸收光谱法和发射光谱法，由于色散元件的衍射，只有特定波长的红外光才能到达探测器。为了记录完整的光谱，必须覆盖整个光谱，但这需要长时间的测量。使用带有可移动反射镜的迈克尔逊干涉仪，会引起与参考辐射源之间的相长干涉和相消干涉。可移动反射镜 M_2 在探测器处产生时间信号 $V(t)$，然后对其进行傅里叶变换，并在较短的测量时间后提供探测器的完整波长或波数吸收光谱。傅里叶变换光谱仪不需要任何色散元件，如棱镜或光栅。FTIR 光谱法具有以下优点[4,6]：

① 高响应率；

② 整个光谱的测量时间很短（以秒为单位）；

③ 支持动态过程，如气相色谱或液相色谱；

④ 由于在一定波数范围内的所有波数同时被吸收，以及干涉仪中辐射的高度可靠发散，因此信噪比更大；

⑤ 具有高的光谱分辨率。

表 7.5.5　红外光谱仪的类型

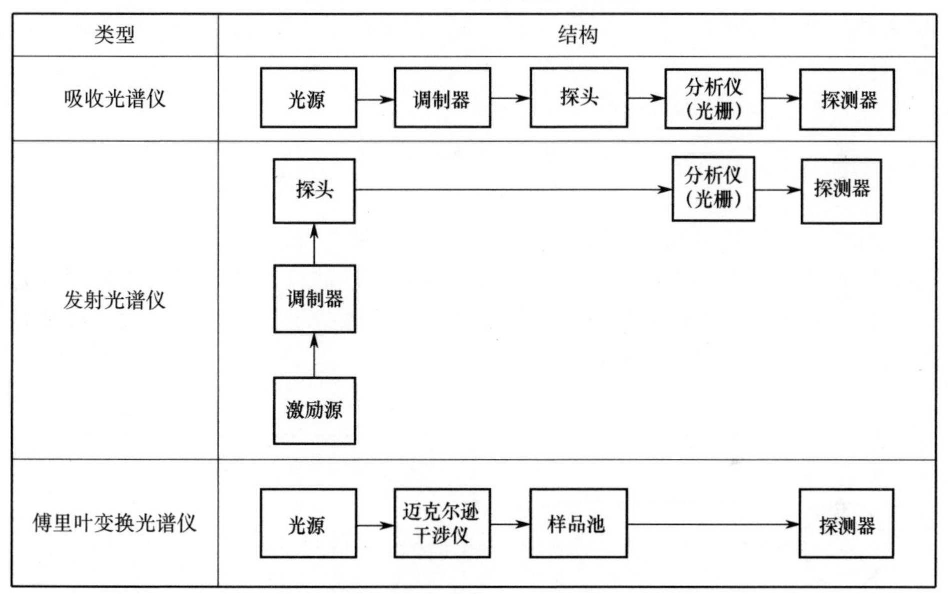

类型	结构
吸收光谱仪	光源 → 调制器 → 探头 → 分析仪（光栅） → 探测器
发射光谱仪	激励源 → 调制器 → 探头 → 分析仪（光栅） → 探测器
傅里叶变换光谱仪	光源 → 迈克尔逊干涉仪 → 样品池 → 探测器

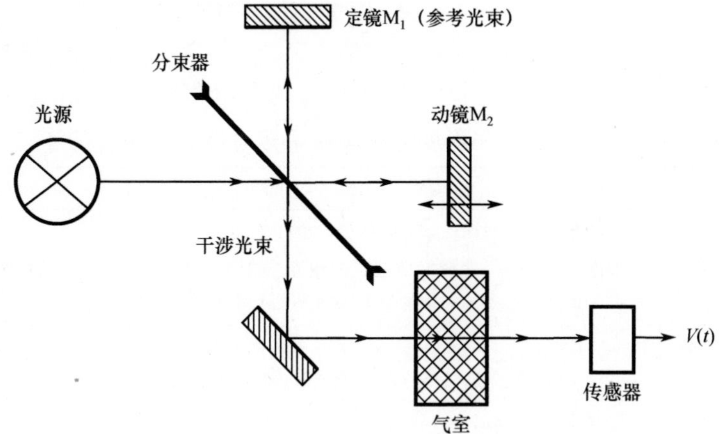

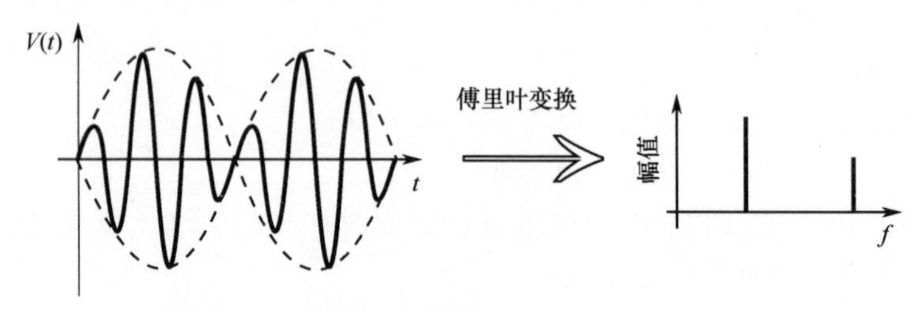

图 7.5.3　傅里叶变换红外光谱仪的工作原理

由于其高响应率和良好的光谱分辨率能力，即使对于高吸收探头、漫反射探头和复杂的探头布置（如全反射衰减（ATR）），也可以记录为可解释的光谱。

7.6　气体分析

红外气体分析可以看作是红外光谱仪的一种特殊工作情况，它不记录光谱，通过选择与气体组分的特征吸收波段相对应的波长，确定不同波长的透射率。图 7.6.1 示出了包含几种已知气体组分的气体分析仪的原理结构。该装置通常由表 7.6.1 中包含的组件构成。

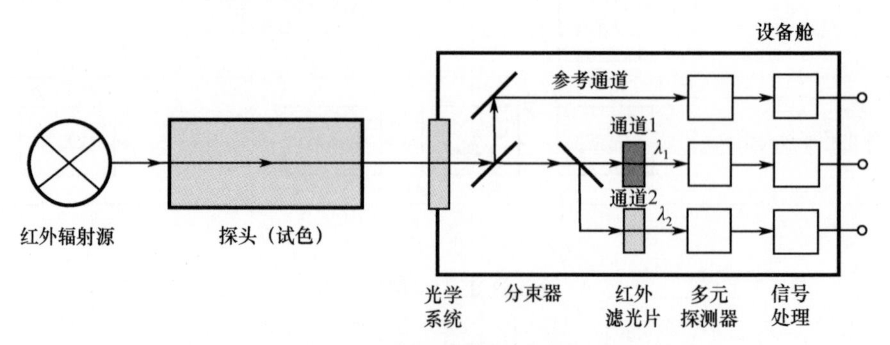

图 7.6.1　用于两种气体的多光谱气体探测器的原理结构

表 7.6.1　多光谱气体探测器的组成结构

组件	功能
红外辐射源	光谱宽带热发射体，主要是红外白炽灯[7]； 根据待测气体而选择发射波长的激光二极管（表 7.6.2）；取代了宽带热发射器、分束器和红外滤光片的组合（激光二极管光谱法）
探头	大气传输； 试管中传输大气或气体（如红外光谱，对比表 7.5.4）
光学系统（传输路径）	探测器入口孔径； 限制光谱范围

（续）

组件	功能
分束器（传输路径）	在参考通道和测量通道之间尽可能均匀地分配辐射（主要是镜像系统，如用于四通道探测器的镜像金字塔）
红外滤光片（传输路径）	滤除相应气体组分的特定波长（主要是干涉滤光片，基于其窄带性质和高边缘陡度）
多元探测器	通过探测器元件将入射（投射）辐射转换为电信号（主要是热电堆或热释电探测器，对比 6.4 节和 6.5 节）
探测器信号处理	以尽可能低的噪声放大（对比热释电探测器的例 6.5.3 和例 6.5.4）； 尽可能实现最佳信噪比或最大探测率 D（如式（6.5.78）或式（6.5.79））； 补偿环境温度波动的干扰； 通过在参考通道中进行参考测量，补偿传输路径中大气的影响

多光谱气体传感器的工作原理与吸收光谱仪类似（表 7.5.5）。与傅里叶变换光谱仪不同，它们不包含色散元件，而是使用红外滤光片（通常是干涉滤光片）来分离波长。

表 7.6.2 列出了用于特定气体的首选波长。

表 7.6.2　多光谱气体传感器中气体检测的首选波长

气体	波长/μm
CH_4	3.33
HC	3.40
CO_2	4.24
CO	4.66
NO_X	5.30
SO_2	7.30

参考文献

[1] Walther, L. and Gerber, D. (1981) Infrarotmeßtechnik (Infrared Measurement Technology), Verlag Technik.

[2] Pauli, H. and Engel, F. (1999) Das Pyrometer-Kompendium (Pyrometer Compendium), IMPAC Electronic.

[3] Rosch, R., Zapp, R. and Hofmann, G. (1996) Passiv-Infrarotbewegungsmelder (Passive Infrared Motion Detector), Verlag Moderne Industrie.

[4] Banwell, C. N. and McCash, E. M. (2008) Fundamentals of Molecular Spectroscopy, McGraw-Hill Higher Education.

[5] Buchhold, R., Nakladal, A., Gerlach, G. et al. (1998) A study of the microphysical mechanisms of adsorption in polyimide layers for microelectronic applications. Journal of the Electrochemical Society, 145 (11), 4012 - 4018.

[6] Herrmann, K. and Walther, L. (1990) Wissensspeicher Infrarottechnik (Store of Knowledge in Infrared Technology), Fachbuchverlag.

[7] Elias, B. C. (2008) Infrared emitters for spectroscopic applications. Sensor + Test 2008 Proceedings (OPTO 2008, IRS2 2008), Nürnberg, 6 - 8. May, AMA Fachverband für Sensorik, pp. 237 - 242.

[8] Budzier, H., Krause, V., Gerald, G. and Wassiliew, D. (2005) Microbolometer-based infrared camera for the 3 - 5 μm spectral range. Proc. SPIE, Jena, September 12 - 15, Vol. 5964, pp. 244 - 251.

[9] Foote, M. C., Kenyon, M., Krueger, T. R. et al. (2004) Thermopile Detector Arrays for Space Science Applications, NASA Technical Reports.

[10] Hanson, C. M., Beratan, H. R. and Arbuthnot, D. L. (2008) Uncooled thermal imaging with thin-film ferroelectric detectors. Infrared Technology and Applications XXXIV; Proc. of SPIE, Vol. 6940, pp. S. 694025 - 1 - 694025-12.

[11] Hofmann, G., Norkus, V., Budzier, H. et al. (1995) Uncooled pyroelectric arrays for contactless temperature measurements. Proceedings of SPIE, 2474, 98 - 109.

[12] Koepernik, J., Budzier, H. and Hofmann, G. (1995) Influence of non-ideal chopper design on nonuniformity in unrefrigerated pyroelectric staring array systems. Proceedings of SPIE, 2552, 624 - 635.

[13] Wallrabe, A. (2001) Nachtsichttechnik (Night Vision Technology), Vieweg&Sohn Verlag.

[14] Schultz, M. andCaldwell, L. (1995) Nonuniformity correction and correctability of infrared focal plane arrays. Infrared Physics and Technology, 36, 763 - 777.

[15] Horny, N. (2003) FPA camera standardisation. Infrared Physics and Technology, 44, 109 - 119.